数学专业导论

王明新 编著

清华大学出版社
北京

内 容 简 介

本书对数学的发展、作用、各学科分支概要和联系，以及部分数学家的概况作简要概述. 内容包含：数学概论，数学活动，数学的几个主要学科分支简介，数学的重要应用举例，重大数学猜想及作用，希尔伯特的 23 个问题，微积分的诞生，无穷悖论与三次数学危机，数学革命，历史上伟大的数学家，数学家轶事和趣闻等. 通过阅读本书，可以培养低年级本科生的学习兴趣、增强专业意识、建立专业认同感，以期对数学有较全面的认识.

本书可以作为数学专业本科生的教材和参考书、中小学教师的参考书，也可以作为数学爱好者的课外读物，高中毕业生亦可阅读. 为了提高读者的兴趣，书中配有大量插图.

图书在版编目（CIP）数据

数学专业导论 / 王明新编著. -- 北京 : 清华大学出版社，2024. 7(2024. 12 重印). -- ISBN 978-7-302-66822-0

Ⅰ. O15

中国国家版本馆 CIP 数据核字第 2024G563H2 号

责任编辑：佟丽霞　赵从棉
封面设计：常雪影
责任校对：王淑云
责任印制：刘海龙

出版发行：清华大学出版社
　　　　　网　　　址：https://www.tup.com.cn，https://www.wqxuetang.com
　　　　　地　　　址：北京清华大学学研大厦 A 座　　　　　邮　　编：100084
　　　　　社 总 机：010-83470000　　　　　　　　　　　邮　　购：010-62786544
　　　　　投稿与读者服务：010-62776969，c-service@tup.tsinghua.edu.cn
　　　　　质量反馈：010-62772015，zhiliang@tup.tsinghua.edu.cn
印 装 者：大厂回族自治县彩虹印刷有限公司
经　　销：全国新华书店
开　　本：170mm×240mm　　印　张：16.25　　　字　数：299 千字
版　　次：2024 年 7 月第 1 版　　　　　　　　　印　次：2024 年 12 月第 2 次印刷
定　　价：55.00 元

产品编号：104490-01

前　言

数学专业导论课程的设置，旨在引导学生了解数学专业和数学学科，对培养学习兴趣、增强专业意识、建立专业认同感有着不可替代的作用.

当代数学教育的首要任务，是使数学成为一门对于广大学生都有吸引力的学科，使大学数学成为基础、工具和知识储备. 回顾前几次科技革命，数学大都起到了先导和支柱的作用. 为加速建设数学强国以及在下次科技革命中赢得主动、抢占先机，需要良好的数学引导和教育.

考虑到本科低年级学生对大学数学的知识涉及较少，以及其他领域的科技工作者和数学爱好者的特点，本书尽可能回避数学定理及证明. 按照数学的结构和特点，把内容分成三部分. 第一部分介绍数学概论、数学活动、主要学科分支、重要应用举例、重大数学猜想及应用、希尔伯特的23个问题；第二部分介绍微积分的诞生、无穷悖论与三次数学危机、数学革命；第三部分介绍历史上伟大的数学家和数学天才，以及数学家轶事和趣闻. 鉴于这种结构安排，为了确保叙述的连贯性，有些内容在不同章节可能会多次出现.

本书内容较多，教师可结合课时数和选课学生的情况，适当选择讲授内容，其他部分留给学生自学.

书中出现的外国科学家，只在作者认为最重要的位置写全名，其他地方只写姓. 同一姓氏有多人的写出全名.

本书的部分内容参考了国内外出版的一些书籍和网页资料，请参阅所附的参考文献. 如有遗漏或引用不当的情况，作者深表歉意. 本书的编写和出版得到国家自然科学基金（12171120）与河南理工大学科研基金的资助. 本书是以作者在哈尔滨工业大学为数学专业本科生讲授过10年的课程讲义为基础撰写的. 听课的学生和作者的几位同事都提出过宝贵的修改建议，在此一并致谢. 由于作者学识所限，错误和不足之处在所难免，还望读者予以批评指正.

作　者

2023年3月于焦作

目 录

第一部分 数学概况

第一部分 数学概况

数学，有着无穷的魅力！

她具有音乐般的和谐、图画般的美丽和诗意般的境界；

她赋予真理以生命，为思想增添光辉；

她澄清智慧，涤尽有史以来的蒙昧和无知.

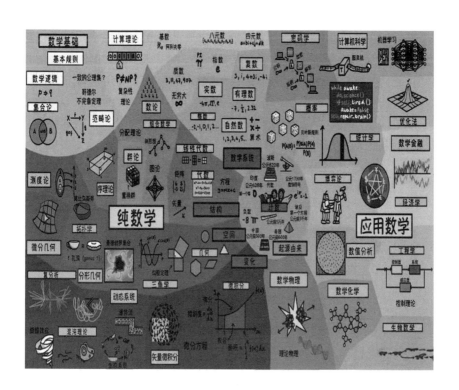

第1章 数学概论

　　数学是研究数量、结构、变化、空间以及信息等概念的一门学科,从某种角度看,它是一种形式科学.数学家和哲学家对数学的确切范围及定义有一系列不同的看法,古希腊学者视其为哲学之起点、学问的基础.

　　数学是一门集严密性、逻辑性、精确性、创造力与想象力于一体的学问,也是自然科学、技术科学、社会科学、经济和管理科学的巨大智力资源库.数学为其他科学提供语言、观念和方法,它与计算机技术和计算机工程的紧密结合,产生了直接应用于生产的数学技术,而这是许多高新技术的核心.数学在世界文明的进步和发展中一直发挥着重要的作用.过去,人们习惯把科学分为自然科学、社会科学两大类,而数、理、化、天、地、生都归属于自然科学.但是,现在科学家更倾向于把自然科学界定为以研究物质的某一运动形态为特征的科学,如物理学、化学、生物学.数学对物质的具体运动形态和属性进行了抽象,纯粹从关系、结构和形式的角度来研究,因而具有超越具体科学的特征和公共基础的地位.

1.1　数学发展简史

　　数学随着代数和几何的出现而诞生,其发展大致可分为五个时期:

一、数学萌芽期(公元前600年以前);

二、初等数学时期(公元前600年-17世纪20年代末);

三、变量数学时期(17世纪30年代初-18世纪末);

四、近代数学时期(19世纪初-19世纪末);

五、现代数学时期(20世纪以来).

　　每门科学的创立和发展都经历了漫长的过程,要严格区分一个数学发现究竟属于哪个时期是很困难的,下面的介绍只能算是一个"大概".

1.1.1　数学萌芽期

　　人类在长期的生产实践中积累了丰富的有关数的感性认识,逐步形成了数的概念,并初步掌握了数的运算方法.由于丈量土地和观测天文的需要,也掌握了几何的初步知识.但是这些知识只是零碎的片段,缺乏逻辑关系.人类对数学只是感性的认识, 还不存在理性的认知和了解, 数学还没有形成真正意义上的学科.

据《史记·夏本纪》记载, 大禹治水期间 (约公元前 2235 年－前 2213 年), 禹便"左准绳""右规矩". 因此, 可以说"规""矩""准""绳"是我们祖先最早使用的数学工具. 先秦时期 (旧石器时期－公元前 221 年) 的典籍中有"隶首作数""结绳记事"和"刻木记事"的记载, 说明人们从辨别事物的多寡中逐渐认识了数, 并创造了记数符号. 公元前 1400 年, 殷商 (约公元前 1600 年－前 1046 年) 甲骨文已使用十进制记数法, 有 13 个记数单字, 最大的数是"三万", 最小的是"一". 一、十、百、千、万各有专名. 这也蕴含着十进位制的萌芽. 殷人用 10 个天干和 12 个地支组成甲子、乙丑、丙寅、丁卯等 60 个名称记录 60 天的日期.《周髀算经》记载, 西周数学家商高于公元前 1120 年就给出了勾股定理; 公元前 700 年 (春秋时期), 陈子曾经给出过勾股定理的完整表述: 以日下为勾, 日高为股, 勾、股各乘并开方除之得斜至日. 这些发现远早于毕达哥拉斯定理 (约公元前 520 年). 春秋战国时期 (公元前 770 年－前 221 年), 算筹[①]已作为专门的计算工具被普遍采用, 并且筹的算法已趋成熟.

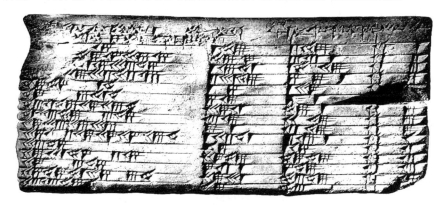

普林顿 **322** 泥板

人们对古巴比伦数学的了解主要是依据出土的巴比伦泥板 (约公元前 2000 年), 其中约有 300 块是关于纯数学内容的, 约 200 块是各种数表, 包括乘法表、倒数表、平方表和立方表等. 这些数学泥板表明: 在公元前 2000 年前后, 巴比伦人就开始混合地运用十进制和六十进制的数字系统进行计算和代数表示, 显然已经有了位值制的观念. 他们把圆周分为 360° 的做法一直沿用至今. 泥板中有关于三次方程和可化为二次方程的四次方程的讨论, 用多项式方法和几何方法解代数方程, 用直线和圆构造平面图形, 计算土地面积的方法, 计

---

① 算筹又称筹算, 是在珠算发明以前中国独创并且是最有效的计算工具. 中国古代数学的早期发展与持续发展都是受惠于筹的.

算三角形的边长和角度、圆的面积和周长,圆周率的计算($\pi = 3.125$),用三角形理论计算高度和距离等. 还发现了三角形内角和为$180°$,有勾股定理的描述(给出了许多勾股数组).

公元前3000年,古埃及人就开始使用象形数字. 根据古埃及遗留下来的数学纸草文献莫斯科数学纸草书和莱茵德数学纸草书[①],埃及人很早就用十进制记数法,能解决一些一元一次方程问题,掌握了等差、等比数列的初步知识,会利用三边比为$3:4:5$的三角形测量直角. 其中,分数算法占有特别重要的地位,即把所有分数都化成单位分数(分子是1的分数)的和. 纸草书还给出圆面积的计算方法:将直径减去它的1/9之后再平方. 计算的结果相当于用3.1605作为圆周率(当时还没有圆周率的概念). 根据莫斯科数学纸草书的记载,人们推测他们也许知道正四棱台体积的计算方法.

莫斯科数学纸草书图片(拓片)

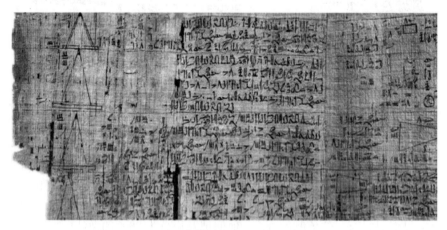

莱茵德数学纸草书图片

① 这是两卷用僧侣文写成的纸草书. 一卷收藏在莫斯科,即莫斯科数学纸草书;一卷收藏在伦敦大英博物馆,叫作莱茵德数学纸草书. 莫斯科数学纸草书出自古埃及第十二王朝的一位佚名作者,约写于公元前1890年. 莱茵德数学纸草书诞生的时间在公元前1850年至公元前1650年之间,相当于当时中国的夏朝.

公元前 1200 年,古印度的《吠陀经》就已经记载了很多的数学知识. 例如, 十进制, 大数的数字词和祭祀用的几何图形. 这些数字词代表了巨大的数, 比如 padma (10^{14}) 和 shankha (10^{17}), 相当于现在的一百万亿和十亿亿. 而祭祀用的几何图形则涉及了圆、正方形、长方形、三角形等基本形状的构造和测量.

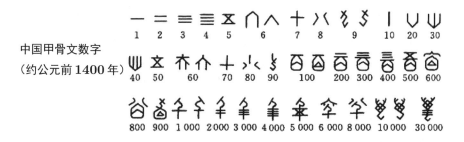

古埃及象形数字 (约公元前 3000 年)

1	2	3	4	5	6	7	8	9	10	11	12	20

30	100	200	1 000	2 000	10 000	100 000	1 000 000	10 000 000

巴比伦楔形数字 (约公元前 2000 年)

中国甲骨文数字 (约公元前 1400 年)

1	2	3	4	5	6	7	8	9	10	20	30

40	50	60	70	80	90	100	200	300	400	500	600

800	900	1 000	2 000	3 000	4 000	5 000	6 000	8 000	10 000	30 000

中国算筹数字 (约公元前 500 年)

1	2	3	4	5	6	7	8	9	
									纵式
									横式

玛雅数字
（约公元3世纪）

1世纪的婆罗门		—	=	≡	+	ル	ℓ	⁊	ᔑ	⁊
印度梵文	๐	8	२	३	४	५	६	७	८	९
东支阿拉伯至今	٠	١	٢	٣	٤	٥	٦	٧	٨	٩
11世纪的西支阿拉伯		٢	2	3	ﻝ	٧	6	٦	8	9
欧洲15世纪	O	I	2	3	𝒳	ى	6	٨	8	9
16世纪至今	0	1	2	3	4	5	6	7	8	9
罗马数字		I	II	III	IV	V	VI	VII	VIII	IX

1.1.2　初等数学时期

　　数学从古希腊时期开始被当作一门严谨的学科，不再像以前那样作为量度或计数技巧而存在. 大约公元前600年，古希腊的泰勒斯证明了"泰勒斯定理"①，开始命题的证明，将数学从经验上升为理论. 所以，现在公认泰勒斯是世界上第一位数学家. 泰勒斯的"证明"思想在欧几里得的《几何原本》中得到了充分体现. 数学从此由具体、零乱和实用的阶段过渡到抽象的理论阶段，人们开始创立初等数学，形成了几何学、算术、代数学、三角学等分支学科. 该时期的基本成果构成了现在中小学数学的主要内容.

　　这一时期又分为三个阶段：古希腊、东方和欧洲文艺复兴时期前后.

　　（1）古希腊阶段（公元前6世纪－公元6世纪）的代表性成果有：毕达哥拉斯定理（勾股定理），不可公度量的发现（毕达哥拉斯），《几何原本》（欧几里得），面积和体积的计算、原始微积分学、圆周率的计算、极限思想萌芽（阿基米德），三角学（托勒密），不定方程（丢番图），几何作图三大问题（智人学派），芝诺悖论，穷竭法（安蒂丰），比例论（欧多克索斯），圆锥曲线理论（梅内克缪斯、阿波罗尼奥斯），筛法（埃拉托色尼）.

　　（2）东方阶段（公元前2世纪－公元15世纪），主要包括中国、印度和阿拉伯国家.

――――――――――
① 泰勒斯定理：在一个圆中，若 AC 是直径，B 是圆周上一点，则角 $\angle ABC$ 是直角.

汉唐时期（公元前202年－公元907年）的《算经十书》[①] 是中国古代的数学经典. 西汉时期的《周髀算经》[②] 明确记载并证明了勾股定理, 在比例测量与计算天体方位时建立了分数的四则运算.《算数书》（约公元前150年）介绍了整数、分数和比例.《九章算术》[③] 有分数运算、比例问题和"盈不足"算法, 很多面积、体积的计算公式和勾股定理的应用, 开平方和开立方, 多元一次方程组的解法, 正负数的加减运算.

《九章算术注》逐一论证了有关勾股定理与解勾股形的计算原理, 建立了相似勾股形理论, 发展了勾股测量术, 并利用"出入相补原理"解决了多种几何形、几何体的面积、体积计算问题.《孙子算经》[④] 记载了有趣的"鸡兔同笼"问题, 系统记述了筹算记数制, 其中"物不知数"题是中国剩余定理的起源. 刘徽创立"割圆术", 用于圆周率 π 的计算. 祖冲之算出的圆周率是当时世界上最好的结果（介于 3.141 592 6 和 3.141 592 7 之间）, 直到15世纪才被阿拉伯数学家阿尔·卡西打破. 公元600年刘焯首创等间距二次内插公式. 约1050年贾宪用"增乘开方法"开高次方, 创立二项式系数表.

北宋时期, 沈括在《梦溪笔谈》（大约成书于1086年－1093年）中创立了"垛积术"和"会圆术"."垛积术"又称"隙积术", 用于计算堆垛物体的体积和高阶等差级数的求和."会圆术"用于计算圆弧的弦、弦高与弧长之间的关系. 宋元时期有著名的"宋元四大家". 秦九韶的《数书九章》（1247年）, 创立"大衍求一术"和"正负开方术"; 李冶的《测圆海镜》（1248年）和《益古演段》（1259年完成, 1282年首次刊刻）, 首创设未知数列代数方程（包括多元和高次方程）, 并给出很多解法; 杨辉的《详解九章算法》（1261年）对筹算的乘除算法进行了总结和发展, 创立"纵横图", 继沈括之后又进一步发展了"垛积术"; 元代数学家朱世杰的《算学启蒙》（1299年, 原始版本已失传）是一部很好的数学教材,《四元玉鉴》（1303年）中有多元高次方程组的解法（四元术）、高阶等差级数的计算（垛积术）以及有限差分（招差术）等.

14世纪, 珠算在中国普及. 1592年, 程大位的《直指算法统宗》详述了算盘的用法, 记载了大量运算口诀.

---

① 指《周髀算经》《九章算术》《海岛算经》《五曹算经》《孙子算经》《夏侯阳算经》《张丘建算经》《五经算术》《缉古算经》《缀术》, 是中国汉唐数学书籍的总集. 唐代李淳风编订和注释的《算经十书》成为唐代国子监的数学教材.

② 这是中国流传至今最早的数学著作, 是后世数学的源头, 历代数学家奉为经典. 其作者已无法得知, 从成书时间来看, 并非一人一时之作, 而是对先秦数学成果的总结.

③ 成书于公元1世纪左右, 其作者已不可考. 一般认为它是由历代各家的增补修订而逐渐成为现今的定本, 西汉的张苍、耿寿昌曾经做过增补和整理, 最后成书最迟在东汉前期. 现今流传的大多是三国时期魏元帝景元四年（公元263年）, 刘徽为《九章算术》所作的注本《九章算术注》.

④ 作者生平不详, 约成书于公元4世纪.

《准绳经》（约 公元前 500 年）是现存古印度最早的数学著作，有几何学方面的知识和 $\sqrt{2}$ 相当精确的值，已经知道了勾股定理，并使用圆周率 $\pi = 3.09$. 阿耶波多第一的《阿耶波多历数书》（公元 499 年）总结了当时印度的天文、算术、代数与三角学知识，尝试以连分数解不定方程，给出 $\pi = 3.1416$. 婆罗摩笈多的《婆罗摩修正体系》（公元 628 年）有圆内接四边形面积的计算，一阶和二阶不定方程，对负数有认识，并提出正负数的四则运算法则. 约公元 870 年，印度出现包括字符零的十进制数码，后传入阿拉伯演变成现今印度-阿拉伯数码（通常说的阿拉伯数字和十进制）. 婆什迦罗第二的《莉拉沃蒂》和《算法本源》（1150 年），介绍了数的运算、开方、数列、平面和立体图形、排列组合问题；论述了零的运算法则（包含朴素而粗糙的无穷大概念），使用了无理数.

阿拉伯国家的主要贡献是阿尔·花拉子米的《还原与对消计算概要》（约公元 820 年），又称《代数学》，给出一元二次方程的解法、圆周率的计算；卡西的《算数之钥》（1427 年），给出圆周率 17 位准确数字.

（3）欧洲文艺复兴时期前后（13 世纪中叶—17 世纪初叶）的数学发展和贡献主要集中在意大利、德国、法国和英国.

意大利列奥纳多·斐波那契的《算盘书》（1202 年）引进"斐波那契数列". 尼科洛·塔尔塔利亚、洛多维科·费拉里和卡尔达诺给出了三次和四次方程的代数解法. 卡尔达诺的《论机会游戏》（1525 年成书）是第一部概率论著作. 拉斐尔·邦贝利的《代数学》（1572 年）讨论了三次方程的"不可约"情形，引进了虚数.

德国约翰尼斯·雷乔蒙塔努斯的《论三角》（1464 年）研究了平面三角和球面三角，并列出了三角函数表；约翰尼斯·开普勒的《测量酒桶体积的新科学》（1615 年）是阿基米德求积方法向近代积分法的过渡.

法国弗朗索瓦·韦达的《分析方法入门》（1591 年）引入了大量代数符号，改良了三次、四次方程的解法，并给出根与系数的关系.

英国罗伯特·雷科德以引入符号"="而闻名. 约翰·纳皮尔于 1614 年创立了对数理论.

1.1.3　变量数学时期

变量数学时期研究的主要内容是数量的变化及几何变换. 这一时期的主要成果是解析几何、微积分、高等代数等学科的创立与发展，同时还提出了两个著名的数学难题：费马猜想（约 1637 年）和哥德巴赫猜想（1742 年）.

在数学史上，17 世纪是一个引人瞩目的开创性世纪. 该世纪还发生了对数学具有重大意义的三件大事. 第一件是意大利科学家伽利略·伽利雷实验数学方法的出现，它体现了数学与自然科学的一种崭新结合. 第二件是笛卡儿的重要著作《方法谈》及其附录《几何学》(1637 年)引入了坐标、变量和函数的概念,诞生了解析几何学. 这是数学发展的一个转折点. 第三件是微积分学的创立,主要工作是由牛顿和莱布尼茨各自独立完成的.

18 世纪数学发展的主流是微积分学的扩展,由微积分、微分方程、变分法等构成的"分析学"成为与代数学和几何学并列的三大分支之一,并且其繁荣程度远远超过了代数学与几何学. 数学方法也发生了完全的转变,主要是欧拉、拉格朗日和拉普拉斯完成了从几何方法向解析方法的转变. 18 世纪的数学还有以下几个特点:

- 以微积分为基础,发展出宽广的数学领域;
- 综合代数方法与几何方法,产生了新的数学方法——解析方法;
- 数学发展的动力除了来自生产和生活,还来自物理学;
- 已经明确地把数学分为纯粹数学和应用数学.

1.1.4 近代数学时期

该时期的标志性成果有:康托尔的朴素集合论,柯西、卡尔·魏尔斯特拉斯等人的分析学严格化,非欧几何和群论的诞生,希尔伯特的公理化体系,实数理论与公理化集合论的创立,高斯的代数基本定理. 该时期还形成了许多近代数学体系和分支:微分方程、变分法、微分几何、复变函数、概率论. 数学打破了分析学独占主导地位的局面,数学各分支竞相发展.

19 世纪数学的发展错综复杂,粗略地可以分为四个阶段:数论、分析与几何的创新(19 世纪初至 20 年代末),代数观念的变革(19 世纪 30 年代初至 40 年代末),新思想的深化阶段(19 世纪 50 年代初至 70 年代初),数学奠基及公理化运动的初创期(19 世纪 70 年代初至 19 世纪末).

19 世纪是数学发展史上的一个伟大转折. 一方面,近代数学的主体部分发展成熟了,经过数学家们一个多世纪的努力,它的三个组成部分取得了极为重要的成就:微积分发展成为数学分析,方程论发展成为高等代数,解析几何发展成为高等几何. 这就为近代数学向现代数学的转变创造了条件. 另一方面,近代数学的基本思想和基本概念在这一时期发生了根本变化:在分析学领域,傅里叶级数理论极大地拓展了函数概念;在代数学领域,伽罗瓦理论更加强调"代数结构",颠覆了以前人们对代数结构和运算的认识;在几何学领域,非欧几何改变了人们对"形"的认识,拓展了空间的概念. 这些根本变化,促使近代数学迅速向现代数学转变. 19 世纪的数学还有一个重大进展,就是关于数学基础的研究促成了三个理论的建立(实数理论、集合论和数理逻辑). 这三个理论为即将到来的现代数学的发展奠定了更为深厚的基础.

这一时期还有一些重大数学难题被提出:孪生素数猜想(1849 年)、四色猜想（1852年）和黎曼猜想（1859年）.这三个猜想以及费马猜想和哥德巴赫猜想的研究也有重要进展.在研究过程中,产生了很多新的思想和方法,促进了数学的发展并诞生了许多新的分支.

1900年8月8日,希尔伯特在巴黎召开的第二届世界数学家大会上提出的23个数学问题,在过去100多年里激发了数学家们的智慧、指引了数学前进的方向,对数学发展产生了巨大的影响.

1.1.5　现代数学时期

庞加莱于1904年提出了著名的庞加莱猜想.

该时期的标志性成果有:庞加莱创立的拓扑学,勒贝格创立的测度论,伊斯雷尔·盖尔范德创立的赋范环论(巴拿赫代数),舍盖·索伯列夫创立的索伯列夫空间理论(该理论极大地推动了偏微分方程的发展),四色问题的机器证明(1967年,阿佩尔和哈肯),费马猜想的证明(1994年,怀尔斯),庞加莱猜想的证明(2003年,佩雷尔曼),孪生素数猜想的研究进展,有限单群分类工作的完成,以及数论、非交换代数、泛函分析、偏微分方程、随机过程、数理逻辑、组合数学、计算数学、运筹学、分形与混沌等数学子学科的诞生和进一步发展.

近一百年来的数学可谓是爆炸式发展.20世纪初,数学包含12个子学科:代数学,几何学,分析学及其他.现在,数学子学科增长到60~70个,有些子学科比如代数或拓扑可进一步分为子子学科,还有一些完全是新领域.这些爆炸式发展也革新了我们对数学的认知:数学是研究模式的科学.依据这种认知,数学的任务是界定并分析抽象模式——推理模式、计数模式、形状模式、结合模式、演化模式、可重复的随机性模式,等等.而不同的模式对应着不同的分支.比如:

- 逻辑学研究推理模式
- 代数与数论研究数和计数模式
- 几何研究形状模式
- 分析是代数与几何的结合模式
- 微分方程研究物质的演化模式
- 概率研究随机性模式
- 拓扑研究紧性和位置关系模式
- 分形理论研究自然界的自相似性模式

现代数学呈现出多姿多彩的局面,其主要特点可以概括为:

(1)数学的对象和内容在深度和广度上都有了很大发展.分析学、代数学、几何学的思想、理论和方法都发生了巨大变化,数学分支的分化与综合趋势都在不断加强.

（2）电子计算机进入数学领域，对数学的发展和应用产生了巨大且深远的影响.

（3）数学几乎渗透到所有的科学领域，并且得到越来越广泛的应用.

1.1.6　结语

数学的发展简史，可以用故事的方式作如下简述：

很久很久以前，在古代中国、古巴比伦和古埃及长出了一棵小树（数和数的运算，几何初步知识），它以符号（包括数字和运算）为养料、以逻辑为水分、以推导为阳光，茁壮成长着.

很快，这棵树就生发出第一根枝条——算术，当它慢慢地长成初等代数的时候，又生发了第二根新枝——初等几何（平面几何和立体几何）. 后来，这棵树的根系和树枝延伸到欧洲，进而生发出第三根新枝——数学分析. 再后来，这三枝并行生长成主枝，主枝又发新枝，往复循环，庞大的树冠和根系遍布全球的大部分地区. 第一主枝（初等代数）生出新枝：初等数论，高等代数，代数数论，抽象代数和泛代数等. 第二主枝（初等几何）生出新枝：罗氏几何，黎曼几何，射影几何等. 第三主枝（数学分析）生出新枝：实变函数论，复变函数论，函数逼近论，泛函分析，调和分析，变分法等. 至此，小树长成了参天大树.

大树继续以广泛的问题和应用为土壤、以对数学的深入认识和逻辑学的发展为阳光、以人们的推导和计算能力的提高为养分，生长得更加枝繁叶茂、根系发达. 不但长出更多新枝——拓扑学，数理逻辑，概率论，数理统计，微分方程，积分方程，动力系统，计算数学，运筹学，特殊函数，离散数学等，而且树枝相互缠绕还生出许多交叉新枝——解析几何（代数和分析手段研究几何），微分几何（分析方法研究几何），分形几何（测度论，拓扑学与几何的结合），代数几何（代数与几何的结合），点集拓扑学（几何与集合论的结合），代数拓扑学（代数方法研究拓扑），微分拓扑学（分析方法研究拓扑），解析数论（分析工具研究数论），代数数论（代数与数论的结合），拓扑动力系统（拓扑学与动力系统的结合），几何分析（分析方法研究几何），大范围变分法（分析、代数与拓扑的结合），流形上的分析（分析、几何、拓扑与代数的结合），等等.

终于，她长成了一棵生命力旺盛、福泽全球的常青树，硕果累累、芳香四溢. 世界变得越来越美好.

1.2　数学学派

　　作为数学发展简史的继续，本节对世界上几个主要的数学学派作简要介绍. 熟悉各学派发展的兴衰史，有助于我们了解数学自身的发展规律以及一个地区或国家数学发展的兴衰及根源.

　　在数学的发展过程中产生了很多学派. 学派有大有小，对数学界的影响也不同，而且每人有自己的见解和评判标准.

　　按照理念划分，有逻辑主义、形式主义和直觉主义三大流派. 按照组织划分，有爱奥尼亚学派、毕达哥拉斯学派、智人学派、埃利亚学派、原子论学派、雅典学派、柏拉图学派、亚里士多德学派、亚历山大学派、哥廷根学派、柏林学派、法国科学院学派、法国函数论学派、布尔巴基学派、圣彼得堡学派、莫斯科学派、意大利代数几何学派、普林斯顿学派、拓扑学派、剑桥分析学派、波兰学派、华沙学派、利沃夫学派、中国解析数论学派等.

　　虽然我国古代数学有辉煌的成就，但大多都以"实用"为主，是对某类具体问题的解法或者对某类规律的归纳，缺乏对数学理论体系的深入研究和探索，缺乏公理化体系，没有形成明显的学派.

1.2.1　古希腊六大数学学派

　　古希腊数学一般指公元前 7 世纪初期至公元 7 世纪中期，在希腊半岛、爱琴海区域、马其顿与色雷斯地区、意大利半岛、小亚细亚以及非洲北部这个广泛地理范围内发展起来的数学. 公元前 6 世纪至公元前 5 世纪，特别是希波战争（公元前 499 年－前 449 年）以后，雅典取得希腊城邦的领导地位，经济高度繁荣，生产力显著提高. 在这种条件下，希腊人民创造了光辉灿烂的文化，尤其在数学方面更是取得了举世瞩目的成就，对后世有深远影响.

1. 爱奥尼亚学派

　　爱奥尼亚学派亦称米利都学派，指在古希腊爱奥尼亚地区形成的学派，于公元前 7 世纪至公元前 6 世纪由被誉为"七贤之首""希腊哲学之父、希腊科学之父""世界上第一位数学家"的泰勒斯创立. 主要成员还有阿那克西曼德、安纳西门尼斯、安纳萨哥拉斯.

　　爱奥尼亚学派否认神是世界的创造者，认为水是万物之基，崇尚自然规律，并对数学的一些基本定理作了科学论证. 还得出任何自然数是若干个"1"之和的算术基本定义，并将他们的理论积极应用到实际测量中，为数学的发展奠定了基础.

泰勒斯　　　　　　　　　　　　　　阿那克西曼德

作为创始人, 泰勒斯对数学有划时代的功劳. 他开始了命题的证明, 成为第一个几何学家, 确立并证明了第一批几何定理. 除了 1.1.2 节提到的泰勒斯定理, 还有: 两直线相交对顶角相等; 如果两个三角形有两角和一边对应相等, 那么这两个三角形全等; 等腰三角形的两底角相等; 直径平分圆周; 相似三角形定理 (相似三角形各边成比例). 泰勒斯利用相似三角形定理求不可到达物体的距离, 例如从岸上一点到海中一艘船的距离. 泰勒斯游访埃及时, 利用相似三角形定理测量了金字塔的高度, 并准确地预测了公元前 585 年 5 月 28 日的日食, 并以此制止了一场战争.

2. 毕达哥拉斯学派

毕达哥拉斯学派亦称 "南意大利学派", 是公元前 6 世纪—公元前 5 世纪由毕达哥拉斯及其信徒组成的学派. 他们多是自然科学家, 把美学视为自然科学的一个组成部分. 该学派集宗教、政治、学术为一体, 组织严密, 有共同的哲学信仰、政治理论和严格的训练.

毕达哥拉斯　　　　　　　　希帕索斯　　　　　　　　阿契塔斯

毕氏学派很重视数, 把数摆在突出地位, 企图用数来解释一切. 宣称数是宇宙万物的本原、"万物皆数", 研究数学的目的并不在于使用而是为了探索自然的奥秘. 毕达哥拉斯认为, 可以建立一个完整的数学体系, 其中几何元素与数字相对应, 有理数是建立整个逻辑和真理体系的基本元素. 但是, 希帕索斯发现的 $\sqrt{2}$ 粉碎了毕达哥拉斯学派建立的优雅数学世界.

毕氏学派认为，算术研究绝对的不连续量，音乐研究相对的不连续量，几何学研究静止的连续量，天文学研究运动的连续量. 在算术中，他们研究了三角形数、四边形数和多边形数，发现了三角形数和四边形数的求和规律.

毕氏学派建立了数论基础，将自然数区分为奇数、偶数、素数、完全数、友好数①、平方数、三角数和五角数等. 在毕氏学派看来，数为宇宙提供了一个概念模型，数量和形状决定一切自然物体的形式，数不但有量的多寡，而且也有几何形状. 他们还发现了平方数的几个新性质，例如 n^2 等于前 n 个奇数的和；证明了：若 $2^n - 1$ 是素数，则 $2^{n-1}(2^n - 1)$ 是完全数；至少发现了第一对友好数 220 和 284；并发现和谐音符之间的音程具有整数比.

在几何学方面，毕氏学派以发现勾股定理（西方称毕达哥拉斯定理）著称于世. 虽然古巴比伦人和中国人知道勾股定理的时间比他们早至少 600 年，但是勾股定理的一般形式和证明要归功于毕氏学派②. 他们还认识到三角形内角和等于两个直角，可能还认识到有 n 条边的多边形的内角和等于 $2n - 4$ 个直角. 他们会用几何方法求解形如 $a(a - x) = x^2$ 的方程. 还研究了黄金分割，发现了正五角形和相似多边形的作图方法，证明了正多面体只有五种：正四面体、正六面体、正八面体、正十二面体和正二十面体，将其与构成自然界的一些基本元素相对应，作为数学问题来研究. 他们还致力于研究几何学中的比例和相似性，发现了相似三角形之间的比例关系，以及平面可以用等边三角形、正方形和正六边形填满. 他们在几何学方面的成果，为后来的欧几里得和阿基米德的工作奠定了基础，也为整个数学的发展开辟了新道路.

希帕索斯、菲洛劳斯、阿契塔斯等人都是该学派的著名学者. 他们取得了当时最先进的成果，但是秘而不宣，所以没能及时传播，也没有造成影响. 后来由于政治动荡、门徒散失，约至公元前 4 世纪中叶该门派消失.

3. 智人学派

智人学派亦称巧辩学派，是古希腊公元前 5 世纪活跃于雅典一带的学派，以教授修辞、辩术、文法、逻辑、数学等知识为职业. 主要代表人物是普罗泰戈拉和高尔吉亚，他们的思想奠定了智者学说的基础. 其他代表人物有希庇阿斯和安蒂丰.

---

① 对于一个正整数，本身以外的因数称为它的真因数. 全部真因数之和等于本身的数称为完全数，全部真因数之和大于本身的数称为盈数，全部真因数之和小于本身的数称为亏数. 友好数又称亲和数，指两个正整数中，彼此的全部真约数之和恰好等于对方.

② 也有人对此持有异议. 商高答周公曰"……以为勾广三，股修四，径隅五……"，是商高用一个特殊例子向周公说明勾股定理的作用，不表示商高只知道这样一个特殊例子. 公元前 700 年，陈子也给出过勾股定理的完整表述. 所以勾股定理的一般形式的发明权是有争议的，应该属于中国.

普罗泰戈拉   高尔吉亚   安蒂丰

他们围绕尺规作图问题展开研究,提出了几何作图三大问题:

(1)三等分任意角;

(2)二倍立方——求作一立方体,使其体积为一已知立方体体积的二倍;

(3)化圆为方——求作一正方形,使其面积等于一已知圆的面积.

虽然后人证明这三大问题都是不可能的,却因此发展出许多新的分支,如圆锥曲线、三次、四次代数曲线及"割圆曲线"等."割圆曲线"是由希庇阿斯为三等分任意角创立的.安蒂丰在研究化圆为方问题时提出一种"穷竭法",即通过将圆内接正多边形边数不断加倍的方法使多边形与圆相合,成为阿基米德割圆术的先导和近代极限理论的雏形.

智者思想的积极意义和进步作用曾长期被否认.柏拉图和亚里士多德对智者夸大个人感觉提出过严厉批评,且拒绝肯定智者的贡献.后来的许多思想家承袭这种偏见,认为智者不是哲学家,只不过是一群诡辩家.这种状况一直延续到18世纪.德国哲学家格奥尔格·黑格尔首先冲破这种陈言陋见,重新把智者引进哲学史并肯定其积极作用.英国历史学家乔治·格罗特在其《希腊史》中论述了智者对希腊文化的启蒙作用.从此,智者在历史上的重要地位受到了人们的重视.

4. 原子论学派

原子论学派是古希腊公元前5世纪至公元前4世纪活跃于色雷斯地区的学派,留基伯是创立者,其代表人物是留基伯的学生德谟克利特.

留基伯首先提出物质构成的原子学说,认为原子是最小且不可分割的物质粒子.原子之间存在虚空,无数原子自古以来就存在于虚空之中,既不能创生,也不能毁灭,它们在无限的虚空中运动着构成万物.德谟克利特继承并发展了留基伯的原子学说,指出宇宙空间中除了原子和虚空,什么都没有.他把原子论观点应用于数学,认为线、面积和体积也是由不可分的原子构成的,计算体积就等于计算这些原子的总和.这种观点可以说是近代积分论的萌芽,相当于现在的"微元法".原子论在逻辑上是不严密的,却是古代数学家发现新结果的重要思想.

留基伯　　　　　　　　　　　　德谟克利特

　　基于原子学说,德谟克利特计算了圆锥、棱锥体的体积,他第一个发现圆锥和棱锥的体积分别是等底等高的圆柱和棱柱体积的三分之一(严格证明是欧多克索斯给出的). 原子论方法得到同时代和后继学者的赞赏,安蒂丰在求圆面积时继承和发扬了这种思想,阿基米德用严密的理论使其精确化. 16 世纪,开普勒在求圆面积时采用的方法仍有原子论方法的遗风.

5. 雅典学派

　　雅典学派,指在古希腊雅典城建立的学派,强盛于公元前 5 世纪至公元前 4 世纪. 主要人员集中在柏拉图学园和亚里士多德吕园这两个学术团体内,因此常被分别称为柏拉图学派和亚里士多德学派.

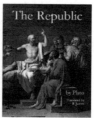

柏拉图和他的《理想国》　　　　　　　亚里士多德

　　雅典大哲学家柏拉图曾师从于苏格拉底,颇受老师逻辑思想的影响. 他于公元前 387 年前后在雅典成立学园,授课时大力提倡几何学研究和逻辑证明. 传说学园门口写着"不懂几何者不得入内". 他坚持准确的定义、清楚的假设和严密的推理,促进了数学的科学化,并培养了许多数学家. 其中有第一个系统研究圆锥曲线的梅内克缪斯,用割圆曲线解决化圆为方问题的狄诺斯特拉托斯,以及泰特托斯、欧多克索斯与亚里士多德.

　　欧多克索斯是最早介绍球面天文和描述星座的希腊科学家. 他在数学中创立了比例论,并进一步发展了安蒂丰的"穷竭法",深入研究了"中末比"

问题,最早得到"阿基米德公理",证明了近代极限理论的某些命题,还区分了分析法与综合法.《几何原本》的卷 V 和卷 Ⅻ 主要来自欧多克索斯的工作. 他在基齐库斯建立起自己的纯几何学派,常称为欧多克索斯学派.

公元前 347 年柏拉图去世,亚里士多德在雅典又待了两年,而后离开雅典开始了游历生活. 公元前 343 年,他接受马其顿国王腓力二世的邀请,担任王子亚历山大的老师. 公元前 335 年腓力二世去世,亚里士多德又回到雅典,在那里建立了自己的学校——吕园,因此该学派也常被称为吕园学派. 亚里士多德是形式逻辑的奠基人,他的方法论对数学影响很大,指出了正确的定义原理. 他继承老师柏拉图的观念,把定义与存在区分,认为由某些属性定义的东西未必存在(如正九面体). 另外,定义必须用已存在或定义过的东西来定义,所以必定有最原始的定义,如点、直线等. 证明存在的方法需要规定和限制.

亚里士多德还指出公理的必要性,因为这是演绎推理的出发点. 他区别了公理和公设,认为"公理"是一切科学所公有的真理,而"公设"则只是某一门学科特有的最基本的原理. 他把逻辑规律(矛盾律、排中律等)也列为公理,对逻辑推理过程做了深入研究,得出三段论法,并把它表达成一个公理系统,这是最早的公理系统.

6. 亚历山大学派

亚历山大学派,指古希腊在埃及亚历山大里亚(城)建立的学派. 前期是公元前 4 世纪至公元前 146 年,以欧几里得、阿基米德、阿波罗尼奥斯、埃拉托色尼等人为代表;后期是公元前 146 年至公元 641 年,以海伦、梅涅劳斯、克罗狄斯·托勒密、丢番图、帕普斯和希帕蒂娅等人为代表.

欧几里得　　　　　　　　阿基米德　　　　　　　　丢番图

亚历山大学派的特点是:几何脱离哲学而独立,从实验和观察的经验科学过渡为演绎科学,并使数学高度抽象化,将希腊的数学推至全盛时期. 该学派在几何、三角和代数方面都有突出贡献.

在托勒密王朝,亚历山大里亚是学术重镇. 欧几里得约在公元前 300 年到亚历山大里亚讲学,为亚历山大学派和整个希腊数学的发展打下了坚实基础.

阿基米德早年在亚历山大里亚学习，并终生与那里的学者保持着密切联系. 他计算表面积和体积的方法、螺线研究、重心测量、大数记法等工作，成为各分支的重要成果. 阿波罗尼奥斯求学于亚历山大里亚，之后在那里教学. 他的著作《圆锥曲线论》①系统地讨论了圆锥曲线的性质，对希腊数学的发展和繁荣起了重要作用. 埃拉托色尼首创了测量地球圆周长度的方法，并获得了第一个科学的数据，根据坐标原理利用经纬线绘制出了世界地图，提出了一种简单检定素数的算法——埃拉托色尼筛法.

海伦注重数学的实际应用，大胆使用某些经验性的近似公式，撰写了不少测量学、力学和数学著作，比较著名的成就之一是海伦公式. 在三角学方面，梅涅劳斯的《球面三角学》（约写于公元100年）和托勒密的《天文学大成》（约写于公元150年）成为亚历山大学派的代表作，分别对球面三角学和平面三角学做了总结和探讨. 丢番图是代数学的创始人之一，对算术理论有深入研究. 亚历山大学派后期的其他学者除了对前期的工作做了大量的整理注释、增添修补，还在测量学、球面几何学等方面作出了许多杰出成就. 公元415年，希帕蒂娅惨遭基督徒杀害. 公元641年，阿拉伯人攻占亚历山大里亚，亚历山大图书馆再度被焚（第一次是公元前46年）. 亚历山大学派告终，从此希腊数学走向衰落.

1.2.2　数学基础三大学派

19世纪下半叶，康托尔创立集合论. 由于罗素悖论的出现，数学基础成为数学家最迫切需要解决的问题. 数学基础三大学派就是围绕着数学的哲学基础进行不同探讨而形成的学派，即逻辑主义、形式主义和直觉主义学派. 其形成是在1900至1930年间，代表人物有罗素、希尔伯特和布劳威尔.

1. 逻辑主义学派

逻辑主义学派认为数学即逻辑，以德国哲学家、数学家和逻辑学家弗里德里希·弗雷格，英国哲学家兼数学家伯特兰·罗素和阿尔弗雷德·怀特黑德等人为代表. 他们认为全部数学都能从逻辑学中推导出来，而不用任何特有的数学概念（数、集合等）.

弗雷格是符号逻辑的创始人之一，他在数学中引入逻辑函数概念，出版过《概念文字——模仿算术的纯思维形式语言》（1879年，又名《概念演算》）、《算术的基础——对数概念的逻辑数学研究》（1884年）和《算术的基本法则》（1卷1893年，2卷1903年）. 其中的《概念演算》，包含普通数学中的一切演

---

① 共八卷，写作年代不详. 前四卷的希腊文本和五至七卷的阿拉伯文本保存了下来，最后一卷遗失.

绎推理, 成为第一个完备的逻辑体系. 罗素于1903年曾提出有关数学基础的"罗素悖论", 产生了重大影响. 他与阿尔弗雷德·怀特黑德共同发展了弗雷格的思想, 提出"类型论"、引进等价类等概念, 以完全形式的符号实现了逻辑的彻底公理化, 揭示了数学与逻辑之间的关系. 罗素的代表作《数学原理》(共3卷, 写作于1900年至1910年)成为逻辑主义学派的经典文献. 逻辑主义思想因条理烦琐空洞而遭受批评, 但它对数理逻辑的建立有重要影响和作用, 对当今计算机的研制和人工智能的研究也有重大的现实意义.

弗雷格　　　　　　罗　素　　　　　　怀特黑德

在《数学原理》中, 罗素的目标是证明"数学和逻辑是全等的". 这个逻辑主义命题可分为三部分:

(1) 数学真理都能够表示为完全用逻辑表达的语言. 简单来讲, 即每条数学真理都能够表示为真的逻辑命题.

(2) 真的逻辑命题如果是一个数学真理的翻译, 则它就是逻辑真理.

(3) 数学真理一旦表示为一个逻辑命题, 就可由少数逻辑公理及逻辑规则推导出来.

2. 形式主义学派

形式主义学派又称形式公理派, 主要代表人物是希尔伯特. 他提出先把数学理论变成形式系统, 再用有穷方法证明形式系统无矛盾性的著名"希尔伯特规划". 形式主义学派主张数学系统公理化, 公理和规则都用形式符号表示, 对这些形式符号不赋予任何内容. 也就是说, 应该建立一套体系(系统), 包含一种统一的严格形式化语言和一套严

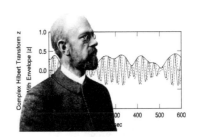

希尔伯特

格规则, 使得所有数学都可以在该体系下运作或发展.

"希尔伯特规划"的目标是为数学提供一套可靠的理论基础. 具体地说, 它应该包括:

（1）形式化——按照一套严格的规则，把所有数学用一个统一的形式化语言完全形式化.

（2）完全性——在数学完全形式化后，数学中的所有真命题均可根据上述规则来证明.

（3）相容性——运用这一套形式化的规则，不会导出不相容（互相矛盾）的命题.

（4）可判定性——运用上述规则，可以判定任何一个形式化的命题是否真命题.

这是用有穷论方法解决一个很强的系统相容性问题，是一项宏伟的工程. 如果该计划得以实现，人们就可以一劳永逸地解除对数学基础可靠性的怀疑. 因此，该计划提出来之后，一大批数学家投入到这方面的研究中.

当人们似乎即将完成这项任务时，年轻的奥地利数理逻辑学家库尔特·哥德尔于1930年给出了"不完全性定理"的证明，宣告"希尔伯特规划"的失败. 尽管如此，"希尔伯特规划"仍然对现代数学的发展起到了很大的推动作用. 在它的直接影响、启迪和促进下，催生了大量的新思想、新见解和新知识，人们还创立了像证明论（元数学）这样重要的新分支.

哥德尔

3. 直觉主义学派

直觉主义学派也称构造性学派，奠基者和代表人物是荷兰的路易岑·布劳威尔，其根本观点是关于数学概念、方法和证明的可构造性，并且认为数学的理论基础是自然数理论，而不是集合理论，因为自然数这种数学对象是借助于人们的"原始直觉"创造出来的.

布劳威尔　　　　　　　康　德　　　　　　　　吴文俊

布劳威尔按照自己的观点建立了构造性数学：构造性实数，构造性集合论，构造性微积分. 吴文俊指出：中国古代数学是构造性数学，在每一个问题中都力求给出构造性的解答. 由于计算机技术的发展, 构造性数学在不久的将来会有极大发展, 甚至成为数学的主流.

直觉主义的哲学思想来自德国古典理性主义哲学创始人伊曼努尔·康德. 康德把数学命题看成先天综合命题, 认为"先天直观"是数学的基本依据. 这与布劳威尔的"原始直觉"一脉相承.

直觉主义学派认为, 集合悖论不可能通过对已有数学作局部的修改和限制加以解决, 而必须对数学作全面的审视和改造. 其宗旨之一是"存在必须可构造"(所有证明都必须是构造性的); 宗旨之二是否认传统逻辑的普遍性, 并按照构造性的要求重建直觉主义逻辑规则; 宗旨之三是批判古典数学, 拆除一切非构造性数学框架, 重建直觉主义的构造性数学. 所以, 他们不承认在数学证明中被广泛使用的反证法, 也不承认排中律.

在布劳威尔之前, 利奥波德·克罗内克和庞加莱等已经提出了一些零散的直觉主义观点. 但是, 布劳威尔认为, 庞加莱仅仅强调数学的存在性, 这并不能消除逻辑主义者的悖论, 只有直觉的构造才能作为数学的基础. 布劳威尔有一个著名的论断: 是逻辑依赖数学, 而不是数学依赖逻辑. 他还指出: 公理化方法和形式主义方法当然都会避免矛盾. 但是, 用这些方法不会得到有数学价值的东西.

1.2.3　以哥廷根大学和柏林大学为主的德国学派

1. 哥廷根数学学派

哥廷根数学学派是 19 世纪 20 年代至 20 世纪 20 年代在德国由高斯创立, 彼得·狄利克雷和黎曼发展, 菲利克斯·克莱因、希尔伯特、诺特等人致盛, 在世界数学史中长期占主导地位的学派. 该学派强调数学的统一性, 注重纯粹数学与应用数学的联系, 将数学理论与近代工程技术紧密结合起来, 形成了独树一帜的哥廷根数学传统. 哥廷根数学学派人才辈出、代代相传, 学科齐全且长期保持着高度的创造力. 遗憾的是, 到了 20 世纪 30 年代, 纳粹执政后的疯狂民族主义导致该学派日渐衰落.

高斯早年在哥廷根大学读书, 后来又在那里担任天文台台长和数学教授 (1807 年). 黎曼早年就学于哥廷根, 1851 年获博士学位, 1859 年接替狄利克雷成为教授. 希尔伯特于 1895 年应克莱因邀请来到哥廷根, 一直工作到退休. 诺特于 1916 年到哥廷根后创立了抽象代数学. 他们的数学贡献可见第 12 章.

狄利克雷于 1855 年接替高斯任哥廷根大学教授, 对数学的各个领域都有杰出贡献, 尤其在数论方面, 以其对狄利克雷级数的研究而闻名, 这是解析数论中的基础概念. 他对傅里叶级数的开创性工作也在数学分析领域产生了深远影响，被认为是最早给出函数现代定义的数学家．狄利克雷也是一位卓越的教师，培养了一批优秀的数学家．他并不是一位高产的数学家，但论文质量极高，对此高斯曾评价道："狄利克雷的作品是珠宝，珠宝不能用杂货店的秤来称重．"

高 斯	狄利克雷	黎 曼	戴德金	克莱布什
韦 伯	施瓦兹	克莱因	柯瓦列夫斯卡娅	希尔伯特
闵可夫斯基	诺 特	外 尔	柯 朗	雅克比

哥廷根数学天空的闪烁群星

　　克莱因于 1886 年受聘为哥廷根大学教授，在那里工作近 40 年．他不但在数学研究方面颇有建树，而且还为哥廷根数学学派的组织健全、人员招聘和学派发展做了大量工作．在希尔伯特和克莱因等人的努力下，哥廷根从 20 世纪初开始成为数学研究与教学的国际中心．他们组织了许多讨论班，营造了密切合作、民主自由的学术气氛．1872 年发表的"埃尔朗根纲领"，把此前发现的所有几何学的研究对象确定为空间在某个变换群作用下的不变性质，使人们明确了古典几何研究的对象，意味着对几何认识的深化．

　　理查德·柯朗于 1907 年成为希尔伯特的助手，与希尔伯特共同撰写了著名的教科书《数学物理方法》．他在数学分析、函数论、数学物理、变分法等领域都有很深的造诣．

2. 柏林数学学派

柏林数学学派是 19 世纪下半叶到 20 世纪初在德国柏林兴起的, 其代表人物是魏尔斯特拉斯、费迪南德·弗罗贝尼乌斯、威廉·基灵等人.

| 魏尔斯特拉斯 | 弗罗贝尼乌斯 | 基 灵 |

该学派主要从事数学分析、符号代数和几何基础方面的研究. 1856 年, 魏尔斯特拉斯受聘到柏林大学执教, 在数学分析的严密化方面作出了巨大贡献, 特别是给出了极限的 ε-δ 定义, 被誉为"现代分析学之父". 他还在解析函数、椭圆函数、微分几何、代数学、变分法等领域取得许多成就, 成为该学派的带头人. 希尔伯特对他的评价是: "魏尔斯特拉斯以其酷爱批判的精神和深邃的洞察力, 为数学分析建立了坚实的基础. 通过澄清极小、极大、函数、导数等概念, 排除了在微积分中出现的各种错误提法, 扫清了关于无穷大、无穷小等各种混乱观念, 决定性地克服了源于无穷大、无穷小朦胧思想的困难. 今天, 分析学能达到这样和谐可靠和完美的程度本质上应归功于魏尔斯特拉斯的科学活动."

弗罗贝尼乌斯和基灵于 1867 年进入柏林大学学习, 在魏尔斯特拉斯指导下获博士学位. 弗罗贝尼乌斯在 θ 函数、行列式、矩阵、双线性型以及代数结构方面都有出色的工作, 尤其是在群论方面, 开创了群表示论这一全新的方向. 基灵在李群、李代数和非欧几何方面贡献良多. 他独立地发现了李代数, 并对其分类做了重要的工作, 引入了诸如嘉当 (埃利·嘉当) 子代数、嘉当矩阵和李代数的"根系统"等基本概念. 基灵的工作在非欧几何和弯曲时空的研究中也有重要作用.

1.2.4 以巴黎科学院为中心的法国学派

按如今数学界公认的看法, 法国数学的强盛得益于一位学者——马林·梅森[①] 和两大君主——路易十四, 拿破仑·波拿巴.

---

① 梅森是 17 世纪法国著名的数学家和修道士, 入选 100 位在世界科学史上有重要地位的科学家. 最早系统而深入地研究了 $2^p - 1$ 型的数. 为了纪念他, 数学界就把这种数称为梅森数, 并以 M_p 记之, 即 $M_p = 2^p - 1$. 如果梅森数为素数, 则称之为梅森素数.

　　1666年，法国国王路易十四在梅森学院的基础上建立了巴黎皇家科学院，为科学院提供稳定的赞助，免除科学家的后顾之忧. 拿破仑尊重科学和科学家，恢复了路易十四对文化有贡献人士的重赏措施. 在宽松的政治氛围和崇尚科学技术的社会风气下，数学研究得到政府支持，数学家的地位显著提高.

1. 巴黎科学院数学学派

　　17世纪时，还没有正规的学术期刊和机构，科学交流只能靠写信或面谈，而交往广泛、热情诚挚和德高望重的梅森就成了欧洲科学家之间的桥梁. 许多科学家都乐于把成果寄给他，然后再由他转告给更多的人. 因此，人们称他为"有定期学术刊物之前的科学信息交换站". 同时，梅森也会经常在自己的住处举办活动，供大家聚会交流. 笛卡儿、费马、惠更斯和帕斯卡等人都曾受益于此. 久而久之，这样的民间自发科学组织逐渐形成规模，被欧洲科学界称为"梅森学院"，它就是巴黎科学院（巴黎皇家科学院）的前身.

　　巴黎科学院于1666年成立. 当年梅森一手提携的荷兰青年克里斯蒂安·惠更斯已经是蜚声欧洲科学界的巨星，被科学院高薪聘为首任院长. 在强大的财政支持和惠更斯的组织领导下，巴黎科学院迅速崛起并成为欧洲的科学中心，建立起一整套挖掘和培养人才的有效机制，以至于整个欧洲大陆的知名学者多云集于此. 即使久居他乡的异国学者也能以通讯院士的身份与巴黎科学院取得联系，分享自己的学术成果.

梅　森　　　　　　　惠更斯　　　　　　　达朗贝尔

　　巴黎科学院招揽人才的原则正是"不论关系出身，只看学术水平"，因此一大批有才华而出身贫寒的数学家得以一展身手. 出身卑微的让·达朗贝尔以其过人的天赋，29岁就成为数学部副院士. 他是数学分析的主要开拓者和奠基人，复变函数论先驱之一，在弦振动理论方面的卓越工作，使他和丹尼尔·伯努利一起被认为是偏微分方程的创始人. 他在力学方面也做了大量工作，《动力学》一书是他的重要物理学著作. 达朗贝尔慧眼识珠，发现了农家子弟皮埃尔-西蒙·拉普拉斯. 拉普拉斯在概率论、微分方程和测地学等领域成果甚丰. 1786年，达朗贝尔又把拉格朗日从柏林科学院引进到巴黎科学院. 拉格朗日在数论、连分数、微积分、微分方程和变分法等方面都有建树，被拿破仑称为"数学科学中高耸的金字塔"．阿德利昂-玛利·勒让德①于1785年当选为巴黎科学院院士，他在分析学、几何学、数论和天体力学方面成就斐然．

　　让·傅里叶和西蒙-德尼·泊松是19世纪初叶法国的两颗数学明星．傅里叶开创了近代数学的一个巨大分支——傅里叶分析，证明了任何函数可表示为变量的多重正弦和余弦级数．恩格斯曾高度评价道："黑格尔是一首辩证法的诗，傅里叶是一首数学的诗．"泊松在积分理论、行星运动理论、热物理、弹性理论、电磁理论、位势理论和概率论方面都有建树．他还是19世纪概率统计领域中的卓越人物，改进了概率论的运用方法，特别是用于统计方面的方法，建立了描述随机现象的一种概率分布——泊松分布．他推广了"大数定律"，并导出了在概率论与数理方程中有重要应用的泊松积分．

2. 布尔巴基学派

　　20世纪30年代初期，为了振兴法国数学，当时在巴黎高等师范学院学习的爱国数学家安德烈·韦伊、让·迪厄多内、昂利·嘉当、夏尔·埃雷斯曼、克劳德·谢瓦莱等人组建了布尔巴基学派（布尔巴基是一个虚拟的人名）．随着时间的推移，亚历山大·格罗滕迪克、皮埃尔·德利涅、让-皮埃尔·塞尔也加入该组织．他们的主要工作是致力于编写多卷集的大部头《数学原理》．他们每年开会两到三次，讨论下一卷的主题，由其中一名成员负责．然后，花一到两年的时间来准备，并在下次会议上展示．每卷书都会逐一校正，有时甚至是煞费苦心．这个过程意味着每卷书平均需要8～12年的时间才能出版．他们撰写了40多卷，以虚拟作者布尔巴基的名义出版，涉及众多主题，是许多研究工作的出发点与参考指南．

　　　　韦　伊　　　　　　　　迪厄多内　　　　　　　　嘉　当

　　他们以结构主义观点从事数学研究，认为数学就是关于结构的科学，各种数学结构之间有其内在联系．其中，代数结构、拓扑结构和序结构是最基本的

①　法国18世纪后期至19世纪初数学界著名的三个人物——拉普拉斯、拉格朗日和勒让德，他们姓氏的第一个字母都是"L"，又生活在同一时代，所以人们称他们为"三L"．

结构,称为母结构,其他结构是由母结构交叉与复合而生成的子结构. 在 20 世纪的数学发展历程中,布尔巴基学派起着承前启后的作用. 他们把人类长期积累起来的数学知识整理成一个井井有条的博大精深的体系. 该体系连同他们的数学研究工作,对当代数学的发展产生了重要影响.

3. 法国函数论学派

法国函数论学派是 19 世纪末兴起于法国巴黎高等师范学校,以雅克·阿达马、埃米尔·博雷尔、勒内-路易斯·贝尔、勒贝格等人为代表的数学学派,在数学的发展史中占有重要地位.

阿达马成就甚丰,在复变函数、数论、泛函分析、微分方程和流体力学等方面硕果累累. 1892 年,阿达马在其博士论文中第一次把集合论引进复变函数,更简单地重证了柯西有关收敛半径的结果. 他发现了著名的三圆定理,证明了黎曼 ζ 函数的亏格为零(1896 年)及黎曼的一些猜想,首次证明了素数定理. 他的《变分学教程》(1910 年)奠定了泛函分析的基础. 在偏微分方程方面,他明确了定解问题的含义、完善了适定性的要求,得出可根据二阶方程的特征表达式对方程进行分类(椭圆、双曲、抛物)的结论,并提出了一般方程基本解的概念.

阿达马　　　　　　　　博雷尔　　　　　　　　贝　尔

博雷尔在数学分析、函数论、数论、代数、几何、数学物理、概率论等诸多分支都有建树,尤其是提出了测度概念,发展了测度理论(1898 年). 贝尔关于无理数的研究成果以及将连续的概念区分为上半连续和下半连续,对法国数学学派有很大影响,著有《分析学概论》(1907 年)及《无理数论》(1912 年). 著名的贝尔纲定理是贝尔在 1899 年的博士论文中证明的. 勒贝格建立的测度与积分理论成为现代积分理论的开端.

1.2.5　以圣彼得堡科学院和莫斯科大学为中心的俄苏学派

俄罗斯在近代化之前是个相对比较落后的民族,正是彼得大帝和叶卡捷琳娜将俄罗斯变成欧洲的一员,并开始为它赢得尊重,使俄罗斯跻身列强.

1. 圣彼得堡数学学派

圣彼得堡数学学派是在俄国圣彼得堡城于19世纪下半叶到20世纪初兴起的学派，是俄国在数学领域创建最早、实力最强、影响最大的学派，是推动概率论发展的生力军，在数学的许多分支都有重大建树，对俄国乃至全世界近代数学的发展产生过巨大影响.

1703年2月8日，彼得大帝颁布关于成立俄罗斯科学院的命令. 1724年，在圣彼得堡成立了俄罗斯科学院. 1982年，在当时的列宁格勒组建了俄罗斯科学院列宁格勒科学中心，即现在的俄罗斯科学院圣彼得堡科学中心.

1725年，在欧洲大陆上被家族势力挤兑的伯努利兄弟——尼古拉第二·伯努利和丹尼尔·伯努利去了俄罗斯科学院. 后来，丹尼尔·伯努利把其父约翰第一·伯努利的学生欧拉引进到俄罗斯科学院.

经过几代人的努力，圣彼得堡学派发展成为一个主流学派. 代表人物有：学派元宿米哈伊尔·奥斯特罗格拉茨基和维克托·布尼亚科夫斯基，学派领袖帕夫努季·切比雪夫，中坚力量安德雷·马尔可夫和亚历山大·李雅普诺夫，后起之秀塞尔吉·伯恩斯坦等.

奥斯特罗格拉茨基　　　　　切比雪夫　　　　　　　马尔可夫

奥斯特罗格拉茨基的科学研究涉及分析力学、理论力学、数学物理、概率论、数论和代数学等多方面. 他最重要的数学工作是在1828年研究热传导理论的过程中，证明了关于三重积分和曲面积分之间关系的公式.

切比雪夫不仅在概率论、数论和函数论方面成就斐然，还培养了许多优秀人才，使俄罗斯数学有了和西欧国家抗衡的资本. 对于圣彼得堡学派，他与哥廷根学派的希尔伯特和克莱因的作用类似. 一个学派不是一个人的成功，而是一个强大的梯队. 切比雪夫是承前启后的人物，不仅自己很优秀，而且善于发现人才、培养人才. 他有两个非常杰出的学生：马尔可夫和李雅普诺夫. 前者以马尔可夫过程扬名世界，后者以微分方程的稳定性理论著称于世. 他们继承和发扬切比雪夫的育人思想，也培养出一大批著名数学家.

伯恩斯坦在偏微分方程、函数构造论、多项式逼近理论和概率论等领域都有重要发现. 特别是概率论，他最早（1917 年）提出并发展了概率论的公理系统，建立了关于独立随机变量之和的中心极限定理，研究了非均匀马尔可夫链.

2. 莫斯科数学学派

　　这是 20 世纪初在莫斯科创立的学派，奠基人是尼古拉·布加耶夫. 该学派又细分为两个侧重不同的学派：函数论学派和拓扑学派. 前者由德米特里·叶戈罗夫和尼古拉·卢津创始，柯尔莫哥洛夫等人发扬光大；后者以帕维尔·亚历山德罗夫、帕维尔·乌雷松、列夫·庞特里亚金等人为代表.

　　布加耶夫是莫斯科大学自然科学领域系统方法的奠基人，"莫斯科哲学与数学学派"的创始人，对 20 世纪享誉世界的莫斯科数学学派的形成做出奠基性和开创性贡献. 他在数学研究中针对"分析学"中的连续函数思想，提出了一种"算术学"的间断函数思想，并形成他的"算术化"数学哲学和"进化单子论"哲学思想，为数学和力学后续发展中的稳定性理论、动力系统理论、分岔和突变理论奠定了坚实的思想基础.

布加耶夫　　　　　　　卢　津　　　　　　　乌雷松

　　20 世纪初，叶戈罗夫和姆罗德舍夫斯基一起开设讨论班，最初以从经典分析中衍生出来的微分几何为主题. 为了发展几何问题的分析方法，需要进一步澄清实分析的基本概念，所以开始了实分析的研究. 他们继承和发扬圣彼得堡学派的理论和传统，创立了莫斯科函数论学派. 不但在函数论方面成就斐然，而且以函数论为工具，在拓扑学、微分方程、概率论等几个方面都获得长足的发展.

　　叶戈罗夫的学生卢津是莫斯科函数论学派的中心人物，他不仅是一位杰出的数学家，也是一个具有非凡教学与领导才能的人. 1920 年，卢津回到莫斯科，聚集了大批有才华的年轻人，伊万·普列瓦洛夫和亚历山大·辛钦也相继归来. 到了 20 世纪 30 年代，涌现出了一大批著名数学家.

　　莫斯科学派的鼎盛离不开柯尔莫哥洛夫. 他师承卢津，1931 年起任莫斯科大学教授，是 20 世纪苏联最杰出的数学家，也是 20 世纪世界上最具影响的数学家之一. 关于柯尔莫哥洛夫的贡献, 可见12.23节.

帕维尔·亚历山德罗夫和乌雷松早年从事函数论研究, 后转向拓扑学, 是20世纪该学科的先驱. 乌雷松还开创了维数理论的研究, 为发展一般拓扑学作出了杰出贡献. 庞特里亚金早期研究拓扑学, 其中尤以庞特里亚金对偶定理、庞特里亚金示性类最为突出. 20世纪50年代, 他开始研究优化控制理论, 与诺伯特·维纳一起成为控制论的先驱, 庞特里亚金极值原理著称于世.

此外, 索伯列夫的空间理论、辛钦的概率研究、盖尔范德的泛函分析与代数成就、维尼亚明·卡根的几何学工作都是世界级水准. 近年来莫斯科数学界仍然新人辈出, 大家熟悉的佩雷尔曼就属于该学派.

1.2.6 世界数学中心——美国普林斯顿学派

普林斯顿学派是指20世纪初兴起于美国普林斯顿的学派, 以亨利·范因、奥斯瓦尔德·维布伦、赫尔曼·外尔、约翰·冯·诺依曼、哈罗德·莫尔斯等人为代表.

美国数学在19世纪后期逐渐与欧洲接轨. 1880年, 范因去欧洲跟随哥廷根学派领袖克莱因学习. 博士毕业后回到普林斯顿工作, 将世界上最先进的数学知识和管理思想带到普林斯顿大学, 立志要把普林斯顿大学打造成世界数学中心. 范因传承了克莱因的理念——不拘一格纳人才. 1905年, 他聘请了维布伦和路德·艾森哈特. 1909年, 聘请了苏格兰代数学家约瑟夫·韦德伯恩. 1920年和1924年, 又先后聘请了代数拓扑先驱詹姆斯·亚历山大和拓扑学大师所罗门·莱夫谢茨.

范　因　　　　　　维布伦　　　　　　冯·诺依曼

1932年, 普林斯顿高等研究院的第一个学院——数学院正式成立. 1933年, 希特勒颁布了一系列针对犹太人的法令, 导致许多犹太裔教授出走, 大多数都逃亡美国. 研究院争取到的第一个对象是阿尔伯特·爱因斯坦, 接着又争取到德国数学大家外尔. 外尔被认为是20世纪上半叶出现的最后一位 "全能数学家". 普林斯顿大学数学系的拓扑学大家亚历山大和刚满30岁的冯·诺依曼也转到研究院. 1935年, 哈罗德·莫尔斯又从哈佛大学前来加盟.

普林斯顿学派不仅在拓扑学、代数学和数论领域独占鳌头，在计算机理论、运筹学和博弈论领域也处于领先地位，且在数学物理、概率论与数理统计、常微分方程、对策论和线性规划等领域也有建树. 该学派以优势学科带动其他学科的全面发展，以数学理论研究推动科学应用，并广泛开展国际交流与合作，为现代数学的发展提供了成功模式.

很多数学家都希望来普林斯顿朝圣，许多重要成果都是在这里诞生的. 德国数学家弗里德里希·希策布鲁赫，法国数学家昂利·嘉当和塞尔，日本数学家小平邦彦，均多次访问普林斯顿. 陈省身于 1943 年应邀在普林斯顿高等研究院工作，他最重要的微分几何学研究成果就是在那里完成的. 丘成桐是第一位受聘为普林斯顿高等研究院终身教授的华人学者.

世界数学中心的迁移也就意味着世界主导权的更迭，从欧洲到美国，下一个又会是哪里呢？20 世纪 90 年代，著名数学家陈省身曾预言："21 世纪中国必将成为数学大国"！在华人数学界，这一预言被称为"陈省身猜想".

希望这个猜想成真！

1.3　五大数学学科简介

数学学科按其内容可分成五个大学科：

基础数学（Pure Mathematics）

计算数学（Computational Mathematics）

概率论与数理统计（Probability and Mathematical Statistics）

应用数学（Applied Mathematics）

运筹学与控制论（Operational Research and Cybernetics）

国务院学科分类号如下：

07 理学

一级学科：0701 数学

二级学科：070101 基础数学，070102 计算数学，070103 概率论与数理统计，070104 应用数学，070105 运筹学与控制论

有些分支的研究内容既有数学理论的部分，也有应用的部分，所以很难划分它们所属的学科领域.

1. 基础数学

基础数学又称纯粹数学，专门研究数学本身的内部规律，它是数学的核心. 纯粹数学的一个显著特点是抛开具体内容，以抽象形式来研究数量关系和空间结构，并不要求与解决其他学科的实际问题有直接联系.

纯粹数学的思想、方法和结论是整个数学学科的基础，又是自然科学、社会科学、工程技术等领域的思想和知识库. 基础数学包含数理逻辑、数论、代数学、几何学、拓扑学、函数论、泛函分析、微分方程等众多的分支学科，同时还在源源不断地产生新的研究领域.

2. 计算数学

计算数学是对科学技术领域中的数学问题进行数值求解的理论和算法，尤其注重高效、稳定的算法研究. 数值模拟已经能够用来减少甚至代替某些耗资巨大或难以实现的大型试验. 近年来，随着电子计算机的飞速发展，产生了符号演算、机器证明、计算机辅助设计、数学软件等新的学科分支，并与其他领域结合形成了计算物理、计算力学、计算化学、计算生物学等交叉学科.

3. 概率论与数理统计

概率论与数理统计是研究随机现象内在规律性的学科，与其他学科有紧密联系，是近代数学的重要组成部分. 概率论旨在从理论上研究随机现象的数量规律，是数理统计的基础. 数理统计是从数学角度研究如何有效地收集、分析和使用随机性数据的学科，为概率论的实际应用提供了广阔的天地. 概率论和数理统计相互推动，借助计算机技术，在科学技术、工农业生产、经济金融、生态学、环境保护等方面发挥着重要的作用. 例如，预测和滤波可应用于空间技术和自动控制，时间序列分析可应用于石油勘测和经济管理，马尔可夫过程与点过程统计分析可应用于地震预测等. 同时它又向基础学科和工科学科渗透，与其他学科相结合，逐渐发展成为核心学科.

4. 应用数学

应用数学是应用目的明确的数学理论和方法的总称，是研究如何应用数学知识于其他领域的数学学科. 大体而言，应用数学包括两个部分：一是与应用有关的数学，这是传统数学的一支，被称为"应用数学基础"；二是数学的应用，以数学为工具，探讨解决科学、工程、社会和经济等领域中出现的具体问题，它超越了传统数学的范围. 在数学的应用过程中，会提出很多挑战性的数学问题，为纯粹数学的研究启示新方向，刺激和推动纯粹数学的发展. 应用数学家除了具有相当水平的数学修养，还要对应用主题的学科有相当深度的了解.

近代应用数学发端于英国，牛顿是应用数学的鼻祖. 两次世界大战极大地推动了应用数学的独立发展，应用数学取得了蔚为壮观的成就. 战后的年代里，在航空航天、通信、控制、管理、设计和试验等方面，人们愈来愈感受到数学强大的应用功能.

5. 运筹学与控制论

运筹学与控制论以数学为主要工具,从系统和信息处理的观点出发,研究解决社会、经济、金融等系统的建模、分析、规划等问题,是一个包括众多分支的学科. 运筹学结合数学、计算机与管理科学,通过研究建模方法和最优解,为各行业中的规划设计、管理运行和优化决策提供理论依据. 控制论目前处于数学、计算机科学、工程科学、生命科学等学科交叉发展的前沿,是以自动化、信息化、机器人、计算机和航天技术为代表的现代技术的理论基础.

1.4　数学发展的动力与学科交叉

推动数学发展的动力既来自内部,即解决自身发展中的问题,也来自外部,即研究现实世界提出的各种问题. 当今数学发展的主要趋势为:数学各分支的融汇,与其他学科的深入交叉,以及自觉地扩大数学的应用范围.

数学有两个主要方面. 第一个方面也是较为抽象的方面可以叙述为:对结构、模式以及模式的结构和谐性的研究. 探求抽象模式结构中的对称性和规则性是纯粹数学的核心. 这些探求的目的通常在于了解抽象的概念,但是也常常对其他领域产生实践和理论的影响. 第二个方面是它的应用,通常是由物理学、生物学等其他非数学学科中遇到的事件或系统的(数学)建模所激发的. 下面,我们仅以"广义函数"为例来说明.

历史上第一个"广义函数"是由物理学家保罗·狄拉克使用的. 他在陈述量子力学中某些量的关系时,引入了"函数"$\delta(x)$:$x \neq 0$ 时 $\delta(x) = 0$,$x = 0$ 时 $\delta(x) = +\infty$. 按照 20 世纪前所形成的数学概念,人们无法理解这样奇怪的函数. 然而物理学上一切点量,如点质量、点电荷、偶极子、瞬时打击力、瞬时源等物理量用它来描述不仅方便、物理含义清楚,而且把它当作普通函数参与运算,如对它进行微分和傅里叶变换、将它参与微分方程求解等,所得到的数学结果与物理结论是吻合的. 这就迫使人们为这类"怪函数"确立严格的数学理论. 最初理解的方式之一是把这种"怪函数"设想成直线上某种分布所对应的"密度"函数. 所以广义函数又称为分布,广义函数论又称为分布理论. 用分布的观点为这些"怪函数"建立基础虽然很直观,但对于复杂情况却显得烦琐而不明确. 后来随着泛函分析的发展,法国数学家洛朗·施瓦茨用泛函分析观点为广义函数建立了严格的数学理论,盖尔范德对广义函数论也贡献良多. 广义函数理论深刻地影响和促进了一些数学分支(特别是偏微分方程)的发展,并成为物理学、力学中普遍使用的工具之一.

数学与科学技术之间的密切联系,在 20 世纪中叶以后更是达到了新的高度. 第二次世界大战期间, 数学在飞行器、核武器设计、火炮控制、物资调运、密码破译和军事运筹等方面发挥了重大作用, 并涌现出一批新的应用数学学科. 其后, 电子计算机的快速发展和普及, 特别是数字化的发展, 使数学的应用范围更为广阔, 几乎涉及所有的学科和部门. 数学技术已经成为高新技术中一个极为重要的组成部分和思想库. 另一方面, 数学在向外渗透的过程中, 与其他学科交叉, 形成了诸如计算机科学、系统科学、模糊数学、智能计算、智能信息处理、金融数学、生物数学、经济数学等一批新的交叉学科.

作为20世纪影响最为深远的科技成就之一, 电子计算机的发明也充分展现了数学对于人类文明的贡献. 从计算机的发明直到它最新的进展, 数学都在起着关键性的作用. 同时, 在计算机的设计、制造、改进和使用过程中, 也出现了大量带有挑战性的数学问题, 推动着数学的发展. 计算机和软件技术已经成为数学研究的强大手段, 其飞速进步正在改变传统意义下的数学研究模式, 并将为数学的发展带来难以预料的深刻变化. 理论分析、数值模拟和科学实验鼎足而立, 已经成为当代科学研究的三大支柱.

21世纪, 科学技术的突破日益依赖学科界限的打破和相互渗透, 学科交叉已经成为科技发展的显著特征和前沿趋势, 数学也不例外. 随着实验、观测、计算和模拟技术与手段的不断进步, 数学作为定性和定量研究的重要基础及有力工具, 在复杂系统的研究和相关学科的交叉融合中起着不可替代的作用.

1.5 数学文化

数学作为一种知识、语言、工具、基础、科学、技术、文化、思维和艺术, 在人们的生活、社会发展和科技进步等方面都有重要的意义和作用. 数学不仅是公式、命题和定理, 更是多层面反映了丰富多彩的生活.

如果把人类科学分为自然科学、社会科学和形式科学, 毫无疑问数学属于研究抽象概念的形式科学. 严格地说, 数学不依靠实验和经验作为依据, 但是数学作为自然科学的工具, 奠定了整个自然科学的基石. 同时, 数学也作为一种指导思想进入了许多社会科学领域.

在人类文明中, 还没有哪一门学科像数学这样, 从形成文字符号开始就被准确无误地记录和保存下来. 数学, 作为一种艺术、方法和思想体系, 并拥有自己独一无二的世界通用的语言系统, 无可争辩地具备了独立的文化特征, 足以与人类文化的其他方面区别开来, 形成一种可以自我调节、富有特色和丰富内涵的人类文化, 其魅力已经渗透到各个知识领域.

诗歌中有许多巧妙运用数字的例子. 北宋诗人邵雍的一首脍炙人口的诗:"一去二三里, 烟村四五家. 亭台六七座, 八九十枝花. "用一至十这十个数字, 为我们描绘了一幅恬淡宁静的田园风光. 美丽的乡村跃然纸上, 同时也让我们感受到了数学的淳朴之美.

三强韩赵魏, 九章勾股弦. 此联为数学家华罗庚1953年随中国科学院出国考察途中所作. 团长为钱三强, 团员有大气物理学家赵九章教授等十余人, 途中闲暇, 为增添旅行乐趣, 华罗庚便出上联"三强韩赵魏"求对. 片刻, 人皆摇头, 无以对出. 他只好自对下联"九章勾股弦". 此联全用"双联"修辞格. "三强"一指钱三强, 二指战国时期的三大强国——韩国、赵国和魏国; "九章", 既指赵九章, 又指我国古代数学名著《九章算术》中的第九章——勾股定理. 全联数字相对、平仄相应、古今相连、总分结合.

1.5.1　数学是常青知识、科学语言、重要基础和关键技术

数学作为小学、中学和大学的必修课程, 其重要性不言而喻. 人类的许多发现就像过眼云烟, 很多学科是推翻前人的结论而建立新的理论. 数学则不然, 只要在公理合适的情况下, 数学定理一旦建立, 便不能被推翻. 在这个意义上, 每一代数学家都在各自体系中发展前人所留, 在原有基础上添加新的建树. 两千多年以前的数学成果"欧几里得几何"至今还在发挥着重要的作用, 其中的勾股定理被称为"千古第一定理", 一直被高度颂扬并广泛应用. 所以说, 数学的结论具有永恒的意义, 数学是一类常青知识.

文学作品的动人描述是以文字的精工编织为代价, 成就了文学语言的艺术美; 而数学语言对客观世界本质的抽象反映则以简要、精练著称. 数学语言不允许感情随意褒贬夸张. 先秦宋玉的辞赋"增之一分则太长, 减之一分则太短, 着粉则太白, 施朱则太赤", 是数学语言简练特点的文学写照.

在数学中用符号(数字、字母、运算符号或关系符号)来表示语言, 大大地缩短了语句的"长度", 把冗长的自然语言转化为简练的数学语言. 伽利略说过:"大自然这本书是用数学语言写成的. "数学语言十分精确且世界通用, 这是数学学科的特点. 加减乘除、乘方开方、指数对数、微分积分、常数变数等, 非常方便人们掌握和使用.

数学是纯粹从数量关系和空间形式的角度来研究现实世界的, 它与哲学类似, 具有超越具体学科和普遍适用的特点. 使用数学工具, 能使复杂的问题变得简单, 从而提升人们认识世界与改造世界的能力, 让人们充分领略数学的魅力, 对数学产生浓厚的兴趣.

现在, 无论是自然科学和技术, 还是经济学、管理学, 乃至人文和社会科学, 为了精确和定量地考察与描述问题, 得到有充分根据的规律性认识, 数学

都是必备的重要工具, 是科学技术的共同基础. 如果离开数学的支撑, 有关学科很难取得长足的进步. 因此, 近年来很多学科 (特别是自然科学学科) 已经出现了数学化的趋势.

数学的思想和方法与高度发展的计算技术相结合, 形成了一种关键且可实现的技术, 称为 "数学技术". 在这种技术中起核心作用的是数学, 拿走数学就只剩一堆 "废铜烂铁". 数学的思想、方法和结果转化为计算机的软件和硬件, 成为技术的一个重要组成部分与关键, 直接转化为生产力. 现在, "高技术本质上是一种数学技术" 的说法已经被愈来愈多的人所认同.

1.5.2 人生哲学

1. 天才在于勤奋

下面的三个数学式子, 形象地揭示了一种人生哲理——天才在于勤奋.

$$S = \int_0^T (1+a)^{wt} \mathrm{d}t.$$

S 代表成就, a 代表天赋, w 代表努力, T 代表时间. 天赋很重要, 但是努力和肯花时间更重要.

$$1.01^{365} = 37.783\,434\,332\,9, \quad 0.99^{365} = 0.025\,517\,964\,45.$$

积跬步以至千里, 积怠惰以致深渊; 每天只比你努力一点的人, 其实已经甩下你很远了.

$$\lim_{n\to+\infty}\left(1+\frac{1}{n}\right)^n = \mathrm{e}, \quad \lim_{n\to+\infty}\left(1-\frac{1}{n}\right)^n = \frac{1}{\mathrm{e}}.$$

每天努力一个无穷小量与每天懒惰同样的无穷小量, 最后的差距会很大.

2. 人生坐标系

在人生的坐标系中, 横轴是时间, 纵轴是价值. 若把人的一生逐点描绘在上面, 我们就会发现, 一些 "点" 处于高峰, 光辉闪烁; 一些 "点" 置于谷底, 平淡无奇. 如果闪烁的点密密麻麻, 连成极有价值的 "实线", 就令人感到欣慰: 我没有虚度一生; 如果暗淡的点比比皆是, 构成无所作为的 "虚线", 就难免令人惆怅叹息; 如果横轴的下面还存在 "负点", 那将是羞耻和悔恨.

不少名家学者都喜欢用数学语言来喻事论理.

3. 成功秘诀

大科学家爱因斯坦用 $A = X + Y + Z$ 的数学公式来揭示成功的秘诀. 他说: "A 代表成功, X 代表艰苦的劳动, Y 代表正确的方法, Z 代表少说空话."

4. 天才公式

大发明家托马斯·爱迪生说:"天才 = 1%的灵感 + 99%的汗水,但那1%的灵感更重要."

5. 人生分数

大文豪列夫·托尔斯泰说:"一个人好比分数,他的实际才能好比分子,而他对自己的估计好比分母. 分母越大,则分数的值就越小."

6. 大圆与小圆

古希腊哲学家芝诺对学生说:"如果用小圆代表你们所掌握的知识,用大圆代表我所掌握的知识. 那么,大圆的面积是多一点,也就是说,我的知识比你们多一些. 但两圆之外的空白都是我们的无知面,圆越大,其圆周接触的无知面就越多."一个人随着知识的积累和丰富,会愈来愈觉得需要学习的东西更多.

7. 常数与变数

阿纳托利·雷巴柯夫则用"常数与变数"来作比喻:"时间是个常数,但对勤奋者来说,是个变数."并解释说这是因为"用'分'来计算时间的人,比用'时'来计算时间的人,时间多59倍."

1.5.3　科学家的数学名言

数统治着宇宙. 在数学的天地里,重要的不是我们知道什么,而是我们怎么知道什么. ——毕达哥拉斯

数学是一切知识中的最高形式. ——柏拉图

数学可以激发我们思考,超越其他科学的一切. ——阿基米德

数学是打开科学大门的钥匙,忽视数学必将伤害所有的知识. ——弗朗西斯·培根

数学对观察自然作出了重要的贡献,它解释了规律结构中简单的原始元素,而天体就是用这些原始元素建立起来的. ——开普勒

数学是知识的工具,亦是其他知识工具的源泉. 所有研究顺序和量度的科学均与数学有关. ——笛卡儿

有什么科学比数学更高雅、更有用、更严格呢?——本杰明·富兰克林

因为宇宙的结构是最完善的,而且是最明智的上帝创造的,如果在宇宙里没有某种极大或极小法则,那就根本不会发生任何事情. ——欧拉

数学的发展与国家的繁荣密切相关. ——拿破仑

我坚决认为, 任何一门自然科学, 只有当它数学化之后才能称得上是真正的科学……也许有可以不用数学的纯粹自然哲学, 即只研究一般自然概念的哲学, 但研究确定对象的纯粹自然科学却不可能不用到数学. ——康德

一切自然现象都是少数不变定律的数学推论. ——拉普拉斯

数学主要的目标是公众的利益和自然现象的解释. ——傅里叶

数学是科学之王; 二分之一个证明等于零. ——高斯

给我五个系数, 能画出一头大象. 给我六个系数, 大象会摇动尾巴. ——柯西

无论数学的任一分支是多么抽象, 总有一天会应用到现实世界中. ——罗巴切夫斯基

数学发明创造的动力不是推理, 而是想象力的发挥. ——德摩根

数学具有探索者的品质, 它可以使人与人之间的交流更加容易; 发现每一个新的群体在形式上都是数学的, 因为我们不可能有其他的指导. ——查尔斯·达尔文

数学的本质在于它的自由. ——康托尔

一门科学, 只有当它成功运用数学时, 才能达到真正完善的地步. ——卡尔·马克思

如果我们想要预见数学的未来, 适当的途径是研究这门学科的历史和现状. ——庞加莱

数学的真谛就在于不断寻求用越来越简单的方法证明定理和解决数学问题. ——马丁·加德纳

数学有助于提高智力, 也有助于证明科学家发现的真理. ——爱因斯坦

根据孔德的分类, 数学是科学之首……数理逻辑在默默无闻的情况下, 为计算机时代的到来提前做好了准备; 理论物理仍对新的数学理论抱有难以抑制的好奇心, 并希望借此最终达到它的目标. 所以, 从认识论的观点看, 人们应该给数学科学以至高无上的地位. ——勒雷

在现代实验科学中, 能否接受数学方法或与数学相近的物理学方法, 已愈来愈成为该学科成功与否的主要标准; 数学方法渗透并支配着一切自然科学的理论分支, 它愈来愈成为衡量科学成就的主要标志了. ——冯·诺依曼

数学是一切科学的得力助手和工具. 它有时由于其他科学的促进而发展, 有时也先走一步、领先发展, 然后再获得应用; 新的数学方法和概念, 常常比解决数学问题本身更重要. ——华罗庚

一个国家的科学水平, 可以用它消耗的数学来量度. ——拉奥

1.5.4　数学与艺术

　　数学与艺术都是美丽的，并有内在联系，对数学的艺术追求已经成为数学得以发展的重要原动力. 各个科学领域都或多或少地会用到数学，艺术也不例外. 数学既是一门科学，也是一门艺术，并且数学所展现的和谐美与简洁美影响了很多艺术流派.

　　毕达哥拉斯有一次散步时经过一家铁匠铺，意外发现里面传出的打铁声要比别的铁匠铺协调、悦耳. 于是走进铺子，测量了铁锤和铁砧的大小，发现声音的和谐与发声体体积的比例有关. 后来，他又在琴弦上做试验，进一步发现了琴弦音律的奥秘：当两个音的弦长是简单整数比时，同时或连续弹奏，发出的声音是和谐悦耳的. 简而言之，只要按比例划分一根振动的弦，就可以产生悦耳的音程. 例如，当两音弦长之比为 1:2 时，音程为八度；当两音弦长之比为 2:3 时，音程为五度；当两音弦长之比为 3:4 时，音程为四度.

　　黄金分割在作曲领域也被广泛应用. 在创作一些乐曲时，音乐家会将高潮或者是音程、节奏的转折点安排在全曲的黄金分割点处. 比如，要创作 89 节的乐曲，其高潮便在 55 节处；创作 55 节的乐曲，高潮便在 34 节处.

　　数学和音乐都是极美的，正如爱因斯坦所说："这个世界是由音乐的音符组成的，也是由数学公式组成的. 音符加数学公式，就是真正完整的世界. "

　　伟大的作曲家伊戈尔·斯特拉文斯基曾经说过："音乐这种形式和数学较为接近——也许不是和数学本身相关，但肯定与数学思维和关系式有关. "

　　英国数理逻辑学家罗素指出："数学，如果正常地看它，不但拥有真理，而且也具有至高的美，正如雕塑的美，是一种冷而严肃的美. "英国数学家哈代认为，不美的数学在世界上是找不到永久容身之地的. 美国数学家、控制论创始人维纳则说：数学实质上是艺术的一种.

　　法国艺术家奥古斯特·罗丹曾说：世界上从不缺少美，只是缺少发现美的眼睛. 如果我们能够用数学的眼光来观察世界，又将会是怎样的呢？

　　美国数学家保罗·哈尔莫斯说："数学是创造性艺术，因为数学家创造了美好的新概念；数学是创造性艺术，因为数学家像艺术家一样地生活，一样地思考. "

　　美国数学家阿曼德·博雷尔说："数学是一门艺术，因为它主要是思维的创造，靠才智取得进展，很多进展出自人类脑海深处，只有美学标准才是最后的鉴定者. "

　　美国数学家马克西姆·博歇说："我几乎更喜欢把数学看作艺术，然后才是科学，因为数学家的活动是不断创造的……数学的严格演绎推理在这里可以比作画家的绘画技巧. 就如同不具备一定的技巧就成不了好画家一样，不具备一定准确程度的推理能力就成不了数学家⋯⋯这些都不是最主要的因素.
还有一些远比上述条件难以捉摸的素质,才是造就优秀艺术家或优秀数学家
的条件.其中有一个共同点,那就是想象力.”

瑞士数学家昂利·费尔说:“数学是一门艺术,因为它创造了显示人类精
神的纯思想的形式和模式.”

“美”是艺术家所追求的一种境界,也是数学的一种评价标准.数学中的
美体现在和谐性、对称性与简洁性.庞加莱曾说:“科学家研究自然是因为他
爱自然,他之所以爱自然,是因为自然是美好的.如果自然不美,就不值得理
解;如果自然不值得理解,生活就毫无意义.当然,这里所说的美,不是那种
激发感官的美,也不是质地美和表现美⋯⋯我说的是各部分之间有和谐秩序
的深刻美,是人的纯洁心智所能掌握的美.”

日本数学家米山国藏认为,不论是艺术家还是科学家,如果把他们的根
本素质看成建立在一致的感情和直觉基础上的东西,那么,他们的创造素质
是一致的.感受到自然界和人类的美,并用美丽的语言去讴歌她,这就是诗
歌;用美丽的色彩和形态去表达她,这就是绘画和雕刻;而感受到存在于数和
图形间的美,并以理智的引导、证明去表现她,这就是数学.只是由于时间和
环境的因素,决定了他们在不同的方向上取得成就.这样,我们就不难理解数
学家头脑中产生的数学成果,其本身就是散发着浓郁芳香的艺术品.

美国数学和物理学家莫里斯·克莱因说:“音乐能激发或抚慰情怀,绘画
能使人赏心悦目,诗歌能动人心弦,哲学能使人获得智慧,科技可以改善物质
生活,而数学却能提供以上的一切.”

1.5.5 数学之美

本小节列举几个体现数学之美的例子.

1. 欧拉公式

欧拉公式表示为

$$e^{ix} = \cos x + i\sin x, \quad e^{i\pi} + 1 = 0.$$

这里的 i 是虚数单位: $i^2 = -1$. 欧拉公式被誉为上帝公式,他将自然对数的
底 $e = 2.718128\cdots$,圆周率 $\pi = 3.1415926\cdots$,虚数单位 i,这些杂乱无章的
数字组合奇妙地变为完美的自然数 1. 在数学爱好者眼里,仿佛一行诗道尽了
数学的美好.它不仅对数学的发展产生了广泛影响,如三角函数、傅里叶级
数、泰勒级数(布鲁克·泰勒)、概率论、群论等都有它的身影,而且也对物理
学影响巨大:将圆周运动、简谐振动、机械波、电磁波、概率波等联系在了一

起. 数学家对它的评价是:"上帝创造的公式,我们只能看它却不能理解它. "物理学家理查德·费曼也曾说:"欧拉公式不但是数学最奇妙的公式,也是现代物理学的定量之根. "

2. 无理数的表示

$\sqrt{2}$ 和 π 都是无理数,深信"万物皆数"和"宇宙谐和"的毕达哥拉斯学派对 $\sqrt{2}$ 十分惊慌,就把它的发现者匆匆抛入了大海. 然而,只要把 $\sqrt{2}$ 和 π 表示成无穷和或者连分数的形式,就立即呈现出令人惊奇而又美妙的简单规律:

$$\sqrt{2} = 1 + \frac{1}{2} - \frac{1}{2 \times 4} + \frac{1 \times 3}{2 \times 4 \times 6} - \frac{1 \times 3 \times 5}{2 \times 4 \times 6 \times 8} + \cdots$$

$$= 1 + \cfrac{1}{2 + \cfrac{1}{2 + \ddots}},$$

$$\pi = 4 \left(1 - \frac{1}{3} + \frac{1}{5} + \cdots + (-1)^n \frac{1}{2n+1} + \cdots \right)$$

$$= \cfrac{4}{1 + \cfrac{1^2}{2 + \cfrac{3^2}{2 + \ddots}}}.$$

由此看出,无限不循环和连分数表示是无理数两个比较突出的特征.

3. 完美比例(黄金分割)

把一条长为 L 的线段分成长度为 L_1 和 L_2 的两段,使 $L : L_1 = L_1 : L_2$,即 L_1 为 L 与 L_2 的比例中项. 由此得

$$\frac{L_1}{L} = \frac{\sqrt{5}-1}{2} = 0.618\cdots, \qquad \frac{L}{L_1} = \frac{\sqrt{5}+1}{2} = 1.618\cdots.$$

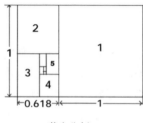

黄金分割

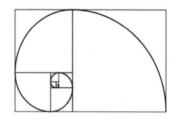

斐波那契螺旋线

正五角星相邻两个顶点的距离与其边长之比,正好是黄金分割数.

帕特农神殿　　　　　　爱神维纳斯　　　　　蒙娜丽莎的微笑

庄严肃穆的雅典帕特农神殿（建于公元前5世纪），其正面高度与宽度之比约为1:1.6. 风姿妩媚的爱神维纳斯和健美潇洒的太阳神阿波罗的塑像，下肢与身高之比都接近于1:1.6.

科学家把油画《蒙娜丽莎》放大30倍之后，发现这幅画大多地方都符合黄金比例：0.618. 蒙娜丽莎的微笑之所以美，正是因为画面的结构符合黄金分割，也是因为列奥纳多·达·芬奇有数学天赋才让这幅画拥有了独特的美. 比如：鼻尖和下巴之间的脸宽与脸长之比等于整个脸宽与脸长之比，其比值都是0.618. 如果我们画一条黄金螺旋线，这条黄金螺旋线可以经过蒙娜丽莎的鼻孔、下巴、头顶和手等重要部位. 所以，整幅油画看起来是那么和谐完美.

4. 对称美

所谓对称性，即指组成某一事物或对象的两个部分的对等性. 从古希腊时代起，对称性就被认为是数学美的一个基本内容. 毕达哥拉斯曾说过："一切平面图形中最美的是圆，一切立体图形中最美的是球."正是基于这两种图形在各个方向上都是对称的. 数学中的对称美是数学美的最重要特征. 几何中的轴对称、中心对称，代数中的许多运算都能给人以美感. 等腰三角形是轴对称的，平行四边形是中心对称的，圆关于圆心和直径都是对称的，球关于球心和轴都是对称的. 奇数与偶数、素数与合数、约数与倍数、整数与分数、正数与负数，都体现了数的对称性. 加法与减法、乘法与除法、乘幂与开方、指数与对数、微分与积分，这些互逆运算也是一种对称关系. 下面的代数运算也展现了对称性：

$$1 \times 1 = 1, \quad 11 \times 11 = 121, \quad 111 \times 111 = 12\,321, \quad 1\,111 \times 1\,111 = 1\,234\,321.$$

许多建筑物和园林建设也都很好地应用了数学的对称美.

5. 分形

海岸线直观地看起来是如此的杂乱无章，以至于无法测出它的长度. 但事实并非如此，如果用数学上"分形"的观点来看，它将是一个非常完美的"雪花结构".

海岸线

　　生活中常见的花菜、雷雨过后的闪电、漫天飞舞的雪花、贝壳身上的螺旋图案，以及小至各种植物的结构及形态、叶子内部流体的静脉网络、遍布人体全身纵横交错的血管，大到天空中聚散不定的白云、连绵起伏的群山，它们都或多或少表现出分形的特征.

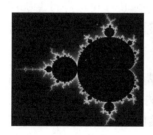　　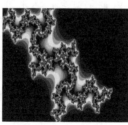　　

芒德布罗集示意图　　　　　　朱利亚集示意图　　　　　　宝塔菜

　　芒德布罗集是芒德布罗依据复解析映射族 $f_c(z) = z^2 + c$ 构造的一类分形集，它的示意图是人类有史以来做出的最奇异、最瑰丽的几何图形. 记

$$f_c^2(z) = f_c \circ f_c, \ f_c^3 = f_c \circ f_c \circ f_c, \cdots.$$

称集合

$$M = \{c \in \mathbb{C} : \{f_c^k(0)\}_{k \geqslant 1} \text{ 有界}\}$$

为芒德布罗集. 它描绘的图形具有部分与整体的相似性（自相似性、分形结构）. 有兴趣的读者可以自己编程画出芒德布罗集图形.

6. 美丽的数学曲线

　　参见以下各图.

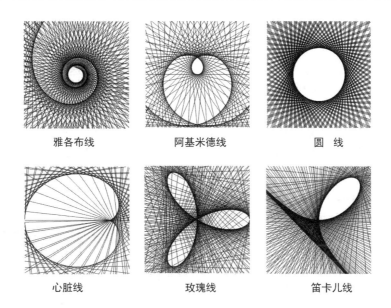

雅各布线　　　　　　　阿基米德线　　　　　　　圆　线

心脏线　　　　　　　　玫瑰线　　　　　　　　笛卡儿线

1.5.6　动植物的数学本能

丹顶鹤成群结队飞行,而且排成"人"字形,"人"字形的角度永远是110°. 壁虎在捕捉昆虫时,总是沿着一条数学上的螺旋曲线奔跑.

蜜蜂蜂房是严格的六角柱状体,它的一端是平整的六角形开口,另一端则是封闭的六角棱锥形的底,由三个相同的菱形组成. 组成底盘的菱形所有的钝角为109°28′,所有的锐角为70°32′,蜂房的巢壁厚0.073 mm(误差极小),每个蜂房的容积几乎都是0.25 cm^3,这样的结构既坚固又省料.

蜘蛛编织的"八卦"网,图案美丽、复杂,人们用圆规、直尺也难以画出. 这种八卦形状的网,不仅可以防止它们的住所被风破坏,更能有效地捕捉飞行中的昆虫.

珊瑚虫能在身上记下奇妙的"日历":它们每年在体壁上"刻画"出365条环形纹,显然是一天"画"一条. 一些古生物学家发现,3.5亿年前的珊瑚虫每年所"画"出的环形纹是400条. 天文学家告诉我们,当时地球上的一天只有21.9小时,也就是说当时的一年不是365天,而是400天. 可见珊瑚虫能根据天象的变化来"计算"并"记载"一年的时间,其结果还相当准确. 所以从某种角度来看,珊瑚虫可被视为"时间使者".

英国科学家亨斯顿做过一个有趣的实验. 他把一只死蚱蜢切成三块,第二块比第一块大一倍,第三块比第二块大一倍. 在蚁群发现这三块食物40 min后,聚集在最小一块蚱蜢处的蚂蚁有23只,第二块有44只,第三块有89只. 蚂蚁数额的分配与食物大小的比例一致,其数量之精确,令人赞叹. 因而,蚂蚁堪称动物中的"算术大师".

　　自然界中的许多动植物具有黄金分割比例的几何形态,呈现黄金螺旋(具有黄金分割比例的自相似螺旋)现象:海中的贝壳、海螺是黄金螺旋最令人瞩目的例子.层叠生长的多叶芦荟,又称螺旋芦荟,它的叶子紧密地按照螺旋结构生长,形成黄金螺旋.这种生长方式使新旧叶子之间不会相互遮挡太多,能最大限度地享用阳光和雨露.乍看之下,仙人掌的黄金螺旋形状似乎并不明显,但仔细观察就可以发现,仙人掌刺的生长排列方式近似于黄金螺旋.将鹦鹉螺壳对半破开,其内腔壁的对数螺旋结构极其明显.类似的例子不胜枚举.比较典型的还有向日葵花盘和菱角植株.

　　向日葵花盘内花朵的排列不是杂乱无章的,而是暗藏数学逻辑之美.花序中央的管状花和种子从中心点向外,每一圈数量分别为1, 1, 2, 3, 5, 8, 13, 21, 34, 55, 89, ⋯ 按照斐波那契数列的规律排列:从第三位开始,后一数字为前面两个数字之和.还可以看到由中心点开始向外围延伸的螺旋线,在布满300朵管状小花的花序中就有34条左旋曲线

向日葵花盘

和21条右旋曲线,其螺旋线的总数为斐波那契数.这种生长方式可以使种子之间自始至终没有缝隙.

　　菱角有坚硬的外壳但美味可口,其植株常见于池塘、河流和沼泽等水域.仔细观察漂浮在水面上的叶片可以发现它们的排列方式呈螺旋状,每条螺线上的叶片数量遵循斐波那契数列.叶子从中轴附近生长出来,为了最佳地利用空间,新长出的叶子和前一片叶子之间有合适的角度.螺旋状的排列方式可以保证叶片互不遮挡且铺满水面,有利于菱的生长.

菱角的植株

第 2 章　数 学 活 动

本章简要介绍数学活动. 内容包括数学家, 著作、论文和期刊, 国际数学家大会, 国际工业与应用数学大会, 国际数学大奖.

2.1　数学家

数学家 (mathematician) 是以数学研究为职业, 在数学领域做出一定贡献, 并且其研究成果能得到同行普遍认可的一类群体. 数学家专注于数、数据、集合、结构、空间、变化. 其中, 专注于解决纯数学领域以外问题的数学家称为应用数学家, 他们专注于广泛应用领域里的具体问题, 建立与研究数学模型. 而心算家、珠算家不能算是数学家, 数学家也不见得能够快速地做出各种计算. 从事与数学相关的工作, 比如教学和科普, 而不从事数学研究的人, 可以被称为广义的"数学工作者". 一般认为, 历史上可考证的最早的数学家是古希腊的泰勒斯.

早期的数学家中, 一部分自身家庭富足, 一部分依附于对研究有兴趣的富豪权贵. 他们研究数学, 更多是出于爱好. 而在现代, 逐渐形成了专门从事数学工作的职业: 在各级学校教授数学课程、指导研究生, 在具体的领域进行研究、发表论文和研究报告.

2.2　著作、论文和期刊

发表论文主要的目的是方便研究者之间的交流和知识传播, 并让同行评价自己的研究成果, 后来也成为判断研究成果原创性和所有权 (主要是时间先后) 的依据. 早期的学术交流只能口头进行, 后来人们通过信件和手稿进行交流. 印刷术和出版业的兴起使得学术著作得以更广泛流传, 最早印刷的数学著作是北宋元丰七年 (1084 年) 刊刻的《算经十书》[①]. 欧几里得的《几何原本》于公元前 300 年成书, 1485 年在威尼斯第一次印刷了意大利数学家坎帕

---

① 此时《缀术》已经失传, 实际刊刻的只有九种. 到南宋时期, 又进行了一次翻刻 (1213 年), 用《数术记遗》替代已失传的《缀术》.

努斯于 1260 年翻译整理的拉丁文本. 而我国最早的数学著作《算数书》^① 于
公元前 186 年成书, 比现有传本《九章算术》还早近 200 年.

数学期刊是传播、交流数学学术思想, 并及时反映数学研究成果的有力
工具. 它的出现是数学科学事业发展的需要, 反过来又有力地促进了数学事
业的发展.

数学期刊按照内容性质可分为: 学术性数学期刊、普及性数学期刊和检
索性数学期刊. 第一个专业数学期刊是 1810 年由法国的约瑟夫·热尔岗创办
的《纯粹与应用数学年刊》(Annales de Mathématiques Pures et Appliquées),
亦称《热尔岗年刊》. 1826 年, 德国数学家和工程师奥古斯特·克雷尔创办了
《纯粹与应用数学杂志》(Journal für die reine und angewandte Mathematik),
简称《克雷尔杂志》. 1836 年, 法国数学家约瑟夫·刘维尔创办了法文《纯粹
与应用数学杂志》(Journal de Mathématiques Pures et Appliquées), 简称《刘
维尔杂志》. 克雷尔是一个对阿贝尔和雅可比都有重要影响的业余数学爱好
者, 他对数学的贡献甚至超过了同时代的大多数专业数学家.

目前, 全世界有成千上万的数学期刊, 其中最著名的四大数学期刊是瑞
典马格努斯·米塔-列夫勒研究所于 1882 年创办的《数学学报》(Acta Math-
ematica), 普林斯顿大学和高等研究院共同主办的《数学年鉴》(Annals of
Mathematics)(1884 年在弗吉尼亚大学创办, 1899 年迁移到哈佛大学, 1911 年
又迁至普林斯顿大学, 1933 年以后, 一直由普林斯顿大学和高等研究院共同
编辑), 施普林格出版集团于 1966 年创办的《数学发明》(Inventiones Mathe-
maticae) 和美国数学学会于 1988 年创办的《美国数学会杂志》(Journal of the
American Mathematical Society).

数学论文的不断增加也催生了检索性数学期刊. 最早的检索性数学期刊
是德国的《数学进展年鉴》(Jahrbuch über die Fortschritte der Mathematik)
(1868-1942). 目前, 数学界公认最重要的检索性数学期刊是由奥托·诺伊格
鲍尔于 1931 年在德国创刊的《数学文摘》(Zentralblatt für Mathematik und ihre
Grenzgebiete) 和 1940 年在美国创刊的《数学评论》(Mathematical Reviews),
其评论对象几乎涵盖了所有数学出版物.

1936 年创刊的《中国数学会学报》是中国专载创造性论文的最早学术性
数学期刊, 苏步青任总编辑, 论文全用外文发表, 当时在国际上产生了较大影
响. 该刊的问世, 预示着中国数学发展的一个新时期的开始. 后来受到日本全
面侵华的影响而被迫延期, 最终在 1940 年停刊. 1951 年创刊的《数学学报》是

---

① 这是一部竹简算书, 有 200 多支竹简, 其中完整的有 185 支, 10 余支已残破, 1983 年
底至 1984 年初在荆州城西门外约 1.5 km 的张家山 247 号汉墓出土.

《中国数学会学报》的延续.

随着数字化时代的到来,数学家之间的交流方式在发生改变,数学期刊的形式也在发生变化. 为了方便数学论文在正式发表之前的交流,出现了类似arXiv这样的预印本文库网站,许多期刊则采用先在线发表(online)而后再印刷出版的方式,还有单纯的电子数学期刊. 一些大型期刊数据库的建设,更为像数学这种主要依靠文献资料开展科学研究的学科提供了便捷工具.

一般认为,越权威的期刊,所发表的论文学术价值就越高. 而影响因子,这个在其他学科期刊中出现的指标并不非常适用于数学类期刊(尤其是纯粹数学). 关于合作者之间的署名顺序,现今数学界也不区分第一作者、第二作者、通信作者,更不会出现"共同第一作者""共同通信作者"的现象,一般是按照作者姓名的拉丁文字母顺序排列.

在数学界,著作与论文总量第一的是匈牙利数学家埃尔德什,第二是欧拉(他的第一纪录直到20世纪才被埃尔德什打破).

2.3　国际数学家大会

国际数学家大会(International Congress of Mathematicians,ICM)是国际数学界四年一度的大集会. 首次会议于1897年在瑞士苏黎世召开,当时的与会人员只有200人左右. 以后,除了第一、第二次世界大战期间暂时取消,一般四年召开一次.

国际数学家大会是国际数学界水平最高、规模最大的学术会议,其议程安排由国际数学联盟(也称国际数学联合会,International Mathematical U-nion,IMU)指定的若干世界著名数学家组成的程序委员会,根据近四年数学国际前沿工作中的重大成果与进展来决定. 一批数学家被邀请分别在大会上作一小时的学术报告(大会报告)和在学科组的分组会上作45 min的学术报告(学科组报告). 学科组一般分为20个左右. 2002年,来自104个国家和地区的4157位数学家参加了在北京举行的第二十四届世界数学家大会. 这是国际数学家大会第一次在发展中国家召开,是科技史上参加人数最多的一次,也是发展中国家规模最大的数学会议.

自1936年始,在国际数学家大会的开幕式上颁发菲尔兹奖,由大会主办国的国家元首颁奖. 1983年开始颁发奈旺林纳奖(后改为算盘奖),2006年开始颁发高斯奖(1998年设立),2010年开始颁发陈省身奖和莉拉沃蒂奖. 唯独莉拉沃蒂奖是在大会的闭幕式上颁发.

下面对历届国际数学家大会作简要介绍. 这里列出的大会报告人数是实

际作了大会报告（或请人代作大会报告）的人数. 有些被邀请人鉴于各种原因而未参会.

第一届于1897年8月9日至11日在瑞士苏黎世召开, 主席是卡尔·盖泽尔. 有4位数学家作大会报告: 庞加莱, 阿道夫·赫尔维茨, 克莱因, 朱塞佩·皮亚诺.

第二届于1900年8月6日至12日在法国巴黎召开, 名誉主席是夏尔·埃尔米特, 主席是庞加莱. 有5位数学家作大会报告: 康托尔, 维多·沃尔泰拉, 希尔伯特, 庞加莱和米塔-列夫勒. 希尔伯特以《未来数学问题》为题目提出了23个著名数学问题.

第三届于1904年8月8日至13日在德国海德堡召开, 主席是海因里希·韦伯. 有4位数学家作大会报告: 保罗·潘勒韦, 乔治·格林希尔, 科拉多·塞格雷和威廉·维廷格.

第四届于1908年4月6日至11日在意大利罗马召开, 主席是彼得罗·布拉塞尔纳, 意大利国王维托里奥·埃马努埃莱三世亲临开幕式会场以表祝贺和欢迎. 作大会报告的共10人: 沃尔泰拉, 米塔-列夫勒, 庞加莱, 让·达布, 埃米尔·皮卡, 亨德里克·洛伦兹等.

第五届于1912年8月22日至28日在英国剑桥召开, 名誉主席是瑞利勋爵, 主席是乔治·达尔文. 作大会报告的共8人: 埃米尔·博雷尔, 爱德蒙·兰道, 欧尼斯特·布朗等.

第六届于1920年9月22日至30日在法国斯特拉斯堡召开, 名誉主席是卡米尔·若尔当, 主席是皮卡. 作大会报告的共5人: 约瑟夫·拉莫尔, 莱昂纳德·迪克森, 查尔斯·德拉瓦莱-普桑, 沃尔泰拉和尼尔斯·恩伦德.

第七届于1924年8月11日至16日在加拿大多伦多召开, 主席是菲尔兹. 作大会报告的共8人, 内容全部属于纯粹数学领域. 其中有埃利·嘉当, 弗朗切斯科·塞韦里, 卡尔·斯特默和萨尔瓦托·平凯莱.

第八届于1928年9月3日至10日在意大利波洛尼亚召开, 主席是平凯莱. 作大会报告的共16人: 沃尔泰拉, 希尔伯特, 阿达马, 埃米尔·博雷尔, 乔治·伯克霍夫等. 沃尔泰拉共作过4次大会报告, 这次意大利国王埃马努埃莱三世也来到会场听他讲演.

第九届于1932年9月4日至12日在瑞士苏黎世召开, 名誉主席是朱塞佩·莫塔, 主席是鲁道夫·福斯特. 作大会报告的共20人: 埃利·嘉当, 诺特, 康斯坦丁·卡拉泰奥多里, 加斯顿·朱利亚, 哈那德·玻尔, 奈旺林纳, 路德维希·比勃巴赫等.

第十届于1936年7月13日至18日在挪威奥斯陆召开, 名誉主席是挪威王储,主席是斯特默. 作大会报告的共21人：埃利·嘉当,拉尔斯·阿尔福斯,维布伦,卡尔·西格尔,维纳等. 这次大会还颁发了首届菲尔兹奖,得主是阿尔福斯（芬兰裔美籍）和杰西·道格拉斯（美国）.

第十一届于1950年8月30日至9月6日在美国马萨诸塞州剑桥市召开,主席是维布伦. 作大会报告的共15人：海因茨·霍普夫,昂利·嘉当,哥德尔,施瓦茨,哈罗德·达文波特,斯特凡·伯格曼,哈斯勒·惠特尼等. 菲尔兹奖得主是施瓦茨（法国）和阿特勒·塞尔伯格（挪威裔美籍）.

第十二届于1954年9月2日至9日在荷兰阿姆斯特丹召开,主席是扬·肖滕. 作大会报告的共20人：盖尔范德,柯尔莫哥洛夫,韦伊,帕维尔·亚历山德罗夫,冯·诺依曼,卡罗尔·博苏克,耶日·奈曼,阿尔弗雷德·塔斯基,吉田耕作等. 菲尔兹奖得主是小平邦彦（日本）和塞尔（法国）.

第十三届于1958年8月14日至21日在英国爱丁堡召开,主席是威廉·霍奇. 作大会报告的共19人：亚历山大·亚历山德罗夫,昂利·嘉当,威廉·费勒,庞特里亚金等. 菲尔兹奖得主是克劳斯·罗特（德裔英籍）和勒内·托姆（法国）.

第十四届于1962年8月15日至22日在瑞典斯德哥尔摩召开,主席是奈旺林纳,他还是国际数学联盟主席和菲尔兹奖评委会主席. 作大会报告的共16人：盖尔范德,阿尔福斯,阿曼德·博雷尔,塞尔伯格,路易斯·尼伦伯格等. 菲尔兹奖得主是拉尔斯·霍尔曼德（瑞典）和约翰·米尔诺（美国）.

第十五届于1966年8月16日至26日在苏联莫斯科召开,主席是伊凡·彼得罗夫斯基. 作大会报告的共17人：约翰·富兰克·亚当斯,迈克尔·阿蒂亚,斯蒂芬·斯梅尔等. 菲尔兹奖得主是阿蒂亚（英国）,保罗·科恩（美国）,格罗滕迪克（法国）和斯梅尔（美国）.

第十六届于1970年9月1日至10日在法国尼斯召开,名誉主席是保罗·蒙泰尔,主席是让·勒雷. 作大会报告的共16人：陈省身,盖尔范德,霍尔曼德,庞特里亚金,约翰·泰特等. 菲尔兹奖得主是艾伦·贝克（英国）,广中平佑（日本）,谢尔盖·诺维科夫（苏联）和约翰·汤普逊（美国）.

第十七届于1974年8月21日至29日在加拿大温哥华召开,主席是哈罗德·考克斯特. 作大会报告的共17人：弗拉基米尔·阿诺尔德,雅克-路易·利翁斯,查尔斯·费夫曼,德利涅,詹姆斯·格利姆等. 菲尔兹奖得主是恩里科·邦别里（意大利）和大卫·芒福德（英裔美籍）.

第十八届于1978年8月15日至23日在芬兰赫尔辛基召开,名誉主席是奈旺林纳,主席是奥利·莱赫托. 作大会报告的共15人：阿尔福斯,阿兰·孔涅,罗伯特·朗兰兹,韦伊,丘成桐,丹尼尔·戈伦斯坦等. 菲尔兹奖得主是费夫曼（美国），德利涅（比利时），丹尼尔·奎伦（美国）和格雷戈里·马尔古利斯（苏联）.

第十九届于 1983 年 8 月 16 日至 24 日在波兰华沙召开（原计划是 1982 年召开，由于波兰发生的事件，大会推迟到 1983 年），名誉主席是弗拉迪斯拉夫·奥尔利奇，主席是切斯瓦夫·奥莱赫.作大会报告的共 12 人：阿诺尔德，埃尔德什，项武忠，巴里·马祖尔，萧荫堂等.菲尔兹奖得主是孔涅（法国），威廉·瑟斯顿（美国）和丘成桐（华裔美籍）.这次大会还颁发了首届奈旺林纳奖，美国计算机科学家罗伯特·塔尔扬因其在信息科学方面的数学成就，成为该奖的第一位得主.

第二十届于 1986 年 8 月 3 日至 11 日在美国伯克利召开，名誉主席是阿尔福斯，主席是安德鲁·格利森.作大会报告的共 15 人：斯梅尔，西蒙·唐纳森，爱德华·威滕，埃利亚斯·施坦等.菲尔兹奖得主是唐纳森（英国），格尔德·法尔廷斯（德国）和迈克尔·弗里德曼（美国）.奈旺林纳奖得主是匈牙利裔美国计算机科学家莱斯利·瓦伦特.

第二十一届于 1990 年 8 月 21 日至 29 日在日本东京召开，名誉主席是伊藤清，主席是小松彦三郎.作大会报告的共有 15 人：沃恩·琼斯，森重文，凯伦·乌伦贝克，乔治·卢斯蒂格等.菲尔兹奖得主是弗拉基米尔·德林费尔德（苏联），琼斯（新西兰），森重文（日本）和物理学家威滕（美国）.奈旺林纳奖得主是苏联计算机科学家亚历山大·拉兹博罗夫.

第二十二届于 1994 年 8 月 3 日至 11 日在瑞士苏黎世召开，名誉主席是贝诺·埃克曼，主席是亨利·卡纳尔.作大会报告的共 15 人：让·布尔甘，皮埃尔-路易·利翁斯，约翰·康威，怀尔斯，让-克里斯托弗·约柯兹，马克西姆·孔采维奇等.菲尔兹奖得主是布尔甘（比利时），皮埃尔-路易·利翁斯（法国），约柯兹（法国）和埃菲·泽尔曼诺夫（俄罗斯）.奈旺林纳奖得主是以色列数学家艾维·威格德森.

第二十三届于 1998 年 8 月 18 日至 27 日在德国柏林召开，名誉主席是希策布鲁赫，主席是马丁·格勒切尔.作大会报告的共 21 人：让-米歇尔·比斯姆，尤尔根·莫泽，佩尔西·戴康尼斯等.菲尔兹奖得主是孔采维奇（俄罗斯），理查德·博切尔兹（英国），威廉·高尔斯（英国）和柯蒂斯·麦克马伦（美国），怀尔斯（英国）获菲尔兹特别贡献奖.奈旺林纳奖得主是美国计算机科学家彼得·肖尔.

第二十四届于 2002 年 8 月 20 日至 28 日在中国北京召开，名誉主席是陈省身，主席是吴文俊.作大会报告的共 20 人：路易斯·卡法雷利，威滕，芒福德，田刚，张圣容，萧荫堂等.菲尔兹奖得主是洛朗·拉佛格（法国）和弗拉基米尔·沃耶沃茨基（俄罗斯）. 奈旺林纳奖得主是美国计算机科学家迈度·苏丹.

第二十五届于2006年8月20日至30日在西班牙马德里召开，主席是曼努埃尔·德莱昂. 作大会报告的共20人：雅科夫·埃利亚什伯格，亨里克·伊万涅茨，陶哲轩等. 菲尔兹奖得主是安德烈·奥昆科夫（俄裔美籍），佩雷尔曼（俄罗斯），陶哲轩（华裔澳大利亚籍）和温德林·维尔纳（德裔法籍）. 奈旺林纳奖得主是美国计算机科学家乔恩·克莱因伯格. 还颁发了首届高斯奖，得主是伊藤清（日本）.

第二十六届于2010年8月19日至27日在印度海得拉巴召开，主席是马达布斯·拉古纳坦. 作大会报告的共16人：埃隆·林登施特劳斯，吴宝珠，阿图尔·阿维拉，让-米歇尔·科罗纳，彭实戈等. 菲尔兹奖得主是林登施特劳斯（以色列），吴宝珠（越南裔法籍），斯坦尼斯拉夫·斯米尔诺夫（俄罗斯）和赛德里克·维拉尼（法国）. 奈旺林纳奖得主是丹尼尔·斯皮尔曼（美国）. 高斯奖得主是伊夫·梅耶尔（法国）. 还颁发了首届陈省身奖，得主是尼伦伯格（美国），以及首届莉拉沃蒂奖，得主是英国科普作家和数学家西蒙·辛格. 辛格因其对公众理解数学和科学、在中学推广数学和科学以及在大学和中学之间建立联系方面的杰出贡献而受到认可. 他通过印刷品和电视与公众接触的努力取得了巨大的成功.

第二十七届于2014年8月13日至21日在韩国首尔召开，主席是朴炯柱. 作大会报告的共19人：詹姆斯·亚瑟，艾烈克谢·波洛金，弗兰科·布雷齐，伊曼纽尔·坎迪斯，德梅特里奥斯·克里斯托多罗等. 菲尔兹奖得主是阿维拉（巴西裔法籍），曼纽尔·巴尔加瓦（印度裔美籍和加拿大籍），马丁·海尔（奥地利）和玛丽亚姆·米尔扎哈尼（伊朗裔美籍，第一位获菲尔兹奖的女性数学家）. 奈旺林纳奖得主是美国计算机科学家苏巴什·科特. 高斯奖得主是斯坦利·奥舍尔（美国）. 陈省身奖得主是菲利普·格里菲斯（美国）. 莉拉沃蒂奖得主是阿根廷电视节目主持人和科普作家阿德里安·帕恩扎. 帕恩扎以独特的热情和激情通过著书、做电视节目，来传达数学之美和乐趣，提升人们对数学在日常生活中的重要性的认知.

第二十八届于2018年8月1日至9日在巴西里约热内卢召开，这是首次在南半球举办的国际数学家大会. 主席是马塞洛·维亚纳，作大会报告的共21人：彼得·舒尔茨，唐纳森，迈克尔·欧文，杨丽笙，罗纳德·科夫曼，桑吉弗·阿罗拉等. 菲尔兹奖得主是切尔·比尔卡尔（伊朗），阿莱西奥·菲加利（意大利），舒尔茨（德国）和阿克萨伊·文卡特什（印度裔澳大利亚籍）. 奈旺林纳奖得主是希腊计算机科学家康斯坦丁诺斯·达斯卡拉基斯. 高斯奖得主是美国统计学家大卫·多诺霍. 陈省身奖得主是柏原正树（日本）. 莉拉沃蒂奖得主是土耳其作家阿里·内辛, 表彰他为了提升数学在土耳其的公众认知度, 尤其是他不知疲倦地创建"数学村", 意图为所有人提供一个有关数学教育、研究和发现的平台所做的突出贡献.

第二十九届原定于 2022 年在俄罗斯圣彼得堡举行, 受到新冠疫情的影响, 此次会议改为线上举行（7 月 6 日至 14 日, 颁奖典礼在芬兰首都赫尔辛基举行）. 作大会报告的共 21 人, 包括我国数学家鄂维南. 菲尔兹奖得主是雨果·杜米尼尔-科平（法国）, 许埈珥（韩裔美籍）, 詹姆斯·梅纳德（英国）和玛丽娜·维亚佐夫斯卡（乌克兰, 第二位获菲尔兹奖的女性数学家）. 从本届开始, 奈旺林纳奖改为算盘奖, 得主是以色列数学家和理论计算机科学家马克·布雷弗曼. 高斯奖得主是美国数学和物理学家埃利奥特·利布. 陈省身奖得主是马祖尔（美国）. 莉拉沃蒂奖得主是尼古拉·安德烈耶夫（俄罗斯）, 表彰他对数学动画和数学模型构建艺术的贡献, 以及他通过视频、讲座和获奖书籍对大众普及数学所做的不懈努力.

2.4　国际工业与应用数学大会

由国际工业与应用数学联盟（International Council for Industrial and Applied Mathematics, ICIAM）组织召开的国际工业与应用数学大会（International Conference on Industrial and Applied Mathematics, ICIAM）是国际工业与应用数学领域水平最高、规模最大、影响最广的盛会, 每四年举办一次. 参加人员包括国际著名或资深学者, 决策者, 工业界代表以及年轻学者. 大会议程包括: 颁奖典礼、邀请报告、公众报告、小型研讨会等. 为活跃在应用数学各个方向的研究工作者提供切磋、提高和合作的机会, 对国际工业与应用数学的发展起着非常重要的推动作用. 第一届大会于 1987 年 6 月在法国巴黎召开, 第八届大会于 2015 年 8 月在中国北京召开.

1999 年起, 在大会开幕式上, 国际工业与应用数学联盟开始颁发国际应用数学的重要奖项: ICIAM 科拉兹奖、ICIAM 拉格朗日奖、ICIAM 创新奖（先锋奖）和 ICIAM 麦克斯韦奖. 2007 年起, 又增加了 ICIAM 苏步青奖. 在平时的交流中, 人们习惯略去奖项前面的 ICIAM, 简称科拉兹奖、拉格朗日奖、创新奖（先锋奖）、麦克斯韦奖、苏步青奖.

2.5　国际数学大奖

按照奖项的设立时间排序. 各奖项的设立时间与首次颁发的时间一般是

不同的,有些奖项的设立时间也不是很确切.

1. 菲尔兹奖(Fields Medal)

这是以已故加拿大数学家菲尔兹命名的奖项,于1936年由国际数学联盟首次颁发,首届获奖人是阿尔福斯和道格拉斯.该奖的含金量、国际性,以及所享有的荣誉都不亚于诺贝尔奖,因此被世人誉为"数学诺贝尔奖".获奖者每人获得1.5万加拿大元奖金和一枚金质奖章.

菲尔兹　　　　　菲尔兹奖奖章(正)　　　　菲尔兹奖奖章(反)

约翰·菲尔兹,1863年5月14日出生在加拿大渥太华,11岁丧父、18岁丧母.他17岁进入多伦多大学攻读数学,24岁在美国霍普金斯大学获博士学位,26岁任美国阿勒格尼大学教授.他于1892年到巴黎、柏林学习和工作,1902年回国后执教于多伦多大学.

菲尔兹坚持认为数学发展应是国际性的,他对于数学的国际交流和促进北美洲数学的发展都有独特见解并付出了大量的心血.为了使北美洲数学迅速发展并赶上欧洲,他第一个在加拿大推进研究生教育,全力筹备并主持了1924年在多伦多召开的国际数学家大会(这是在欧洲之外召开的第一次国际数学家大会).这次大会对于促进北美的数学发展和数学家之间的国际交流产生了深远影响.正是这次大会使他过度劳累,健康状况再也没有好转.当他得知这次大会的经费有结余时,就萌发了把结余经费作为基金设立一个国际数学奖的念头.他为此积极奔走于欧美各国,谋求广泛支持,并打算于1932年在苏黎世召开的第九届国际数学家大会上亲自提出建议.但不幸的是,未等到大会开幕他就去世了.

菲尔兹在去世前立下了遗嘱,把自己留下的遗产和上述剩余经费由多伦多大学数学系转交给第九届国际数学家大会,大会立即接受了这一建议.菲尔兹本来要求奖项不要以个人、国家或机构来命名,而用"国际奖"的名义.但是,参加国际数学家大会的数学家们为了赞许和缅怀菲尔兹的远见卓识、组织才能和他为促进数学事业的国际交流所做的无私奉献,一致建议把该奖命名为菲尔兹奖.

菲尔兹奖条例中有一个规定：获奖人必须在当年的元旦之前未满40岁.
1954年的菲尔兹奖得主、法国数学家让-皮埃尔·塞尔保持着得奖时的最低年
龄纪录：27岁. 1990年, 威滕成为首个, 也是迄今为止唯一获得菲尔兹奖的物
理学家（对超弦理论做统一数学处理）. 1998年的国际数学家大会上, 由于怀
尔斯超过了40岁的年龄限制, 被菲尔兹奖委员会授予特别贡献奖, 以表彰他
证明了费马猜想. 2006年8月22日, 西班牙国王卡洛斯一世在3000多名世界
顶级的数学家面前, 为证明了三维庞加莱猜想的俄罗斯数学家佩雷尔曼颁奖.
然而佩雷尔曼并没有参加这次大会, 并且拒绝接受菲尔兹奖. 2018年8月的第
二十八届国际数学家大会上, 菲尔兹奖颁发后不到半小时, 获奖人比尔卡尔
的奖牌被盗, 大会紧急重制了一个奖牌, 并重新颁奖. 比尔卡尔成为世界上第
一个两次领取该奖奖牌的人.

2. 沃尔夫奖（Wolf Prize）

　　1976年1月1日, 里卡多·沃尔夫和家族捐献1 000万美元成立了沃尔夫
基金会, 设立沃尔夫大奖, 其宗旨是促进全世界科学和艺术的发展. 该奖具有终
身成就奖的性质. 主要奖励对推动人类科学与艺术文明做出杰出贡献者, 每
年评选一次, 分别奖励在农业、化学、数学、医学和物理领域, 或者艺术领域
中的建筑、音乐、绘画、雕塑四大学科之一中取得杰出成就的人士. 单项奖金
是10万美元, 获奖者还可获得一份获奖证书. 其中以沃尔夫数学奖影响最大,
原因是诺贝尔奖中没有数学奖. 沃尔夫数学奖于1978年开始颁发, 首届得主
是盖尔范德（莫斯科大学）和西格尔（哥廷根大学）. 目前, 获得沃尔夫数学
奖的华人数学家有陈省身和丘成桐.

　　沃尔夫, 1887年出生于德国, 其父是德国汉诺威城的五金商人, 也是该城
犹太社会中的名流. 沃尔夫曾在德国研究化学并获得博士学位, 第一次世界
大战前移居古巴. 他用了将近20年的时间, 经过大量试验, 历尽艰辛, 成功地
发明了一种从熔炼废渣中回收铁的方法, 从而成为百万富翁. 1961－1973年
他曾任古巴驻以色列大使, 之后定居以色列.

3. 克拉福德奖（Crafoord Prize）

　　这是一项几乎与诺贝尔奖齐
名的世界性科学大奖, 于1980
年由人工肾脏发明者、瑞典人
霍尔格·克拉福德和他的妻子安
娜-格蕾塔·克拉福德设立, 瑞典
皇家科学院管理. 设立奖项的目
的是对诺贝尔奖遗漏的科学领域

克拉福德奖奖章

中的基础研究予以提倡和奖励. 这些领域有四个类别: 天文学, 数学, 地球科学和生物科学, 其中特别强调生态学和多发性关节炎(该疾病使霍尔格在生命的最后几年受尽煎熬). 该奖每年颁发一次, 奖励其中一个学科的杰出成就, 奖金为50万美元.

克拉福德数学奖的首届(1982年)获奖者是苏联数学家阿诺尔德和美国数学家尼伦伯格. 华人数学家丘成桐和陶哲轩分别于1994年和2012年获得克拉福德数学奖.

4. 奈旺林纳奖(Nevanlinna Prize)和算盘奖(Abacus Medal)

这是1981年由国际数学家大会执行委员会设立的奖项, 奖励在信息科学的数学方面有突出贡献者, 为纪念芬兰数学家奈旺林纳而命名. 在国际数学家大会上颁发, 得奖者必须在获奖当年不超过40岁. 历届获奖者情况前面已有介绍.

国际数学联盟从2022年开始颁发算盘奖, 取代了从1983年到2018年颁发的奈旺林纳奖. 算盘奖同样是授予在信息科学的数学方面做出杰出贡献的研究者, 涵盖了计算机科学中的所有数学方向: 复杂性理论、程序语言逻辑、算法分析、密码学、计算机视觉、模式识别、信息处理与智能建模、科学计算和数值分析、最优化和控制论的计算、计算机代数.

奈旺林纳奖奖章　　　　　　　　算盘奖奖章

罗尔夫·奈旺林纳, 出生在约恩苏, 卒于赫尔辛基. 1913年入赫尔辛基大学, 师从恩斯特·林德勒夫, 1919年获博士学位. 曾任赫尔辛基大学校长、国际数学联盟主席和菲尔兹奖评委会主席, 是芬兰科学院院士和多个国家的科学院院士或名誉院士, 获多所大学的荣誉学位. 他还荣获芬兰白玫瑰大十字勋章, 是芬兰雄狮勋章一级爵士.

奈旺林纳是芬兰数学学派的领袖人物, 现代亚纯函数论的创立者. 1925年, 他在亚纯函数的研究中建立了两个基本定理, 开创了值分布的近代理论, 即奈旺林纳理论. 1935年, 他开创了调和测度方面的研究. 从1940年开始, 他把闭黎曼曲面上的阿贝尔积分理论推广到开黎曼曲面, 并进行了系统的研究. 他还在相对论、微分几何及几何基础等方面做了大量工作.

5. 高斯奖（Gauss Prize）

为纪念高斯，1998年在柏林召开的第二十三届国际数学家大会上，国际数学联盟决定设立高斯奖，奖励在应用数学方面取得杰出成就者，是应用数学领域中的最高奖．在国际数学家大会上颁发，由德国数学联合会负责奖项的管理工作．获奖者可获得一枚绘有高斯肖像的奖章和1万欧元奖金．历届获奖人情况前面已有介绍．

高斯奖奖章

我们将在12.13节介绍高斯的生平和贡献．

6. 拉格朗日奖（ICIAM Lagrange Prize）

这是国际工业与应用数学联盟颁发的奖项之一．该奖项在法国工业与应用数学学会（SMAI）的倡导下设立，由法国工业与应用数学学会、西班牙应用数学学会（SEMA）和意大利工业与应用数学学会（SIMAI）共同赞助．每四年评选一次，奖金金额不固定，根据可用资金的额度进行调整．1999年开始颁发，通过这一面向全世界的国际性数学奖项来奖励在职业生涯中为应用数学做出特殊贡献的数学家．首届获奖人是法国数学家雅克-路易·利翁斯．

拉格朗日

我们将在12.11节详细介绍拉格朗日的生平和贡献．

7. ICIAM 科拉兹奖（ICIAM Collatz Prize）

该奖项是国际工业与应用数学联盟颁发的奖项，以德国已故著名数学家洛萨·科拉兹命名．由德国应用数学与力学学会（GAMM）发起设立并资助，奖励国际公认的在工业与应用数学中做出杰出工作的42岁以下年轻科学家．1999年开始颁发，首届获奖人是德国数学家斯特凡·穆勒．我国数学家鄂维南于2003年获科拉兹奖．

科拉兹在1937年提出了一个著名猜想：任给一个正整数 n，如果它是偶数就除以 2（即 $n/2$）；如果它是奇数，则将它乘 3 再加 1（即 $3n+1$）．不断重复这样的运算，有限多次后就可得到 1．该猜想至今尚未解决．

8. ICIAM 创新奖（先锋奖）（ICIAM Pioneer Prize）

它是国际工业与应用数学联盟颁发的奖项，由美国工业与应用数学学会（SIAM）资助．它奖励把应用数学和科学计算技术引入工业和科学新领域的先驱性工作. 1999 年开始颁发,首届获奖人是美国数学家科夫曼和德国数学家赫尔穆特·诺泽尔脱.

9. 麦克斯韦奖（ICIAM Maxwell Prize）

它也是国际工业与应用数学联盟颁发的奖项,由英国数学及应用研究所（IMA）和麦克斯韦基金会资助. 奖励国际公认的在应用数学方面做出的重大原创性工作. 1999 年开始颁发,首届获奖人是俄裔美国数学家格里戈里·巴伦布拉特. 我国数学家鄂维南于 2022 年获麦克斯韦奖.

麦克斯韦

麦克斯韦,物理学家、数学家,经典电动力学创始人,统计物理学奠基人之一. 他对科学的最大贡献是建立了被称为"世界第一公式"的麦克斯韦方程,见 4.2.2 节.

10. 千禧年大奖（Millennium Prize）

千禧年大奖难题,是由克雷数学研究所(兰登·克雷资助建立)于 2000 年 5 月公布的世界七大数学难题[①]. 按照制定的规则,任何一个难题的解答,只要发表在数学期刊上,并经过两年的验证期,解决者就可获得 100 万美元奖金. 佩雷尔曼于 2003 年解决了第三个难题:庞加莱猜想. 2010 年,克雷数学研究所最终发布佩雷尔曼第一个获得千禧年大奖. 但是,他拒绝了这个大奖和 100 万美元奖金.

11. 阿贝尔奖（Abel Prize）

这是挪威设立的一项数学大奖,每年颁发一次. 2001 年,为纪念 2002 年挪威数学家阿贝尔 200 周年诞辰,也为扩大数学影响,吸引年轻人从事数学研究,挪威政府宣布颁发该奖,拨款 2 亿挪威克朗作为启动资金,每次奖金为 750 万挪威克朗. 由

阿贝尔奖奖章

挪威自然科学与文学院的 5 位数学家、院士组成的委员会负责评奖. 2003 年 3 月 23 日,评奖委员会宣布第一位获奖人是法兰西学院的让-皮埃尔·塞尔.

---

① 世界七大数学难题: P 问题对 NP 问题（计算机逻辑）,霍奇猜想（代数几何）,庞加莱猜想（拓扑学）,黎曼猜想（数论）,杨-米尔斯规范场存在性和质量缺口（规范场理论）,N-S 方程解的存在性与光滑性（偏微分方程）,贝赫和斯维讷通-戴尔猜想（数论）.

我们将在 10.1 节详细介绍阿贝尔的生平与贡献.

12. 苏步青奖（ICIAM Su Buchin Prize）

2003 年 7 月于悉尼召开的第五届国际工业与应用数学大会设立了苏步青奖, 旨在奖励在数学对经济腾飞和人类发展的应用方面做出杰出贡献的个人. 这是第一个以我国数学家命名的国际性数学大奖. 苏步青奖由特设的国际评奖委员会负责评选, 每四年颁发一次、每次一人, 奖金为 1000 美元. 2007 年首次颁发, 获奖人是麻省理工学院的吉尔伯特·斯特朗. 中国数学家李大潜于 2015 年获苏步青奖.

苏步青, 原名苏尚龙, 1902 年 9 月 23 日出生在浙江省平阳县, 2003 年 3 月 17 日逝世于上海. 1927 年大学毕业于日本东北帝国大学数学系, 1931 年获该校理学博士学位, 1948 年当选为"中研院"院士, 1955 年被选聘为中国科学院学部委员, 曾任复旦大学校长和名誉校长. 他是中国微分几何学派创始人, 被誉为"东方国度上灿烂的数学明星""东方第一几何学家""数学之王". 他在仿射和射影微分几何学方面取得了突

苏步青

出成就, 在一般空间微分几何学、高维空间共轭理论、几何外形设计、计算机辅助几何设计等方面也颇有建树.

13. 陈省身奖（Chern Medal）

2009 年国际数学联盟宣布设立陈省身奖, 纪念已故的"微分几何之父"陈省身, 奖励在数学领域做出杰出成就的科学家. 这是国际数学联盟首次以华人数学家命名的数学大奖, 历届获奖人情况前面已有介绍.

陈省身奖为终身成就奖, 不限数学分支, 授予"凭借数学领域的终身杰出成就赢得最高赞誉的个人". 该奖是国际数学联盟负责的第四个大奖, 也是国际数学界最高级别的终身成就奖. 陈省身奖每四年评选一次, 每次获奖者一人, 不限年龄. 得奖者除获奖章外, 还将获得 50 万美元的奖金, 其中半数奖金属于"机构奖", 依照获奖人的意愿捐给推动数学进步的机构. 陈省身奖不同于中国数学会颁发的陈

陈省身奖奖章

省身数学奖（Chen Shengshen Prize in Mathematics）, 后者只颁发给中国国内的数学家.

根据国际数学联盟的规则, 任何人只能获得菲尔兹奖、算盘奖、高斯奖、陈省身奖这四个奖项中的一个.

我们将在 12.25 节详细介绍陈省身的生平与贡献.

14. 莉拉沃蒂奖（Leelavati Prize）

该奖是印度著名 IT 公司 Infosys 出资、国际数学联盟于 2010 年设立的数学科普奖，用以奖励数学的公众普及.《莉拉沃蒂》是古代印度数学家婆什迦罗第二撰写的一部数学著作. 莉拉沃蒂奖是国际数学联盟奖项中唯一在国际数学家大会闭幕式上颁发的奖项，也是唯一不奖励数学研究的奖项. 莉拉沃蒂奖的奖金额度是 100 万印度卢比，历届获奖人情况前面已有介绍.

15. 科学突破奖（Breakthrough Prize）

该奖被誉为"科学界的奥斯卡"，旨在表彰全球顶尖物理、数学和生命科学家的研究成果，帮助科学领袖不受资金限制从而全心专注于思想世界，提升基础科学的影响力以及声誉，营造求知可以获得肯定的文化氛围，激励新一代科研工作者以杰出科学家为榜样. 该奖于 2012 年由俄罗斯亿万富翁尤里·米尔纳夫妇设立，现由谷歌联合创始人谢尔盖·布林、脸书联合创始人马克·扎克伯格夫妇、腾讯公司联合创始人马化腾、阿里巴巴集团创建人马云夫妇、米尔纳夫妇、基因技术公司 23andMe 联合创始人安妮·沃西基等实业家赞助.

科学突破奖奖项有生命科学突破奖、基础物理学突破奖和数学突破奖，单项奖金高达 300 万美元，远超诺贝尔奖，堪称科学界第一巨奖. 此外，每年还会有不超过三项物理新视野奖（每项奖金为 10 万美元），不超过三项数学新视野奖（每项奖金为 10 万美元），以及不超过三项玛丽亚姆·米尔扎哈尼新前沿奖（每项奖金为 5 万美元，颁给在过去两年获得博士学位的女性数学家）.

科学突破奖

2014 年在美国旧金山颁发了首届数学突破奖，获奖人是美国普林斯顿大学尖端研究所的英国数学家理查德·泰勒，英国伦敦帝国理工的唐纳森，法国高等科学研究所的孔采维奇，美国哈佛大学的雅各布·卢里和美国加州大学洛杉矶分校的澳籍华裔数学家陶哲轩.

第3章 数学的几个主要学科分支

根据研究对象和方法，广义上可把数学分为：研究数的部分——代数学，研究形的部分——几何学，以及沟通数与形且涉及极限的部分——分析学. 随着科学技术的发展、数学研究的深入以及研究对象的拓广，逐渐形成了更多的数学分支学科. 本章简要介绍数学的几个主要分支学科：代数学、几何学、分析学、数论、微分方程、泛函分析、拓扑学、概率论与数理统计、计算数学、运筹学.

3.1 代数学

代数学简称为代数，是研究数、数量、关系与结构的数学分支，其发展和进化过程可简述为：算术 ⟶ 初等代数 ⟶ 高等代数 ⟶ 抽象代数. 代数的研究对象不仅包含数字，还包含各种抽象化的结构. 例如整数集作为一个带有加法、乘法和序关系的集合就是一个代数结构. 在代数学的研究中，只关心各种关系及其性质，而对于"数本身是什么"这样的问题并不关心. 常见的代数结构类型有群、环、域、模、线性空间等.

3.1.1 概述

代数（algebra）一词最初来源于公元9世纪阿拉伯数学家花拉子米的一本著作的名称，原意是"还原与对消的科学". 花拉子米是代数与算术的整理者，被誉为"代数之父". 1859年，我国数学家李善兰首次把algebra译成代数.

代数之前已有算术，算术可以解决日常生活中的各种计算问题，即自然数的四则运算. 为了寻求自然数的规律，人们又创建了专门研究数的性质、脱离了古算术而独立的一个数学分支——整数论，也称为初等数论.

古算术研究各种类型的应用问题及解法，也就是说，探讨能不能找到一般的更为普遍适用的方法来解决同类型的其他应用问题，于是发明了抽象的数学符号和未知数，古算术发展成数学的另一个古老分支——初等代数. 代数与算术的主要区别在于代数要引入未知数，根据问题的条件列方程，然后解方程求未知数的值.

在中世纪的欧洲，对代数学有较大贡献的是意大利数学家斐波那契，他的《算盘书》是这一时期最重要的数学著作，向欧洲人系统地介绍了阿拉伯的算术和代数. 书中载有一个有趣的"兔子繁殖问题"（斐波那契兔子问题），引发了诸多学者对斐波那契级数的研究.

公元 7 世纪至 8 世纪的印度数学家主要研究不定方程的解法，并且开始用缩写文字和一些记号来表示未知数和运算. 婆罗摩笈多的著作还给出了二次方程 $x^2 + px - q = 0$ 的一个求根公式和某些不定方程通解的一般形式.

中国古代在代数学方面有光辉的成就.《九章算术》在世界上最早提出"方程术"（用消元法解线性方程组）、"正负术"（正负数加法法则）和"开方术"（开平方、开立方、解二次以上的方程）. 隋唐数学家王孝通[①] 的《缉古算经》的大部分内容是求三次方程的正根，还建立了三次方程的数值解法.

宋元时期，中国数学家对高次方程的求解有突出贡献. 北宋数学家贾宪（约 11 世纪上半叶）在《九章算术》开方法的基础上，约于 1050 年提出著名的"开方作法本源图"和"增乘开方法"（求高次幂的正根法）. 南宋数学家秦九韶把增乘开方法运用于高次方程. 元代数学家李冶创立"天元术"这是一种半符号代数学，使得求解高次方程有了规范的程序. 李冶的《测圆海镜》和《益古演段》是目前传世的使用天元术的最早著作. 元代数学家朱世杰又把这种方法推广到多元高次方程组，创立了"四元术"（用四个未知数列高次方程，用四元消去法求解），这一方法领先世界数百年. 朱世杰的《四元玉鉴》是现存的关于四元术最早且内容最丰富的著作.

代数学与几何学在很长时期内都是交错在一起的. 代数学发展成为一门独立的数学分支，应归功于中世纪的阿拉伯人. 阿拉伯数学家系统地研究了二次方程的解法，确定了解方程求未知量是代数学的基本特征，建立了解方程的变形法则，还创造了三次方程的几何解法.

花拉子米时代已有求根公式，但是三次、四次方程的求根公式直到 15 世纪末还没有被发现. 据说，16 世纪上半叶塔尔塔利亚首先给出了三次方程的一般解法，但是其方法却由卡尔达诺抢先在他的著作《大术》（1545 年）中公布，所以三次方程的求根公式以"卡尔达诺公式"流传下来. 为此，还引起了一场风波. 四次方程的一般解法是由费拉里得出的.

一个代数方程，如果它的根可以用方程的系数组成的根式来表示，就称"可根式求解"，也简称为"可解".

18 世纪，代数学的研究时常要服从分析学的需要，许多人甚至把分析看作代数的延伸. 这一时期的代数学成果为 19 世纪的代数革命性变化奠定了基础. 拉格朗日于 1770 年发表论文《关于代数方程解的思考》，对低于五次的方程的根式可解性作了详尽分析并给出了求解方法，他明确宣布"五次以上的

---

① 生卒年代不详. 大约出生在北周武帝年间，卒于贞观年间.

一般代数方程不可能根式求解". 高斯研究了复数及其运算的几何表示, 给出代数基本定理的第一个证明 (1799 年).

19 世纪, 代数学发生了革命性的变革. 首先是阿贝尔证明了一般的五次代数方程不可能根式求解, 引进了域和在给定域中的不可约多项式这两个概念, 见 10.1 节. 1832 年, 伽罗瓦对于高次方程是否可根式求解问题给出了最终答案, 细节可见 10.2 节. 伽罗瓦的工作当时并没有被人们理解和接受, 直到 1870 年才由法国数学家若尔当在其著作《论置换与代数方程》中给出全面而清晰的阐述, 还补充了自己的新成果. 这部著作极大地推进了置换群论的发展.

阿贝尔和伽罗瓦并称为现代群论的创始人, 他们的工作为抽象代数学的产生奠定了基础. 第 10 章对此有详细介绍.

3.1.2　代数符号化

代数符号化又称为符号代数, 就是用符号代替代数对象, 它的最终确立是由法国数学家韦达完成的. 韦达的《分析方法入门》(1591 年) 被西方数学史家推崇为第一部符号代数学. 他用辅音字母表示已知数, 用元音字母表示未知数, 并大量使用现代符号 "+" "−" "=". 还明确指出代数与算术的区别, 前者是 "类的算术", 后者是 "数的算术". 于是代数学更具有普遍性, 形式更抽象, 应用更广泛. 在稍后的工作中, 韦达改进了三次、四次方程的解法, 还对二次、三次方程建立了方程的根与系数之间的关系, 即 "韦达定理"[①].

后来笛卡儿改进了韦达的符号系统, 用 $a, b, c, \cdots$ 表示已知量, $x, y, z, \cdots$ 表示未知量. 现在使用的大多数代数符号在 17 世纪中叶基本上已经确立.

17 世纪至 18 世纪中期, 代数学被理解为在代数符号上进行计算的科学, 用来研究方程的求解问题. 这个时期最好的教科书之一是欧拉的《代数学入门》(1770 年), 其内容包括整数、分数、小数、方根、对数、一次到四次代数方程、级数、牛顿二项式和丢番图分析等, 是对 16 世纪中期发展起来的符号代数学的系统总结.

3.1.3　抽象代数学

数学家用抽象手段把一些演算中的共性升华出来, 使之达到更高的层次, 这便诞生了抽象代数学. 抽象代数学包含群论、环论、伽罗瓦理论、格论等分支, 并与其他数学分支相结合产生了代数几何、代数数论、代数拓扑、拓扑群等新的分支. 抽象代数已经成为当代大部分数学的通用语言.

---

① 东汉末年 (184−220), 赵爽在《周髀算经注》中采用弦图证明了勾股定理, 并给出了根与系数的关系, 远早于韦达, 故应称为 "赵爽定理".

在伽罗瓦的同时期,英国数学家乔治·皮科克发表了《代数通论》(1830 年). 他认为代数学和几何学一样,是演绎的科学,其步骤必须依据法则条文的一个完整陈述,这些法则条文支配着其中的运算. 他首创以演绎方式建立代数学,对抽象代数概念的演变起到了重要的推动作用. 英国数学家奥古斯都·德摩根和乔治·布尔在这方面也颇有建树.

引起代数学变革的另一项工作来自爱尔兰数学家威廉·哈密顿和德国数学家赫尔曼·格拉斯曼. 1843 年,威廉·哈密顿给出了一个乘法表,共有四个元素 1, i, j, k,任两个数相乘都能从这张表中查出来,比如 $i \times j = k$, $j \times i = -k$. 这是一个没有交

×	1	i	j	k
1	1	i	j	k
i	i	-1	k	$-j$
j	j	$-k$	-1	i
k	k	j	$-i$	-1

换律的乘法①. 1844 年,格拉斯曼推演出更一般的几类代数. 为研究费马猜想,德国数学家恩斯特·库默尔于 1845 年引进"理想数"概念. 在此基础上,德国数学家尤利乌斯·戴德金发展了理想理论. 这些工作对代数数论和抽象代数的发展都有重大影响.

英国数学家阿瑟·凯莱于 1857 年为矩阵设计了一种没有交换律的"乘法"——矩阵代数,还与英国数学家詹姆斯·西尔维斯特一起发展了行列式理论,共同创立了代数型理论. 这是建立抽象代数学的动力,奠定了代数不变量的理论基础. 他还是矩阵论的创立者,对几何学的统一也做了重要工作.

自 19 世纪初以来,还有很多引起代数学变革并最终导致抽象代数学产生的工作,它们大致可分属于群论、代数数论和线性代数. 到 19 世纪末,数学家们从许多分散的具体研究对象中抽象出它们的共同特征并进行公理化研究,完成了上述三个方面工作的综合,代数学终于从方程理论转向代数运算的研究. 近代德国学派对这一步综合做了重要工作:1870 年克罗内克给出有限阿贝尔群的抽象定义;戴德金给出"体"的概念并研究代数体;1893 年韦伯定义抽象的体;1910 年戴德金和克罗内克创立环论;恩斯特·施泰尼茨于 1910 年发表的论文《域的代数理论》,总结了包括群论、代数、域论等在内的代数体系的相关理论,是抽象代数学早期发展的里程碑;20 世纪 20 年代以来,以德国数学家诺特和埃米尔·阿廷为中心开展的代数学研究,使得抽象代数学得到空前发展. 荷兰数学家巴特尔·范德瓦尔登编著的《近世代数学》(上、下两册先后于 1930 年和 1931 年出版)对于抽象代数学的传播和发展起到了巨大的推动作用.

---

① 据说,威廉·哈密顿经过 15 年的苦思冥想,最后站在都柏林的一座桥上想到了这个运算. 连他自己都对这种"离经叛道"、突破传统的想法感到吃惊.

随着数学各分支的理论发展以及应用的需要，抽象代数学得到不断发展. 1933 年至 1938 年，马歇尔·斯通、冯·诺依曼、加勒特·伯克霍夫和奥斯汀·奥尔等人的工作确定了格论在代数中的地位. 自 20 世纪 40 年代中期起，作为线性代数推广的模论也得到进一步发展并产生深刻影响. 泛代数、同调代数、范畴等新分支也被建立和发展起来.

在近代，中国数学家在代数学领域也颇有成就，尤以曾炯之、华罗庚和周炜良的工作最为显著.

我们将在 9.2 节详细介绍 "群论"，在第 10 章详细介绍 "环论" 和 "域论"，以及 "同构" 和 "扩张" 等. 它们都是代数学的主要分支.

3.2   几何学

几何学也简称为几何，是研究形的学科，以人的视觉思维为主导，培养观察能力、空间想象力和洞察力. "几何学" 一词来自阿拉伯文，指土地测量，即测地术. 后来拉丁语音译为 geometria. 在我国古代不叫几何学，而是叫作 "形学". 几何二字，在中文里原先也不是一个数学专有名词，而是个虚词，意思是 "多少". 比如曹操的《短歌行》里有这样一句："对酒当歌，人生几何？" 这里的几何就是多少的意思. 明末杰出科学家徐光启和利玛窦合译《几何原本》时，把研究图形的这一学科的中文名词称为 "几何".

几何学的发展历史悠久、内容丰富，它与代数学、分析学、数论等关系极其密切. 几何思想是数学中最重要的一类思想，现代数学各分支的发展都有几何化趋向，即用几何的观点和思想方法来探讨各种数学理论.

3.2.1   起源

几何学的最早记载可以追溯到古代中国、古埃及、古印度、古巴比伦，其年代大约始于公元前 3000 年. 早期的几何学是关于长度、角度、面积和体积的经验原理，被用于解决测绘、建筑、天文和各种工艺制作中的实际问题.

中国的几何学有悠久的历史，公元前 15 世纪的甲骨文中已有规和矩二字，规用来画圆、矩用来画方，汉代石刻中矩的形状类似于现在的直角三角形. 圆和方的研究在中国古代的几何学中占据重要位置. 大约在公元前 10 世纪，已记载了著名的勾股定理[1]. 墨子对圆的定义是：圆，一中同长也. 中心到周边点的距离都相等的平面图形称为圆，这比欧几里得还早 100 多年. 关于圆周率

① 据记载，商高答周公曰："数之法出于圆方，圆出于方，方出于矩，矩出于九九八十一. 故折矩，以为勾广三，股修四，径隅五. 既方其外，半之一矩，环而共盘，得成三、四、五. 两矩共长二十有五，是谓积矩. 故禹之所以治天下者，此数之所生也." 因此，勾股定理在中国又称 "商高定理".

的计算，刘歆、张衡、刘徽、王蕃、祖冲之、赵友钦等人都有建树，其中刘徽、祖冲之、赵友钦的方法和成果影响较大.

莱茵德纸草书、莫斯科纸草书和巴比伦泥板对古代几何都有详细记载. 比如，莫斯科纸草书上给出了计算棱台体积的公式. 埃及南部的古代库施王国人曾经建立过一套几何学系统. 最古老的欧氏几何基于一组公设和定义，在公设的基础上运用基本的逻辑推理导出一系列命题. 欧几里得的《几何原本》是公理化系统的第一个范例，对西方的数学思想影响深远.

几何学的发展历程可以参考9.1节.

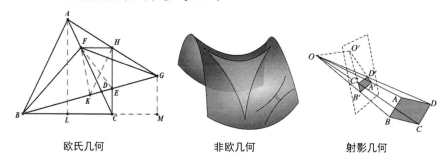

| 欧氏几何 | 非欧几何 | 射影几何 |

3.2.2 学科分支

1. 平面与立体几何

最早的几何学是平面几何，研究平面上的直线和二次曲线（椭圆、双曲线、抛物线）的几何结构和度量性质. 平面几何采用公理化方法，在数学思想史上有重要地位. 随着科学的发展和解决实际问题的需要，平面几何的内容就自然而然地过渡到了立体几何.

2. 解析几何

笛卡儿引进坐标系后，代数与几何的关系变得明朗，且日益紧密起来，这就促进了解析几何的产生. 解析几何是由笛卡儿和费马分别独立创立的. 解析几何的建立，第一次真正实现了几何、代数和分析的融合与交叉，使形与数统一起来，这是数学发展史上的一次重大突破. 作为变量数学发展的第一个决定性步骤，解析几何的建立对于微积分的诞生有着不可估量的作用，这又是一次具有里程碑意义的事件. 从解析几何的观点出发，几何图形的性质可以归结为方程的分析性质和代数性质，几何图形的分类问题（比如把圆锥曲线分为三类）也就转化为方程的代数特征分类问题.

3. 非欧几何

总体上说，上面的几何都是基于欧氏空间的平坦结构而建立的，没有关注弯曲空间中的几何结构. 欧氏几何公理本质上是刻画平坦空间的几何特性. 人们关于欧氏几何第五公设的广泛而深刻讨论, 导致了非欧几何——罗氏几何和黎曼几何的产生. 9.1 节将对非欧几何作详细介绍.

4. 射影几何

为了把无穷远的那些虚无缥缈的点也引入到观察范围内, 人们又创立了射影几何. 它是研究图形的射影性质, 即经过射影变换后依然保持不变的图形性质的几何学分支, 又称投影几何学. 在经典几何学中, 射影几何处于一种特殊的地位, 通过它可以把其他一些几何学联系起来.

在射影几何学中, 把无穷远点看作 "理想点", 通常的直线再加上一个无穷点就是无穷远直线. 如果一个平面内两条直线平行, 那么这两条直线就在共有的无穷远点处相交. 通过同一个无穷远点的所有直线都平行. 在引入无穷远点和无穷远直线后, 原来的普通点和普通直线的结合关系依然成立, 而过去只有两条直线不平行时才能求交点的限制就消失了.

5. 仿射几何

它是研究仿射空间中的图形在仿射变换下不变的性质和不变量的几何学分支. 例如, 三维仿射空间中的三点共线的性质及两条直线平行的性质在仿射群作用下都保持不变. 图形在仿射群的作用下保持不变的性质和不变量分别称为仿射性质和仿射不变量.

6. 微分几何

它是运用微积分理论研究空间的几何性质的几何学分支. 为了引入弯曲空间上的度量 (长度、面积等), 就需要利用微积分工具来局部分析空间的弯曲性质, 微分几何便应运而生. 古典微分几何研究三维欧氏空间中的光滑曲线和曲面, 而现代微分几何则注重研究更一般的空间——流形.

古典微分几何的奠基人是欧拉和高斯. 1736 年欧拉首先引进平面曲线的内在坐标这一概念, 即以曲线弧长这一几何量作为曲线上点的坐标, 从而开始了曲线的内在几何的研究. 高斯的著作《关于曲面的一般研究》(1827 年) 奠定了曲面论的基础, 促进了微分几何学的发展. 现代微分几何学的形成和发展, 首先是黎曼将几何学推广到高维空间, 并引入流形的概念; 之后, 埃利·嘉当将代数结构 (如外代数、李代数) 引入微分几何; 埃利·嘉当的学生陈省身将微分几何与代数拓扑、代数几何相结合, 引领和推动了整体微分几何学的发展, 被国际数学界誉为 "微分几何之父"; 陈省身的学生丘成桐发展了几何分析 (借助偏微分方程研究微分几何), 创建了微分几何与偏微分方程相结合的新领域.

微分几何学与拓扑学、分析学、偏微分方程等数学分支有紧密联系,对物理学的发展也有重要影响.

7. 内蕴几何

它是无视物体在空间中的位置,而着重于其本身性质的几何学分支. 换句话说,内蕴几何的所有结论和概念只与物体本身的特性有关,与物体在空间中的相对位置无关,也与坐标系的选取无关. 在一个几何体中,只与其上的度量有关的特性被称为内蕴性质,也称内禀性质. 哪些几何量(概念)是内蕴的?这是当时最重要的理论问题. 高斯发现曲面的曲率(反映弯曲程度的量)竟然是内蕴的——虽然它的原始定义看上去与所处的空间位置有关,该发现称为高斯绝妙定理. 几何学的另一个重要发现是高斯-博内公式,它反映了曲率与弯曲空间中的三角形三角之和的关系.

8. 代数几何

这是现代数学的一个重要分支学科. 它的基本研究对象是在任意维数的(仿射或射影)空间中,由若干个代数方程的公共零点所构成的集合的几何特性及其上的三大结构:代数结构、拓扑结构和序结构. 这样的集合通常称为代数簇,而这些方程称为该代数簇的定义方程.

代数几何与数学的许多分支学科有广泛的联系并起着相互促进的作用,例如数论、解析几何、微分几何、交换代数、代数群、K理论、拓扑学等. 同时,作为一门理论学科,代数几何的应用也受到人们的关注,特别是在现代粒子物理超弦理论中被广泛应用,这预示着抽象的代数几何学将对现代物理学的发展发挥重要作用.

9. 分形几何

它是以不规则几何形状为研究对象的几何学,又称为"大自然的几何学". 相对于传统几何学的研究对象为整数维数,如零维的点、一维的线、二维的面、三维的立体乃至四维的时空,分形几何学的研究对象是非负实数维数,如0.63, 1.26, 2.72等. 它的研究对象普遍存在于自然界中,例如8.1节将要介绍的托里拆利小号的表面积、科赫雪花的周长.

分数维数是物理学家在研究混沌、吸引子等理论时需要引入的重要概念. 为了定量地描述客观事物的"非规则"程度,数学家从测度的角度引入分数维数的概念,将维数从整数扩大到分数,从而突破了一般拓扑集维数是整数的界限. 这是几何学的新突破,引起了人们的极大关注.

法国著名数学家本华·芒德布罗对分形几何学的建立和发展做出了奠基性和开创性工作,他把部分与整体以某种方式类似的形体称为分形,被誉为分形之父. 他分别在 1975 年、1977 年和 1982 年出版了三本著作, 其中的《分形——形、机遇和维数》与《自然界中的分形几何学》创建了分形几何学.

此外, 还有赫尔曼·闵可夫斯基建立的数的几何, 与近代物理学密切相关的热带几何, 以及凸几何、组合几何、计算几何、排列几何、直观几何等.

3.3　分析学

分析学是数学的一个重要分支学科, 它是以实数理论和极限理论为基础、以微积分方法为工具、以函数 (映射、关系等) 为主要研究对象的众多数学经典分支的统称. 分析学的各经典分支大多形成于 17 至 19 世纪.

"狭义分析学" 是指以极限、微分学、积分学和级数论为基本内容的数学分析. 微分方程、函数论、变分法、泛函分析等新的数学分支统称为 "广义分析学". 微分学研究函数的微分, 积分学考虑函数的积分, 级数论关注无穷级数的求和. 它们都有明确的物理或几何意义, 均以处理各种不同形式的极限为核心. 极限不仅是微积分的核心基础, 也是其他学科的重要思想.

3.3.1　概述

分析学是随着代数学与几何学的发展而产生的. 古代数学中已有很多分析学的思想和雏形. 像 "割圆术" "穷竭法" "一尺之棰, 日取其半, 万世不竭" 等, 都是朴素和典型的极限概念.

20 世纪以前, 一般将数学分为代数学、几何学和分析学. 对于现代数学, 已经难以做出细致分类. 像微分方程和概率论, 虽然它们的创立都与分析密切相关, 但是由于它们各有独特的研究对象, 从而发展成为独立的学科分支, 不能继续将它们归属于分析学. 一般而论, 现代分析可分为实分析、复分析和包括泛函分析在内的抽象分析三大部分, 其研究对象已经不限于函数, 研究方法也日益综合.

"分析" 这个学科名称大概是由牛顿最早引入的, 当时微积分被看作代数的扩张——"无穷" 的代数, "分析" 与 "代数" 同义. 虽然现代数学中 "分析" 所指的意义更广, 但仍然是对其所包含学科在方法上的共同特点的概括, 并且随着数学的发展、研究对象和范围的拓广以及研究的深入, 它与几何和代数方法的界限也越来越模糊了.

数学分析是分析学中最古老和最基本的部分, 直到 19 世纪数学家们为数学分析建立了严格的逻辑基础, 它才成为一个完整的数学学科. 理论方面, 数学分析是分析学科的共同基础, 也是它们的发源地. 现代分析的诸多分支中, 有一些在其发展初期曾经是数学分析的一部分 (变分法、傅里叶分析等), 而另一些理论（实变函数论、泛函分析和流形上的分析等）则是在数学分析的体系完整建立以后，对数学分析中某些问题的深入研究和拓展、由于各种需要而建立的.

19世纪末到20世纪初，由于某些数学分支和物理等学科发展的需要，人们普遍感觉到经典的数学分析已不够用，一些概念和理论需要进一步拓广，突破经典分析学的限制. 20世纪初，勒贝格提出的积分理论有重大意义，而实变函数论的中心内容就是勒贝格积分理论. 黎曼积分是分割定义域为较小子区域，而勒贝格积分则是分割被积函数的值域. 勒贝格积分作为黎曼积分的推广，不仅可积函数类广，还具有可数可加性等良好性质，积分号下求极限的条件也较宽松，因而更适合数学各分支及物理的应用. 勒贝格可积函数空间（函数类）的完备性，使它在数学理论上占据黎曼积分所不可能有的重要地位. 此外，在微分和积分是否互为逆运算方面，勒贝格积分优于黎曼积分. 勒贝格积分建立在勒贝格测度的基础之上，后者向抽象方面进一步发展，又促使对测度的系统研究，因而形成独立的学科分支——测度论.

3.3.2 学科分支

1. 数学分析

数学分析又称高级微积分，是分析学中最古老和最基本的分支. 一般指以微积分学和无穷级数一般理论为主要内容，并包括它们的理论基础（实数、函数和极限的基本理论）的一个较为完整的数学分支.

微积分学的理论基础是极限理论，极限理论的理论基础是实数理论. 实数系最重要的特征是连续性，有了实数的连续性，才能讨论极限、连续、微分和积分. 正是在讨论函数的各种极限运算的合法性的过程中，人们逐渐建立起了严密的数学分析理论体系. 关于微积分、极限理论和实数理论的细节，可分别参见第7章、8.3.2节和9.3.1节.

2. 实变函数

实变函数起源于古典分析，主要研究对象是变量（包括多变量）为实数的函数. 与数学分析类似，它也是研究函数的连续性、可微性、可积性、收敛性等的基本理论，是微积分的深入和发展. 集合论方法的应用，使得实变函数论有可能研究一般点集上的函数，从而研究的对象和结果比数学分析更广、更完善. 因此，实变函数论也成为分析学各分支（特别是泛函分析等近代分支）的共同基础之一.

3. 测度理论

它是研究一般集合上的测度和积分的理论. 它是勒贝格测度和勒贝格积

分理论的进一步抽象和发展，又称为抽象测度论或抽象积分论，是现代分析学中的重要工具之一．

4. 复变函数

复变函数是实变函数的推广．自变量和因变量均为复数的函数称为复变函数．只含有一个自变量的复变函数称为单复变函数，含有多个自变量的复变函数称为多复变函数．

复变函数的主要研究对象是解析函数，包括单值函数、多值函数以及几何理论三大部分．在悠久的历史进程中，经过许多数学家的努力，复变函数论获得了巨大发展，并且形成了一些专门的研究领域．

单值函数中最基本的两类函数是整函数和亚纯函数，它们分别是多项式和有理函数的发展．多值函数的研究主要围绕黎曼曲面及单值化问题来进行．几何函数论是用几何方法处理复变函数，例如通过共形映照理论为复变函数的性质提供几何说明．导数处处不是零的解析函数所实现的映照都是共形映照，共形映照也叫作保角变换．留数（残数）理论是复变函数论中的一个重要内容，应用留数理论计算复变函数的积分比计算线积分更加方便．计算实变函数的定积分，也可以化为复变函数沿闭合回路曲线的积分后，再用留数基本定理化为被积分函数在闭合回路曲线内部孤立奇点上求留数的计算．当奇点是极点时，计算更加简洁．

5. 调和分析

调和分析是现代分析学的核心领域之一．主要研究函数用傅里叶级数或傅里叶变换表示，并利用这种表示研究函数的性态．抽象调和分析是调和分析的深入，主要研究拓扑群上的调和分析理论，特别是傅里叶变换理论．它与偏微分方程、复变函数、概率论、代数及拓扑等许多数学分支都有密切联系．

6. 函数逼近论

它是函数论的一个重要组成部分．研究函数的近似表示，即用某些性质良好的函数逼近一般函数的可能性及误差（逼近阶），以及反过来用这些性质去刻画函数的方法．重点关注以下几个方面：最佳逼近的定量理论，逼近论的定性理论，线性算子的逼近理论和函数逼近的数值方法．现代数学的许多分支，如拓扑学、泛函分析、代数这样的抽象学科以及计算数学、数理方程、概率统计、应用数学中的一些分支都和逼近论有联系．

7. 泛函分析

泛函分析也可以看作广义分析学的一个主要分支，将在后面单独作为一个学科分支来介绍．

8. 广义函数理论

用泛函分析的观点, 广义函数理论的核心是把广义函数看成某个函数空间上的连续线性泛函. 先选取某些性质较好的函数组成线性空间, 再给出适当的收敛概念. 这样的函数空间称为"基本函数空间"或"测试函数空间", 而其中的函数称为"基本函数"或"测试函数". 相应于基本函数空间上的连续线性泛函称为该基本函数空间上的"广义函数", 广义函数的全体称为相应于基本函数空间的"广义函数空间".

9. 流形上的分析

流形上的分析又称大范围分析, 研究定义在流形上的函数, 一般认为它在 20 世纪中期才形成独立分支. 流形上一般没有统一坐标, 只在每点存在与欧氏空间中的开集同胚的邻域. 因此, 流形上的局部分析与经典的欧氏空间的分析相仿, 整体分析则复杂得多, 流形上的分析指的就是后者. 它可以在流形这个全新背景之下, 研究与各个经典分析学科相应的问题, 是经典分析的现代拓展. 例如, 大范围变分法充实和丰富了大范围分析的内容, 它既是变分法的现代发展, 又是流形上的分析的一部分. 由于流形上的函数性态与流形本身的几何和拓扑性质密切相关, 所以流形上的分析是分析学与几何学、拓扑学、代数学互相综合的产物.

10. 索伯列夫空间

它是具有弱导数, 且本身和弱导数都是可积的多变量函数组成的一类巴拿赫空间. 主要关注这些函数空间的基本性质: 稠密性 (逼近)、延拓、嵌入定理、内插不等式和边界迹 (迹定理), 其中嵌入定理是核心内容. 虽然这些空间的原型早已出现, 但对其进行系统研究并使之成为一套理论, 是 20 世纪 30 年代初由索伯列夫完成的. 它不仅是偏微分方程近代理论的基础, 也是与分析学相关的其他数学分支的重要基础和必备工具.

此外, 还有凸分析 (研究凸集和凸函数)、位势理论 (带有某种测度和积分核的特殊积分算子) 等分支.

3.4 数论

数论是纯粹数学的分支之一, 主要研究整数的性质. 它与几何学一样, 是最古老且始终活跃的数学分支.

按照研究方法, 数论可分为初等数论、解析数论、代数数论与几何数论. 按照研究对象, 数论又可分为超越数论、不定方程论等. 一般来说, 用算术推导方法证明数论命题的分支是初等数论,用分析方法作为研究工具的分支是解析数论,利用代数工具研究代数数域与代数整数环的算术性质的分支是代数数论,透过几何观点研究整数(格点)分布的分支是几何数论(数的几何).

3.4.1　概述

数论早期被称为"算术". 到 20 世纪初才开始使用数论的名称,而算术一词则表示"基本运算". 不过在 20 世纪的后半叶仍有部分数学家用算术一词来表示数论.

数论的起源要追溯到古希腊时期. 那时人们在有了"数"的概念之后,自然而然地就会接触到一些"数"的性质. 毕达哥拉斯是第一个研究这些"数"的性质的数学家,他将自然数分为奇数、偶数、素数、完全数、平方数、三角数和五角数等. 欧几里得是继毕达哥拉斯之后推进自然数研究的古希腊学者.《几何原本》的第 7 至第 9 卷是整数的整除性质,给出了因数、倍数、素数、互素等基本概念的精确定义,并对所得结论做了详细证明,从而使数论的研究趋于严格化. 同时,欧几里得还证明了素数有无穷多个. 公元前 250 年,古希腊数学家埃拉托色尼发现了一种寻找素数的埃拉托色尼筛法. 寻找一个表示素数的通项公式(素数普遍公式)是古典数论最主要的问题之一. 欧几里得之后,亚历山大时期的丢番图为初等数论开辟了一片新领域——不定方程问题. 所谓不定方程,是指未知数的个数多于方程个数,且未知数受到某些限制(要求是有理数、整数或正整数等)的方程或方程组. 丢番图的著作《算术》一书开启了中世纪初等数论的研究.

从 15 世纪到 19 世纪,费马、梅森、欧拉、高斯、勒让德、黎曼、希尔伯特等人对数论的发展都有重大贡献,数论由初等数论向解析数论、代数数论和几何数论的方向发展. 到了 18 世纪末,历代数学家积累的关于整数性质的知识已经十分丰富,但是仍然没有找到素数产生的模式. 高斯集前人之大成,编著的《算术研究》于 1801 年问世. 这是一部划时代作品,它结束了 19 世纪前数论的无系统状态. 高斯系统整理前人的成果并加以推广,给出标准化记号,把研究的问题和解决这些问题的已知方法进行分类,还引进了新的方法.

黎曼在研究 ζ 函数时,发现了复变函数的解析性质和素数分布之间的深刻联系,由此将数论带入分析领域. 这方面的主要代表人物还有英国著名数论学家戈弗雷·哈代、约翰·李特尔伍德,印度数学家斯里尼瓦瑟·拉马努金等. 在国内,则有华罗庚、陈景润、王元等人. 另一方面,由于此前人们一直关注费马猜想的证明,所以又发展了代数数论. 比如,库默尔提出理想数的概念,可惜他当时忽略了代数扩环的唯一分解定理不一定成立. 高斯研究复整数环理论,即高斯整数. 他在研究三次情形的费马猜想时也用了扩环的代数数论性质. 代数数论发展的一个里程碑是希尔伯特的《数论报告》（1897 年）.

当代数论研究的一个重要指导性纲领是著名的朗兰兹纲领. 该纲领发掘了数论和分析之间的深刻联系，把多项式方程的素数解与在分析和几何中研究的微分方程的谱联系起来，断言这两者之间存在互反律.

我国古代许多著名的数学著作，如《周髀算经》《孙子算经》《张邱建算经》①《数书九章》，都有关于数论内容的论述，比如求最大公约数、勾股数组、某些不定方程的整数解等. 在丢番图提出不定方程问题的同时期，中国也挖掘了数论中的同余理论.《孙子算经》里面记载的"物不知数"问题就涉及同余理论的研究. 孙子定理比欧洲早 500 年，西方常称此定理为中国剩余定理. 秦九韶提出的"大衍求一术"也驰名世界，给出了具体且完备的求一次同余式组方法，比高斯早了几百年. 在我国近代，数论也是成果丰硕、在国际上有较大影响的数学分支之一. 从 20 世纪 30 年代开始，在解析数论、丢番图方程、一致分布等方面都有重要贡献，出现了华罗庚、柯召、闵嗣鹤、王元、陈景润、潘承洞等一流的数论专家. 华罗庚在三角和估值、堆垒素数论方面的研究享有盛名. 1949 年以后，数论研究得到了更大的发展，陈景润、王元等人在"筛法"和"哥德巴赫猜想"方面的研究，取得世界领先的成果.

3.4.2　学科分支

1. 初等数论

它是研究数的规律，特别是整数性质的数学分支. 它是数论中的一个最古老分支，以算术方法为主要研究工具. 主要内容有整数的整除理论、同余理论、连分数理论和某些特殊不定方程. 换言之，初等数论就是用初等、朴素的方法研究数论.

初等数论中经典的结论包括算术基本定理、欧几里得的素数无限证明、中国剩余定理、欧拉定理（其特例是费马小定理）、高斯的二次互反律、佩尔方程（约翰·佩尔）的连分数求解法等.

2. 解析数论

它是数论中以分析方法作为研究工具的一个分支，是在初等数论无法解决问题的情况下发展起来的. 如果能够找到一个可以表达所有素数的普遍公式，解析数论中的一些问题就转化成初等数论，如孪生素数猜想和哥德巴赫猜想.

用分析方法研究数论，源于 18 世纪欧拉的工作. 欧拉证明了级数 $\sum_p \frac{1}{p}$ 发散（p 取遍所有素数），并且由此推出素数有无穷多个. 随后狄利克雷创建了

---

① 成书于约公元 5 世纪.

两个研究解析数论的重要工具, 即狄利克雷特征与狄利克雷 L 函数, 奠定了解析数论的基础.

解析数论的创立当归功于黎曼, 他发现了黎曼 ζ 函数的解析性质与数论中的素数分布问题存在深刻联系, 提出了黎曼猜想: $\zeta(z)$ 的所有非平凡零点都在直线 $\mathrm{Re}\, z = 1/2$ 上 (又称为黎曼假设, 是千禧年大奖难题之一).

3. 代数数论

代数数论是以代数整数或者代数数域为研究对象, 是整数研究的一个自然发展. 代数数论主要起源于费马猜想的研究. 为了证明费马猜想, 库默尔引入 “理想数” 的概念, 并证明每个 “理想数” 都可以唯一地分解成素因子的乘积, 从而建立了分圆域理论. 戴德金把库默尔的工作系统化并推广到一般的代数数域, 为代数数论奠定了基础.

代数数论更倾向于从代数结构的角度去研究各类整环的性质, 比如在给定整环上是否存在算术基本定理等. 代数数论的发展也推动了代数学的发展, 与代数几何之间的关联尤其紧密.

4. 几何数论

几何数论又称数的几何, 由闵可夫斯基于 1910 年创立. 主要是运用几何思想研究整数的分布, 其基本对象是 “空间格网”. 在给定的直角坐标系中, 坐标全是整数的点叫作整点, 全部整点构成的集合叫作空间格网. 空间格网对几何学和结晶学有重要影响, 最著名的结论是闵可夫斯基不等式 (定理).

5. 超越数论

它是以超越数为研究对象的数论分支. 全体复数可分为两大类: 代数数和超越数. 如果一个复数是某个整数系数多项式的根, 则称此复数为代数数, 不是代数数的复数称为超越数. 对于欧拉常数与特定的黎曼 ζ 函数值的研究尤其令人感兴趣. 此外, 超越数论也包括数的丢番图逼近理论.

6. 算术代数几何

算术代数几何又称算术几何, 一般指所有以数论为背景或目的的代数几何, 是数论发展到目前为止最深刻、最前沿的领域, 可谓集大成者, 是典型的边缘学科. 怀尔斯证明费马猜想就是这方面的经典实例, 整个证明几乎用到了当时所有最深刻的理论工具.

3.5　微分方程

微分方程指描述未知函数的导数与自变量之间关系的方程. 微分方程的

解是一个符合方程的函数,而初等数学中的代数方程,其解是常数值.微分方程分为"常微分方程"和"偏微分方程".未知函数是一元函数的微分方程称作常微分方程(方程里面只包含未知函数的常导数),n 阶常微分方程的一般形式是

$$F(t, y, y', \cdots, y^{(n)}) = 0,$$

其中 F 是一个给定的函数,$y = y(t)$ 是自变量 t 的函数.未知函数是多元函数的微分方程称作偏微分方程.如果 $\boldsymbol{x} = (x_1, x_2, \cdots, x_n)$ 是自变量,那么以 $u = u(\boldsymbol{x})$ 为未知函数的偏微分方程的一般形式是

$$F\left(\boldsymbol{x}, u, \frac{\partial u}{\partial x_i}, \cdots, \frac{\partial^{|\boldsymbol{\alpha}|} u}{\partial x_1^{\alpha_1} \partial x_2^{\alpha_2} \cdots \partial x_n^{\alpha_n}} \right) = 0,$$

其中 F 是一个给定的函数,α_i $(i = 1, 2, \cdots, n)$ 是非负正数,$|\boldsymbol{\alpha}| = \alpha_1 + \alpha_2 + \cdots + \alpha_n$ 称为多重指标 $\boldsymbol{\alpha}$ 的长度.

微分方程的研究方法和工具与数学的许多分支有关,主要方法和工具是分析.偏微分方程与泛函分析之间的相互联系和相互促进发展,首先应归功于法国、波兰和苏联等国学者的努力.尤其是苏联数学家索伯列夫于 20 世纪创立的"索伯列夫空间"理论,为偏微分方程的研究输入了新鲜血液、提供了强有力的工具,使得偏微分方程的研究得到了蓬勃发展.

随着计算机和计算技术的发展,微分方程注重理论分析与计算机的结合,通过数值模拟解决工程实际中的问题,如航空动力学中的飞机涡轮发动机设计、流体力学中的湍流问题、大规模科学计算与工程计算等.

3.5.1 起源

常微分方程的形成和发展与物理、力学、天文以及其他科学技术的发展密切相关.数学其他分支的发展,如实分析和复分析、泛函分析、李群、微分几何、拓扑学等,对常微分方程的发展都起到了推动作用.

常微分方程与微积分几乎同时产生.苏格兰数学家纳皮尔创立对数时,就讨论过微分方程的近似解.牛顿运用微分方程研究天体力学和机械动力学,从理论上得到了行星运动规律.法国天文学家勒·维烈,英国数学家和天文学家约翰·柯西·亚当斯,利用微分方程各自计算出那时尚未发现的海王星的位置.

18 世纪初,微积分理论形成后不久,人们就开始结合物理问题研究偏微分方程,并逐渐形成一个独立的数学分支.1746 年,达朗贝尔在论文《张紧的弦振动时形成的曲线的研究》中,导出弦的振动所满足的二阶双曲型方程:

$$u_{tt} - a^2 u_{xx} = 0,$$

称它为"弦振动方程",并利用变量变换方法求出它的通解:

$$u(x,t) = \frac{1}{2}[\varphi(x+at) + \varphi(x-at)] + \frac{1}{2a}\int_{x-at}^{x+at}\psi(y)\mathrm{d}y,$$

这就是著名的达朗贝尔公式,其中,$u(x,0) = \varphi(x)$, $u_t(x,0) = \psi(x)$. 1749 年,欧拉的论文《论弦的振动》讨论过同样的问题,他沿用达朗贝尔的方法,引进了初始条件下正弦级数的特解. 1785 年拉普拉斯在论文《球状物体的引力理论与行星形状》中推导出一类偏微分方程——拉普拉斯方程(二阶椭圆型方程):

$$u_{xx} + u_{yy} + u_{zz} = 0,$$

又称"调和方程"或"位势方程". 1822 年,傅里叶在论文《热的解析理论》中推导出三维空间中的"热传导方程"(二阶抛物型方程):

$$u_t - a^2(u_{xx} + u_{yy} + u_{zz}) = f.$$

这三个方程是最早被研究的偏微分方程.

与欧拉同时代的丹尼尔·伯努利提出求解弹性系振动问题的一般方法,对偏微分方程的发展产生了比较大的影响. 拉格朗日也讨论过一阶偏微分方程,丰富了这门学科的内容.

20 世纪以来,随着数学向其他学科的渗透,以及大量的边缘学科诸如电磁流体力学、化学流体力学、动力气象学、海洋动力学、地下水动力学等学科的产生和发展,又出现了很多新型的常微分方程和偏微分方程(特别是方程组),以及积分-微分方程、时滞微分方程、脉冲微分方程和离散微分方程(差分微分方程、格点微分方程)等等.

3.5.2　分类与应用

1. 分类

一个(偏)微分方程所包含的(偏)导数的最高阶数称为(偏)微分方程的"阶". 在一个微分方程中,如果未知函数及其(偏)导数以线性形式出现,就称这个(偏)微分方程是线性的,否则称它为非线性的. 若在一个非线性(偏)微分方程中,未知函数的所有最高阶(偏)导数均以线性形式出现,并且至少有一项最高阶(偏)导数的系数含有该未知函数或者未知函数的低阶(偏)导数,则称这样的非线性(偏)微分方程为"拟线性(偏)微分方程";如果所有最高阶(偏)导数的系数都不含未知函数及低阶(偏)导数,则称它为"半线性(偏)微分方程".

一个微分方程,如果未知函数及其(偏)导数的系数都是常数,则称它为常系数(偏)微分方程,否则就称它为变系数(偏)微分方程.只含一个未知函数的方程称为方程式,含多个未知函数的方程称为方程组.

为了研究偏微分方程的求解方法和基本性质,需要对偏微分方程进行分类.按照包含未知函数的最高阶偏导数项的系数结构,通常可把偏微分方程分为双曲型方程、椭圆型方程和抛物型方程(与二次曲线的类型相对应).前面提到的弦振动方程、拉普拉斯方程和热传导方程是这三类方程的典型代表.由于偏微分方程产生于众多领域,因此有很多方程不属于这三种类型.

若以"演化"概念为依据,偏微分方程又分成"发展方程"("演化方程")和"稳态方程".双曲型方程和热传导方程是发展方程(常微分方程的初值问题属于发展方程),椭圆型方程是稳态方程(常微分方程的边值问题属于稳态方程).在发展方程中,有一个自变量与其他自变量扮演的角色不同,人们通常把这个自变量写成时间变量 t.发展方程的解展示了随着时间变化的演化现象.例如热的传导,随着时间的变化,温度也在变化;如果没有热源,温度会趋于平衡.又如在平静的湖面投下一粒石子,石子激起的波会随着时间的推移向外扩展,而且波纹也越来越小.当演化趋于平衡时,发展方程变成稳态方程,发展方程的解可能会趋向于对应的稳态解.

2. 应用

微分方程的应用十分广泛,可以解决许多与导数有关的问题.物理学中许多涉及变力的运动学、动力学问题都可以借助微分方程来处理.微分方程在化学、工程学、经济学、生态学、医学、图像处理和人口统计等领域也都有重要应用.

许多物理学或化学中的基本定律都可以写成微分方程的形式,在生物学及经济学中,微分方程是用于描述复杂系统的数学模型.有时两个截然不同的科学领域会出现相同的微分方程,从对应的数学理论可以看到不同问题背后的一致性.例如,光和声在空气中的传播、池塘水面上的波动等现象,都可以用同一个二阶偏微分方程来描述,此方程即为波动方程($u_{tt} - a^2 \Delta u = f$),因此可以将光和声视为一种波.傅里叶所发展的热传导理论,其统御方程是另一个二阶偏微分方程——热传导方程式($u_t - a^2 \Delta u = f$);物种的随机扩散看似与热传导不同,但也适用同一个统御方程;而经济学中的布莱克-斯克尔斯期权定价模型也和热传导方程有关.广泛应用于电学、磁学、力学、热学等多种热场的研究与计算的是泊松方程($\Delta u = f$)和拉普拉斯方程($\Delta u = 0$).这里的 $\Delta u = \frac{\partial^2 u}{\partial x_1^2} + \frac{\partial^2 u}{\partial x_2^2} + \cdots + \frac{\partial^2 u}{\partial x_n^2}$,称为拉普拉斯算子.

微分方程,尤其是偏微分方程,几乎触及科学的各个角落,因此有人夸张地说:"如果人们能够解决偏微分方程的所有问题,世界上就没有难题了."世界七大数学难题之一"纳维-斯托克斯方程"就是一个描述流体运动的非线性偏微分方程,另一个难题"杨-米尔斯理论"也与偏微分方程有关.罗伯特·克里斯所著《历史上最伟大的十个方程》中有三个是偏微分方程,相应章节的小标题分别是"19 世纪最重要的事件——麦克斯韦方程组","金蛋:爱因斯坦的广义相对论方程"及"量子论的基本方程:薛定谔方程".

3.5.3　研究内容

1. 求解

从"求通解"到"求解定解问题",数学家们首先发现微分方程有无穷多解.常微分方程的解会含有一个或多个任意常数,其个数就是方程的阶数.偏微分方程的解会含有一个或多个任意函数,其个数随方程的阶数而定.让方程的解含有的任意元素(任意常数或任意函数)作可能的变化,人们就有可能得到方程的所有解,于是数学家就称这种含有任意元素的解为"通解".在很长一段时间里,人们致力于"求通解".但是,以下两种原因使得人们逐渐放弃了求通解.

(1)能求得通解的方程显然是很少的.即便是一阶常微分方程,除了线性方程、可分离变量方程和用特殊方法变成这两种方程的方程,可求得通解的为数很少.若把求通解视作求微商的某一类逆运算,也和通常的逆运算一样,它是试探性的、没有一定规则,甚至多数情况下是不可能的.刘维尔首先证明黎卡提方程不可能求出通解.

(2)微分方程的重要应用,不在于求方程的任一解,而是求得满足某些补充条件的解.柯西认为这是放弃求通解的最重要和决定性的原因.这些补充条件即是"定解条件".求方程满足定解条件的解,称为求解"定解问题".

为了解决具体问题,人们对一些具体的偏微分方程企图寻找特殊形式的显式解,发展了很多方法.例如 Hopf-Cole 变换,以及求行波解:$u(x,t) = v(x+ct)$,$x \in \mathbb{R}$,其中 c 是常数,称为波速,和自相似解:$u(\boldsymbol{x},t) = \frac{1}{t^\alpha}v\left(\frac{\boldsymbol{x}}{t^\beta}\right)$,$\boldsymbol{x} \in \mathbb{R}^n$,其中 α 和 β 是常数.

2. 定解问题和适定性

给定一个微分方程(组),再附加适当的条件(定解条件:边值条件、初值条件),就构成一个定解问题.

对于常微分方程,通常只有初值问题和边值问题(两点边值问题、多点边值问题),而偏微分方程有初值问题、初边值问题(发展方程)和边值问题(稳态方程).

称一个给定的微分方程的定解问题是适定的, 如果该问题有唯一解 (存在性、唯一性), 并且解连续依赖于已知数据 (连续依赖性). 简单地说, 适定性是指存在性、唯一性和连续依赖性. 一般来说, 一个具体的物理问题在一定条件下总有唯一确定的状态, 反映在定解问题中就是解的存在唯一性. 定解条件 (数据) 都是通过测量和统计而得到的, 在测量和统计的过程中误差总是难免的, 同时在建立数学模型的过程中也多次利用了近似. 如果解的连续依赖性不成立, 在物理试验中就不可重复, 建立的定解问题就失去了实际意义. 所以, 一个微分方程的定解问题如果 "三观不正", 就一定有问题 (模型不对, 需要修改).

3. 定性分析和定量分析

因为绝大多数微分方程不能写出显式解 (用初等函数的积分表示解), 而且在工程、物理学、天文学中出现的微分方程也不一定要求写出解, 只需要知道解的某些性质, 因此定性理论在微分方程理论和实际应用方面都占有重要地位. 19 世纪末, 庞加莱和李雅普诺夫把这种定性思想应用于天体力学一般问题的研究, 系统地发展了一套研究非线性微分方程的定性方法. 庞加莱以 "微分方程所定义的积分曲线" 为题目连续发表的四篇论文 (分别发表于 1881 年、1882 年、1885 年和 1886 年), 以及李雅普诺夫的博士论文 《运动稳定性的一般问题》 (1892 年), 是定性理论的经典著作. 而庞加莱的几何方法乃是后来蓬勃发展的代数拓扑学和微分拓扑学的先驱, 对近代数学的发展起到了积极的推动作用.

庞加莱在 "微分方程所定义的积分曲线" 的第一篇论文中写道: 一个函数的完整研究包含两部分——定性部分 (函数所确定的曲线的几何研究) 和定量部分 (函数值的计算). 庞加莱把微分方程的解看作由微分方程本身所确定的曲线, 在不求出解的情况下, 直接从微分方程本身出发, 分析和推断它的解可能具有的一些性质. 把微分方程的求解问题转化成一个新课题, 打破了僵局、开辟了新路. 这一新的领域称为 "定性理论". 定性性质通常包括解的适定性、正则性、周期解、稳定性、多解问题等. 定量分析 (性质) 一般指数值计算 (数值模拟、数值分析、求近似解). 微分方程的数值计算, 尤其是偏微分方程的数值计算, 成为计算数学的主要研究方向.

4. 偏微分方程的经典解和弱解

人们通常定义两种形式的解. 一种称为经典解, 即出现在方程中的所有导数都是连续的, 且在经典意义下满足方程和定解条件. 18 世纪和 19 世纪本质上是研究这种经典解. 另一种解称为弱解或广义解, 即经典导数不存在或者弱导数存在但不可积的解. 有两方面的原因导致弱解占据重要地位: 一是一些非线性方程不存在经典解, 二是方法问题. 对于一些不能直接获得其经典解的偏微分方程, 可以先建立其某种形式的解 (弱解、广义解等), 再借助现代分析工具, 获得其适当的光滑性, 从而得到经典解. 这就是弱解的正则性问题. 当然, 弱解的研究是困难而复杂的, 不仅要研究弱解的适定性, 还要研究其正则性.

索伯列夫空间理论, 以及其他相关学科如实变函数、泛函分析与调和分析等被应用到偏微分方程, 推动了弱解的研究, 并得到飞速发展. 弱解的正则性理论是 20 世纪偏微分方程研究领域的杰出成就, 由此也导致了三类二阶线性偏微分方程基本理论的形成.

3.6   泛函分析

泛函分析是 20 世纪 30 年代形成的一个基础数学分支, 在微分方程、概率论、计算数学、运筹学、控制论、统计学等分支学科中都有重要应用, 也是研究具有无穷自由度的物理系统的数学工具.

3.6.1   概述

泛函分析隶属于分析学, 是古典分析观点的推广. 它综合运用函数论、几何学和现代数学的观点, 来研究无限维向量空间上的函数、极限、微积分和算子 (泛函). 它的产生源于函数变换 (如傅里叶变换)、变分问题、微分方程和积分方程的研究. 用泛函作为表述源自变分法, 指作用于函数的函数. 希尔伯特和波兰数学家斯特凡·巴拿赫是泛函分析理论的主要奠基人, 而意大利数学家兼物理学家沃尔泰拉对泛函分析的发展和广泛应用立下了汗马功劳.

19 世纪以来, 数学的发展进入了一个新阶段. 对欧几里得第五公设的讨论, 导致非欧几何学的产生; 探讨代数方程的求解, 产生并发展了群论; 建立数学分析的严格逻辑基础, 推动了集合论的发展. 这些新理论都为用统一观点把古典分析的基本概念和方法一般化做了准备工作, 函数概念被赋予更一般的意义. 古典分析中的函数是两个数集之间的一种对应关系, 而现代分析是建立两个任意集合之间的某种对应关系.

1900 年至 1903 年间, 瑞典数学家埃里克·弗雷德霍姆建立的线性积分方程的基本理论是建立泛函分析理论的前期工作. 1906 年, 法国数学家莫里斯-勒内·弗雷歇引入函数空间的一般概念, 定义 "度量空间"; 引入 "泛函" 的概念, 并给出泛函的连续性和可微性定义. 1910 年, 匈牙利数学家弗里杰什·里斯引入 L^p 空间, 创立了抽象算子理论. 同年, 阿达马出版《变分法教程》，奠定了泛函分析的基础. 1912 年，希尔伯特开创了"希尔伯特空间"的研究. 1923 年，巴拿赫创立了巴拿赫空间. 20 世纪 20 年代，泛函分析的基本概念已经形成. 到了 20 世纪 30 年代，泛函分析就已经发展成为一门独立的数学分支.

泛函分析不但把古典分析的基本概念和方法一般化，而且把这些概念和方法几何化. 特别是"抽象空间"这个一般概念，它既包含了以前讨论过的几何对象，也包括了不同的函数空间. 比如，不同类型的函数可以看作"函数空间"中的点.

正如研究有穷自由度系统需要 n 维空间的几何学和微积分学作为工具，研究无穷自由度系统需要无穷维空间的几何学和分析学，这是泛函分析的基本内容. 因此，也可以把泛函分析通俗地看成无穷维空间的几何学和微积分学. 古典分析中的一些基本方法（比如，用线性对象逼近非线性对象）都可以运用到泛函分析中.

泛函分析以其他众多学科所提供的问题为研究对象，发展新的研究手段，产生了许多重要的分支，例如算子谱理论、巴拿赫代数、拓扑线性空间理论、广义函数论等. 泛函分析的观点、思想和方法成为近代分析的基础之一.

3.6.2 拓扑线性空间

由于泛函分析源自研究各种函数空间，所以在函数空间里函数列的收敛就有不同的含义（类型）（逐点收敛、一致收敛、弱收敛等），这也说明函数空间中有不同的拓扑结构. 因此，泛函分析涉及的对象是带有一定拓扑的线性空间.

设 X 是数域 K 上的线性空间，$\mathscr{F}$ 是其上的一个拓扑结构. 设 $x_n, y_n, x, y \in X$，$\alpha_n, \alpha \in K$. 如果由

$$\mathscr{F}(x_n - x) \to 0, \quad \mathscr{F}(y_n - y) \to 0, \quad |\alpha_n - \alpha| \to 0$$

可以推出

$$\mathscr{F}(x_n + y_n - (x + y)) \to 0, \quad \mathscr{F}(\alpha_n x_n - \alpha x) \to 0,$$

则称拓扑 $\mathscr{F}$ 关于 X 中的加法和数乘都是连续的. 拓扑线性空间 $(X, \mathscr{F})$ 就是一个带有拓扑结构 $\mathscr{F}$ 的线性空间 X，使得拓扑 $\mathscr{F}$ 关于 X 中的加法和数乘都是连续的.

赋范线性空间是一类特殊的拓扑线性空间. 设 X 是数域 K 上的线性空间，称函数 $\|\cdot\| : X \to [0, +\infty)$ 是 X 上的一个范数，如果

（1）$\|x\| = 0$ 当且仅当 $x = 0$；

（2）对任何 $x \in X$ 和 $\alpha \in K$，有 $\|\alpha x\| = |\alpha|\|x\|$；

（3）对任意 $x, y \in X$，有 $\|x + y\| \leqslant \|x\| + \|y\|$.

称二元体 $(X, \|\cdot\|)$ 为赋范线性空间. 赋范线性空间一定是度量空间，$\rho(x, y) = \|x - y\|$ 就是其上的度量.

1. 巴拿赫空间

完备的赋范线性空间称为巴拿赫空间，是最常见和应用最广的一类拓扑线性空间. 设 $\Omega \subset \mathbb{R}^n$ 是有界区域，k 是非负整数. 那么，$\overline{\Omega}$ 上的全体 k 次连续可微函数构成的线性空间 $C^k(\overline{\Omega})$ 带有范数

$$\|u\|_{C^k(\overline{\Omega})} = \sum_{|\boldsymbol{\alpha}|=0}^{k} \|D^{\boldsymbol{\alpha}}u\|_{C(\overline{\Omega})}$$

是巴拿赫空间，通常简记为 $C^k(\overline{\Omega})$. 这里

$$D^{\boldsymbol{\alpha}}u = \frac{\partial^{|\boldsymbol{\alpha}|}u}{\partial x_1^{\alpha_1}\partial x_2^{\alpha_2}\cdots\partial x_n^{\alpha_n}}, \quad \boldsymbol{\alpha} = (\alpha_1, \alpha_2, \cdots, \alpha_n), \quad |\boldsymbol{\alpha}| = \sum_{i=1}^{n}\alpha_i.$$

当 $k = 0$ 时，记为 $C(\overline{\Omega})$，称为连续函数空间.

取实数 $p \geqslant 1$，$\Omega \subset \mathbb{R}^n$ 是可测集，那么空间

$$L^p(\Omega) = \left\{ f : \int_{\Omega} |f(\boldsymbol{x})|^p \mathrm{d}\boldsymbol{x} < +\infty \right\}$$

带有范数

$$\|f\|_{L^p(\Omega)} = \left(\int_{\Omega} |f(\boldsymbol{x})|^p \mathrm{d}\boldsymbol{x} \right)^{1/p}$$

也是一个巴拿赫空间，称为 L^p 空间.

在巴拿赫空间中，很多内容涉及对偶空间，即巴拿赫空间 X 上的所有连续线性泛函构成的空间，记为 X'. 同样可以定义 X' 的对偶空间 X''，称为 X 的二次对偶空间. 由此又产生了自反巴拿赫空间.

微分和积分的概念可以在巴拿赫空间中得到推广，一个函数在给定点的微分是一个连续线性映射. 其中两个重要的导数是弗雷歇导数和加托导数，它们分别对应于经典微积分中的一般导数和方向导数. 同时，对于弗雷歇导数，下面的中值公式也成立：

$$f(x') - f(x) = \int_0^1 \frac{\mathrm{d}}{\mathrm{d}t}f(tx' + (1-t)x)\mathrm{d}t$$

$$= \int_0^1 f_x(tx' + (1-t)x)(x' - x)\mathrm{d}t.$$

2. 希尔伯特空间

希尔伯特空间是一类特殊的巴拿赫空间,是欧几里得空间的一种推广. 一个内积空间,如果在内积诱导的范数下是完备的,就称它是希尔伯特空间. 第一个具体的无穷维希尔伯特空间 l^2 是希尔伯特研究积分方程时引入的. L^2 也是无穷维希尔伯特空间.

两个希尔伯特空间,若其基的基数相等,则它们彼此同构. 对有限维希尔伯特空间而言,其上的连续线性算子即是线性代数中所研究的线性变换. 无穷维希尔伯特空间的维数都是可数的,即存在一个可数"基". 希尔伯特空间理论中一个尚未完全解决的问题是:对于每个希尔伯特空间上的算子,是否都存在一个真不变子空间? 该问题在某些特定情况下,答案是肯定的.

希尔伯特空间的重要性质之一是里斯表示定理:对任意的 $\omega \in H'$,存在满足 $\|\eta\| = \|\omega\|$ 的唯一 $\eta \in H$,使得对任意的 $x \in H$ 有 $\omega(x) = \langle \eta, x \rangle$.

3.6.3 算子

泛函分析中通常把从一个空间到另一个空间的映射叫作"算子". 一个典型例子是函数空间上的求导运算,例如在空间 $C^k(\overline{\Omega})$ 上($k \geqslant 1$)定义

$$F(u) = (\partial_{x_1}u, \partial_{x_2}u, \cdots, \partial_{x_n}u) =: Du,$$

那么 $F : C^k(\overline{\Omega}) \to [C^{k-1}(\overline{\Omega})]^n$. 取值为实数或复数的算子又称为"泛函".

线性算子和线性泛函:最基本的算子是线性算子(保持加法运算和数量乘法运算). 上面定义的 $F(u) = Du$ 是线性算子. 对于 $\Omega \subset \mathbb{R}^n$,若在 $L^1(\Omega)$ 上定义

$$f(u) = \int_{\Omega} u(\boldsymbol{x})\mathrm{d}\boldsymbol{x},$$

那么 f 是 $L^1(\Omega)$ 上的线性泛函.

有界线性算子和紧算子是两类非常重要的算子,前者关注有界性,后者针对收敛性.

在线性算子理论中有几个非常基本而重要的定理.

(1)一致有界定理(亦称共鸣定理),该定理描述一族有界算子的性质.

(2)哈恩-巴拿赫定理,探讨如何将一个算子保范数地从子空间延拓到全空间.

(3)开映射定理和闭图像定理.

(4)谱定理包括一系列结果. 对几类特殊的线性算子,如有界对称算子、有界正常算子、有界 C-对称算子、Hilbert-Schmidt 型算子、无界自伴算子、无界正常算子、无界 C-自伴算子,都有相应的谱定理.

与线性算子和线性泛函对应的是非线性算子和非线性泛函. 与经典的函数一样, 我们遇到的大部分对象都是非线性算子和非线性泛函. 若定义 $T(u) = u^2$, 那么 $T: C^k(\overline{\Omega}) \to C^k(\overline{\Omega})$ 是一个非线性算子. 若在 $L^2(\Omega)$ 上定义

$$F(u) = \int_\Omega u^2(\boldsymbol{x})\mathrm{d}\boldsymbol{x},$$

那么 F 是 $L^2(\Omega)$ 上的非线性泛函. 非线性算子在微分几何和微分方程理论中都扮演着重要角色, 比如极小曲面就是能量泛函的极小点. 一般情况下, 一个椭圆型方程 (式) 的边值问题也可以转化为与它对应的能量泛函 (非线性泛函) 的极小问题 (临界点理论的核心内容).

3.6.4　变分法

变分法是 17 世纪末发展起来的一个数学分支, 就其一般意义而言属于近代泛函分析的一部分, 它研究各种性质的泛函的极值 (临界值) 问题, 与微分学中函数的极值问题相类似, 也称变分方法或变分学. 它是一门与其他数学分支联系密切, 并有广泛应用的数学学科. 近几十年来, 变分法无论在理论上还是应用中都有了很大发展, 已经成为大学数学教育不可缺少的部分.

变分法可能是从约翰第一·伯努利于 1696 年提出最速降线问题开始出现的. 该问题引起了雅克布第一·伯努利、洛必达和欧拉等众多数学家的关注. 欧拉对这套理论的建立和发展有巨大贡献, 他首先在 1733 年出版的《变分原理》一书中为这套理论赋予了变分法这个名字. 1755 年, 19 岁的拉格朗日在探讨数学难题 "等周问题" 的过程中, 以欧拉的思路和结果为依据, 用纯分析的方法求变分极值. 拉格朗日的第一篇论文《极大和极小的方法研究》, 发展了欧拉所开创的变分法, 为变分法奠定了理论基础.

1. 变分原理

变分原理也称最小作用原理, 是一个基本的物理原理, 认为自然界中的任何物理过程都会使得作用量取得最小值. 作用量是一个泛函, 它表示物理系统在一段时间内所具有的能量和动量的总和. 许多来自实际问题的微分方程可以通过泛函的变分而得到, 在变分过程中增加了未知函数的导数. 反之, 对某些微分方程的定解问题, 也可以构造相应的泛函, 使得求解泛函的极小值点与求解微分方程的定解问题等价.

把一个具体问题用变分方法转化为求泛函的极值问题, 就称为该问题的变分原理. 如果建立了一个新的变分原理, 它解除了原问题的变分原理中的某些约束条件, 就称为该问题的广义变分原理; 如果解除了所有的约束条件, 就称为无条件广义变分原理, 或称为完全的广义变分原理. 变分原理在物理

学中尤其是在力学中有广泛应用,如著名的虚功原理、最小势能原理、余能原理和哈密顿原理等. 现在,变分原理已成为有限元法的理论基础,而广义变分原理已成为混合和杂交有限元的理论基础. 在实际应用中,通常很少能求出精确的解析解,因此大多采用近似计算方法.

2. 极值的必要条件——欧拉-拉格朗日方程

变分法的第一个基本问题是确定极值的必要条件,类似于函数极值的条件,有如下基本定理:巴拿赫空间 X 上的可微泛函 f 在点 $x_0 \in X$ 处达到极值(极大或极小值)的必要条件是 $f'(x_0) = 0$,这里的导数是泛函的弗雷歇导数. 对于一个光滑的函数 $F(x, y, z)$,考虑最简单的泛函

$$f(u) = \int_a^b F(x, u(x), u'(x)) \mathrm{d}x.$$

如果 u 是 f 的极值点,依据基本定理则有

$$F_y(x, u(x), u'(x)) - \frac{\mathrm{d}}{\mathrm{d}x} F_z(x, u(x), u'(x)) = 0.$$

称该方程为欧拉-拉格朗日方程,它是拉格朗日方程的一种特殊形式,最早由欧拉提出,是描述质点、刚体或连续体在力学系统中运动的基本方程.

欧拉-拉格朗日方程不仅可用于求解最优问题,而且一些重要的方程,比如拉格朗日方程、哈密顿方程、薛定谔方程等,都可以从最小作用量原理出发,利用变分法和欧拉-拉格朗日方程而推出.

使得泛函的一阶导数为零的点称为泛函的临界点,泛函在临界点的值称为临界值. 泛函的极值点一定是泛函的临界点(也是最简单和最特殊的临界点),反之未必成立. 变分法的第二个基本问题是寻找附加条件使得临界点是极值点,即极值点的充分条件.

3. 临界点理论

寻找泛函的临界点的方法称为临界点理论. 狄利克雷原理则是最早的例子,它反过来从极小化狄利克雷积分出发求解拉普拉斯方程. 直到 19 世纪末期,庞加莱和希尔伯特才给出了这个问题的完整叙述和证明. 通常情况下,算子方程 $I'(x) = 0$ 的解(泛函 $I(x)$ 的临界点)会与某个微分方程的定解问题相对应,这种解称为弱解.

通常把寻求极小值点的方法称为变分学中的直接方法,主要是寻找泛函的极小化序列并研究它的收敛性,往往需要泛函关于弱拓扑的下半连续性. 现代临界点理论主要集中在求非极值点的临界点,方法多样且复杂,常用的一

种方法是极大极小方法. 寻找泛函的非极值点的临界点的一种简单而又重要的方法是山路引理. 莫尔斯理论中的临界点理论, 在椭圆型方程边值问题中有重要应用.

3.7　拓扑学

拓扑学是数学中一个重要而基础性的学科分支, 又经常被描述成 "橡皮泥的几何", 就是说它研究物体在连续变形下不变的性质. 比如, 所有多边形和圆面在拓扑意义下是一样的, 因为多边形可以通过连续变形变成圆面; 一个有柄的茶杯可以连续地变为一个实心环. 在拓扑学家眼里, 它们是同一个对象. 而圆周和线段在拓扑意义下就不一样, 因为把圆周变成线段总会断裂 (不连续). 拓扑学已经成为研究连续性现象的重要数学分支, 在泛函分析、李群、微分几何学、微分方程等其他数学分支中都有广泛应用. 它的基本内容已经成为现代数学的常识, 其概念和方法在物理学、生物学、化学等学科中都有直接而广泛的应用.

3.7.1　概述

有关拓扑学的一些内容早在 18 世纪就出现了, 那时候发现的一些孤立问题在后来拓扑学的形成过程中都占有重要地位. 哥尼斯堡七桥问题、多面体的欧拉定理、四色问题等都是拓扑学发展史中的重要问题.

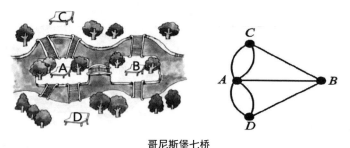

哥尼斯堡七桥

18 世纪, 东普鲁士的哥尼斯堡有一条大河, 河中有两个小岛. 全城被大河分割成四块陆地, 河上有七座桥. 据说有人提出这样的问题: 一个人能否从某一陆地出发, 不重复地经过每座桥一次最后回到原地? 这就是历史上著名的 "哥尼斯堡七桥问题". 该问题乍看起来似乎不难解决, 迷惑了许多人进行尝试, 但经过很长时间也都没有给出答案. 于是有人写信求教当时著名的数学家欧拉, 欧拉经过一番思考, 很快就用一种独特的方法给出了解答. 欧拉首先将问题简化: 把两座小岛与河的两岸分别看成四个点, 把七座桥看成这四个点之间的连线. 这样, 问题就简化成: 能否一笔把这个图形画出来? 经过进一步的分析, 欧拉得出了否定的结论: 不可能每座桥都只走一遍, 最后回到原地. 并且给出了所有能够一笔画出来的图形应具备的条件.

还有一个著名且重要的关于多面体的欧拉定理: 如果一个凸多面体的面数是 F、顶点数是 V、棱数是 E, 那么总有 $F + V - E = 2$. 根据多面体的欧拉定理, 可以得出这样一个有趣的事实: 只存在五种正多面体, 分别是正四面体、正六面体、正八面体、正十二面体和正二十面体.

虽然拓扑学是几何学的一个分支, 但是这种几何学又和通常的平面几何、立体几何不同. 通常的平面几何或立体几何的研究对象是点、线、面、体之间的位置关系以及它们的度量性质. 拓扑学与研究对象的长短、大小、面积、体积等度量性质无关, 在拓扑学中没有不能弯曲的元素, 每一个图形的大小和形状在研究过程中都可以改变. 例如, 欧拉在解决哥尼斯堡七桥问题时, 他画的图形就不考虑大小、形状和位置, 仅考虑点和线的结构与个数. 这正是拓扑学的基本思想和观点.

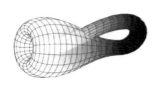

克莱因瓶

莫比乌斯带

拓扑学是许多数学家经过多年的努力和积累创立的, 康托尔、弗雷歇、费利克斯·豪斯道夫、惠特尼、庞加莱、欧拉、柯西、高斯、约翰·利斯廷、奥古斯特·莫比乌斯、克莱因、黎曼、陈省身、吴文俊等人为拓扑学的创立和发展都作出了重要贡献. 中国第一位拓扑学家是江泽涵, 吴文俊为拓扑学做出了奠基性的工作. 20 世纪 40 年代, 吴文俊的示性类和示嵌类, 被国际数学界称为 "吴公式" "吴示性类" 和 "吴示嵌类".

由于其他数学学科发展的需要, 特别是黎曼创立的黎曼几何学, 把拓扑学概念作为分析函数论的基础, 促进了拓扑学的迅速发展. 20 世纪以来, 集合论被引进了拓扑学, 为拓扑学开辟了新方向, 一些需要精确化描述的问题可以用集合来处理. 20 世纪 30 年代以后, 对拓扑学的研究更加深入, 提出了许多全新的概念. 比如, 一致性结构、抽象距离和近似空间等.

微分几何是用微分工具研究曲线、曲面等在一点附近的弯曲情况, 而拓扑学是研究曲面的全局情况, 这两门学科有本质联系. 1945 年, 陈省身建立了代数拓扑与微分几何的联系, 推进了整体几何学的发展.

拓扑学发展到今天，在理论上已经十分明显地形成了三个分支：点集拓扑学、代数拓扑学和微分拓扑学.

3.7.2　学科分支

1. 点集拓扑学

点集拓扑学又名一般拓扑学，是用点集的方法研究拓扑不变量的拓扑学分支，涉及的基本问题是连续性、连通性、道路连通性、紧性、列紧性、分离性等. 点集拓扑学产生于 19 世纪. 康托尔建立集合论，定义欧几里得空间中的开集、闭集、导集等概念，推出欧几里得空间中一些重要的拓扑结构. 1906 年，弗雷歇把康托尔的集合论与函数空间统一起来，建立了广义分析. 这些工作被认为是建立拓扑空间理论的起点.

泛函分析的兴起，以及希尔伯特空间和巴拿赫空间理论的建立，使人们自然想到应该把点集当作空间来研究. 数学分析研究的中心问题是极限，而收敛与连续又是极限的基本问题. 为了把收敛和连续推广到一般集合，需要建立"邻近"的概念. 可以用"距离"描述"邻近"，但距离与邻近并无必然的联系. 1914 年，豪斯道夫用"开集"来定义拓扑：对一个非空集合 X，规定 X 中的每一点都有一个包含此点的子集组成的子集族，满足一组开集公理（仿照欧几里得空间中的邻域所具有的特性给出的一组性质）. 该子集族中的每个集合称为此点的一个邻域. 这就给出了 X 的一个拓扑结构，X 连同此拓扑结构称为一个拓扑空间.

2. 代数拓扑学

它是代数学与拓扑学相互交叉的学科. 早期又称组合拓扑学，是拓扑学中利用代数工具解决拓扑问题的一个分支. 奠基人是庞加莱，他于 1892 年发表长达 121 页的论文《位置分析》，这是早期拓扑学的经典著作. 1899 年至 1904 年间，他又陆续发表五篇补充报告，充实和深化了前面的理论. 庞加莱创立了代数拓扑学的一系列基本方法和概念，提出同调群、基本群等重要的拓扑概念.

3. 微分拓扑学

微分拓扑学是研究微分流形在微分同胚映射下不变性质的分支，其基本对象是微分流形及之间的可微映射. 微分流形除了是拓扑流形，还有一个微分结构. 因此，对于从一个微分流形到另一个微分流形的映射，既可以讨论连续性，也可以讨论可微性.

惠特尼是微分拓扑学的主要奠基人之一. 他于 1935 年给出微分流形的一般定义，并证明它总能被嵌入到高维欧几里得空间并作为子流形，给出纤维丛的一般定义并定义惠特尼示性类, 1939 年得到示性类的乘积公式. 这些工作极大地推动了纤维丛理论和微分拓扑学的发展.

3.8　概率论与数理统计

　　概率论是研究随机现象的数学分支. 在自然界和人类的日常生活中, 随机现象普遍存在. 比如掷一枚硬币, 可能出现正面或反面. 概率论是根据大量同类随机现象的统计规律, 对随机现象出现某一结果的可能性做出客观的科学判断, 并给予数量上的描述, 比较这些可能性的大小. 随机试验①的每一种可能结果称为一个基本事件, 一个或一组基本事件统称随机事件, 简称事件. 典型的随机试验有掷骰子、掷硬币、抽扑克牌以及轮盘游戏等. 一种随机试验的所有事件组成的集合称为该试验的样本空间.

　　事件的概率, 是衡量该事件发生的可能性的量度. 虽然在一次随机试验中某个事件的发生是带有偶然性的, 但是那些可在相同条件下大量重复的随机试验却往往呈现出明显的数量规律.

　　数理统计主要是利用概率理论研究大量随机现象的规律性, 对经过科学安排所实施的一定数量的实验所得到的统计方法给出严格的理论证明, 并判断各种方法应用的条件以及方法、公式、结论的可靠程度和局限性, 使人们能从一组样本中确定是否能以相当大的概率来保证某一判断是正确的, 并可以控制发生错误的概率.

3.8.1　概述

　　最初, 概率论起源于中世纪以来在欧洲流行的用骰子赌博. 当时有一个"分赌注问题"曾引起热烈讨论, 经历了 100 多年才被解决. 在解决过程中孕育了概率论的一些重要基本概念.

　　1654 年, 德·梅雷爵士向法国大数学家布莱士·帕斯卡提出一个困扰他很久的分赌注问题: 甲、乙两人赌技相同, 各出赌注 30 法郎, 每局中无平局. 他们约定谁先赢三局则得到全部 60 法郎. 当甲赢了两局、乙赢了一局时, 因故要中止赌博. 要如何分配这 60 法郎才算公平?

　　当时的一些学者, 如卡尔达诺、惠更斯、帕斯卡、费马等人, 都研究过赌博问题. 卡尔达诺的著作《论赌博游戏》(1525 年成书, 1663 年出版)被认为是第一部概率论著作, 对现代概率论有开创之功. 惠更斯的著作《论赌博中的

---

　　① 随机试验是概率论中的一个基本概念. 把符合下面三个特点的试验称为随机试验: (a) 每次试验的可能结果不止一个, 但能事先明确试验的所有可能结果; (b) 进行一次试验之前无法确定哪个结果会出现; (c) 在相同条件下试验可以多次重复进行.

计算》(1657 年)曾长期在欧洲作为概率论的教科书. 这些研究使原始的概率和有关概念得到发展和深化. 但是, 使概率论成为一个完整数学分支的奠基人是瑞士数学家雅各布第一·伯努利, 其著作《猜度术》(1713 年)是概率论的里程碑. 这部著作总结了前人关于赌博概率问题的成果, 并有所发展和提高, 建立的概率论中的第一个极限定理, 即伯努利大数定律, 阐明了事件的频率稳定于它的概率. 从某种程度上来说, 这个大数定律是整个概率论最基本的规律之一, 也是数理统计学的理论基石.

随后, 法国数学家亚伯拉罕·棣莫弗和拉普拉斯又导出第二个基本极限定理(中心极限定理)的原始形式. 拉普拉斯在系统总结前人工作的基础上编写了《分析的概率理论》, 明确给出了概率的古典定义, 并在概率论中引入更有力的分析工具, 将概率论推向一个新的发展阶段. 19 世纪末, 俄国数学家切比雪夫、马尔可夫、李雅普诺夫等人用分析方法建立大数定律及中心极限定理的一般形式, 科学地解释了为什么实际遇到的许多随机变量近似服从正态分布. 1933 年, 苏联数学家柯尔莫哥洛夫完成概率论的公理化定义, 在几条简洁的公理之下, 构建出概率论的完整体系, 如同在欧几里得公理体系之下建立的欧氏几何. 从此, 概率论成为现代数学的一个重要分支, 数理统计理论也得到快速发展.

许宝騄在中国开创了概率论、数理统计的教学与研究工作, 其研究成果达到了世界先进水平. 他在奈曼-皮尔逊理论、参数估计理论、多元分析、极限理论等方面取得卓越成就, 推动了概率论与数理统计的发展, 是多元统计分析学科的开拓者之一. "许方法"被多元分析统计学家亨利·谢菲称为"数学严密性的范本", 至今仍被认为是解决检验问题的最实用方法. 王梓坤和侯振挺在概率论和数理统计方面也都有许多创造性工作.

3.8.2　定义

1. 传统概率

传统概率又称"古典概率", 是指当随机事件中各种可能发生的结果及其出现的次数都可以由演绎或外推法而得知, 无须经过任何统计试验即可计算各种可能结果的概率. 在全部可能出现的基本事件范围内, 如果构成事件 A 的基本事件有 a 个, 不构成事件 A 的事件有 b 个, 那么出现事件 A 的概率是 $P(A) = a/(a + b)$.

2. 几何概率

它是指样本点在空间中均匀分布的概率模型, 可以用几何方法求得的概率. 它是传统概率从有限集向无限集的推广. 假设样本点集合 $\Omega \subset \mathbb{R}^d$ 是可测

集, 并且 $0 < |\Omega| < +\infty$. 对于 $A \subset \Omega$, 定义 $P(A) = |A|/|\Omega|$ 为事件 A 的几何概率. 这里, $|\cdot|$ 表示勒贝格测度.

3. 概率测度

概率测度简称"概率", 亦即概率的"公理化定义". 如何定义概率, 把概率论建立在严格的逻辑基础上, 是概率论发展的关键, 对这一问题的探索一直持续了三个世纪. 20 世纪初完成的勒贝格测度与积分理论, 以及随后发展的抽象测度与积分理论, 为概率公理体系的建立奠定了基础. 1933 年, 柯尔莫哥洛夫在《概率论基础》一书中第一次给出概率的测度定义和一套严密的公理体系, 使概率论成为严谨的数学分支, 对概率论的迅速发展起到了重要的推动作用.

4. 概率的公理化定义（柯尔莫哥洛夫, 1933 年）

设随机试验的样本空间为 Ω. 若对于 Ω 的每一事件 A, 有且仅有一个实数 $P(A)$ 与之对应, 且满足以下公理:

（1）非负性: 对每个事件 A, 都有 $P(A) \geqslant 0$;

（2）规范性: $P(\Omega) = 1$;

（3）完全可加性: 对于两两互不相容的事件 $A_1, \cdots, A_n, \cdots$（$i \neq j$ 时, $A_i \cap A_j = \varnothing$）, 有

$$P\left(\bigcup_{n=1}^{+\infty} A_n\right) = \sum_{n=1}^{+\infty} P(A_n).$$

则称 $P(A)$ 为事件 A 的概率, P 为样本空间 Ω 上的概率测度.

5. 概率的统计定义

设随机事件 A 在 n 次重复试验中发生的次数为 n_A, 若当试验次数 n 很大时, 频率 n_A/n 稳定地在某一数值 p 的附近摆动, 且随着试验次数 n 的增加, 其摆动的幅度越来越小, 则称数 p 为随机事件 A 的概率, 记为 $P(A) = p$. 利用极限的语言, 又可以写成 $P(A) = \lim\limits_{n \to +\infty} \dfrac{n_A}{n}$. 这就是英国数学家约翰·维恩对棣莫弗的古典概率定义的修正, 与伯努利大数定律相对应.

3.8.3 相关事例——生活中常见的概率思维误区

概率在我们的日常生活中无处不在, 然而很多人可能没有注意到它, 于是常常犯一些概率错误而不自知.

1. 对概率的错误认识

下面列出的几个例子, 可以形象地阐述人们有时对概率的错误认识.

（1）已发生事件的概率统计，不能改变该事件本身的概率：双色球一等奖的中奖概率是 $\frac{1}{17\,721\,088}$. 如果前面买了 17 721 087 次都没有中奖，是不是再买一次就肯定中奖呢？当然大家都知道，那是不可能的，再买一次的中奖概率还是 $\frac{1}{17\,721\,088}$. 每次中奖的概率是相等的，中奖的可能性并不会因为时间的推移而变大. 而在现实生活中，比如地下赌场开大小、围棋对弈网站玩 23 的情况中，很多人都是追着一个方向死命押. 他们认为"都已经连续开 N 盘大了，再开一盘应该是小."最后总是在一串超出预期的失败后拎包走人.

（2）生日悖论：一个房间里至少有多少人，才能使其中两个人的生日是同一天的可能性超过 50%？有人可能认为房间里起码得有 182 人，因为 182 才接近 365 的一半. 实际上这是不对的，你相信只需要 23 个人吗？乍看起来似乎不可能，但这是真的！这个有趣的数学现象称为生日悖论. 当然，这不是一个真正的逻辑悖论，而是事实，它只是非常不可思议、难以置信. 事实上，n 个人中至少有两个人生日相同的概率 P 如下表：

n	23	30	40	50	60	100
P	50.7%	70.6%	89.1%	97%	99.4%	$(1 - 3.07 \times 10^{-7})\%$

（3）国际轮盘游戏：在游戏中玩家普遍认为，在连续出现多次红色后，出现黑色的概率会越来越大. 这种判断也是错误的，即出现黑色的概率每次都是相同的，因为球本身并没有"记忆"，它不会意识到以前发生了什么，其概率始终是 18/37.

（4）三门问题：在某电视台举办的猜隐藏在门后面的汽车的游戏节目中，参赛者对面有三扇关闭的门，其中只有一扇门的后面有汽车，其他两扇门的后面是山羊. 游戏规则是，参赛者先选择一扇他认为其后面有汽车的门，但是这扇门仍保持关闭状态，紧接着主持人打开没有被参赛者选择的另外两扇门中后面有山羊的一扇门，这时主持人问参赛者，要不要改变主意选择另一扇门，以使赢得汽车的概率更大一些？正确结果是，如果参赛者改变初衷，他的中奖概率将变成 2/3. 表面上看，剩下两扇门，每扇门后面有汽车的概率都是 1/2，换与不换都是一样的，其实不然. 我们来具体计算一下：共有三种可能，每种都有相同的概率 1/3. 参赛者挑山羊一号，主持人挑山羊二号，转换将赢得汽车；参赛者挑山羊二号，主持人挑山羊一号，转换将赢得汽车；参赛者挑汽车，主持人挑两只山羊的任何一只，转换将失败. 如果改变选择，三种情况里面有两种成功、一种失败，所以改变选择而赢汽车的概率是 2/3.

2. 概率论"骗局"

19 世纪的欧洲盛行拳击比赛，大量围绕拳击比赛的赌博也非常盛行. 有一名穷困潦倒的邮递员在给各地送信的同时，也经常推销一些拳击比赛的盘口资料，赚点小钱. 有一天他突发奇想：两个势均力敌的拳手之间的比赛，要么输要么赢，那么预测成功的概率是二分之一，能否以此做文章赚点钱呢？

于是，他利用自己的身份，选出了 1000 名彼此距离较远、互相不熟悉（避免穿帮）但又热衷于拳击赌博的用户，给他们寄了信，声称自己有欧洲重要拳击比赛的内幕消息，可以完美地预测比赛结果. 在第一场比赛的预测中，他对其中 500 名用户推荐买 A 赢，对另 500 名用户推荐买 A 输. 在第二场比赛的预测中，他又为上次买赢了的 500 名用户如法炮制，第二次他的客户剩下了 250 名，第三次预测后剩下了 125 名（连续三次）. 于是剩下的人对这位邮递员敬若神明，想着他一定有什么不为人知的内幕消息，纷纷花大钱从他手里买信息，使得这个邮递员的概率论骗局圆满成功.

3. 忽略基础概率

通常，汽车出事故乘客死亡的概率是 10%，飞机出事故乘客死亡的概率是 95%. 试问：乘坐哪种交通工具更安全？

可能多数人会想当然地回答肯定是坐飞机更危险. 如果你知道汽车出事故的概率是十万分之一，而飞机出事故的概率是千万分之一，你就会觉得坐飞机更安全.

3.9 计算数学

计算数学是研究数值计算方法的设计、分析及有关理论基础和软件实现问题的数学分支，是 20 世纪 40 年代末期以来随着计算机的诞生和发展而逐渐引人注目并得到迅速发展的一个数学分支学科. 计算数学几乎与数学学科的所有分支有联系，是一门兼具基础性、应用性和边缘性的数学学科.

3.9.1 概述

计算数学也叫数值计算方法或数值分析. 古代算术中的大部分内容属于计算，是计算数学的初等元素. 各个时期的数学家在发展基础数学的同时，也都对计算方法作出了贡献. 牛顿、欧拉、拉格朗日发展了一般插值方法与差分方法. 高斯和切比雪夫分别对于均方模量和绝对值模量发展了最优逼近方法与理论. 在高次代数方程方面，有牛顿迭代解法以及其他种种求根方法. 在线性代数方面，有高斯、若尔当消元法以及各种迭代法. 随着微分方程的发展，又出现了数值计算的新领域——微分方程的数值解法.

电子计算机于 20 世纪 40 年代末期被研制成功，这是计算工具的一次革命. 计算机的诞生及随后的飞速发展和广泛应用, 使计算在整个科学技术乃至经济生活中的重要性得到空前提升. 同时, 以原来分散在数学各分支的计算方法为基础的一门新的数学分支——计算数学开始形成并迅速发展.

高效的计算方法与高速的计算机是同等重要的. 计算作为认识世界、改造世界的一种重要手段, 已经与理论分析、科学实验共同成为当代科学研究的三大支柱. 计算数学主要研究与各类科学计算与工程计算相关的计算方法, 对各种算法及其应用进行理论和数值分析, 设计与研究用数值模拟方法代替某些耗资巨大甚至是难以实现的实验, 研究专用或通用的科学工程的应用软件和数值软件等. 近年来, 计算数学与其他领域交叉渗透, 形成了诸如计算物理、计算力学、计算化学、计算生物学等一批交叉学科, 在自然科学、社会科学、工程技术以及国民经济的各个领域都有广阔的用武之地.

计算数学的主要内容包括代数方程（组）和微分方程的数值解法, 函数的数值逼近, 矩阵特征值的求法, 最优化计算, 概率统计计算等. 还包括微分方程解的存在性、唯一性、收敛性和误差分析等理论问题. 设计算法, 分析精度（误差估计）、速度和收敛性（稳定性）是计算数学的核心. 找出比较简洁、误差较小、花费时间较少并且稳定的计算方法, 是计算数学的中心任务. 为了用于解决实际问题, 还要研究数值计算方法的软件实现问题.

20 世纪 80 年代后期, 我国数学家冯康创立了辛算法, 用于求解哈密顿形式的深化方程. 运用理论分析结合数值实验, 他证明该方法在长时间计算方面远优于传统方法. 辛算法是基于哈密顿力学的基本原理而提出的保哈密顿系统的差分法, 保持了微观反映系统经典运动的辛结构和固有性质. 对具有辛结构的哈密顿系统采用辛算法求解, 能够反映系统的本质属性.

3.9.2　学科分支

计算数学的学科分支主要包括数值代数、数值逼近、微分方程数值解、最优化计算、概率统计计算等.

1. 数值代数

该分支的研究内容包括高次代数方程、超越方程的求根, 线性和非线性代数方程组、代数特征值问题的数值解法. 在线性代数方程组的解法中, 常用的有高斯-赛德尔迭代法、共轭斜量法、超松弛迭代法等. 此外, 一些比较古老的普通消去法, 如高斯法、追赶法等, 在利用计算机的条件下也可以得到广泛的应用. 求非线性代数方程近似解的常用方法之一是迭代法, 也叫作逐次逼近法. 迭代法的计算比较简单, 容易进行. 其原则是选择适当的迭代格式, 使得收敛速度快、近似误差小.

2. 数值逼近

该分支研究函数的离散逼近，用简单的函数逼近比较复杂的函数，或者逼近不能用解析表达式表示的函数．数值逼近的基本方法是插值法．初等数学里的三角函数表、对数表中的修正值就是根据插值法制成的．

3. 微分方程数值解

该分支研究微分方程的离散化方法，离散后得到的代数方程组的解法，以及有关的理论基础问题．常微分方程的数值解法有欧拉法、预测校正法等．对于偏微分方程的初值或边值问题，目前常用的是有限差分法和有限元法．有限差分的基本思想是用离散的、只含有限个未知数的差分方程代替连续变量的偏微分方程和定解条件，求出差分方程的解作为偏微分方程的近似解．有限元法是近代才发展起来的，它以变分原理和剖分差值为基础，使得误差函数达到最小值并产生稳定解．有限元方法不仅计算精度高，而且能适应各种复杂情况，因而成为行之有效的离散化手段．

4. 最优化计算

最优化计算的目的是寻找最优解，主要内容包括无约束优化算法、约束优化算法与复合优化算法，用于解决规划和图论中的计算问题．常用的方法有梯度下降法（最速下降法）、牛顿法和拟牛顿法、共轭梯度法．

5. 概率统计计算

概率统计计算又称计算概率统计，是概率论、数理统计、计算数学和计算机科学等学科之间的一个交叉性、边缘性、应用性的学科分支．研究如何根据实际问题提出的要求，利用概率论和数理统计中提供的概率统计模型，对试验观测数据或随机模拟数据进行统计分析处理，给出实际问题的统计描述、统计控制或统计预测的数值结果．具体内容包括多元统计分析计算、时间序列分析计算、数字滤波、蒙特卡罗法等．

3.10　运筹学

运筹是对资源进行统筹安排，为决策者提供最优解决方案，以达到最有效的管理．它被广泛应用到各种行业中，诸如工商企业，军事部门以及民政事业等组织内的统筹协调问题．

3.10.1　概述

战国时期流传的"田忌赛马"的故事，讲的就是在已有条件下，经过周密筹划，选择一个最巧妙的调配方案，取得最理想的效果．敌我双方交战，若想克敌制胜,就必须在知己知彼的基础上设计出最合理的对敌方案,方能做到"运筹帷幄之中,决胜千里之外".

　　"运筹"就是"运算"和"筹划"的意思.从古代"孙子兵法"到现代"超级工程",乃至个人行动,无处不渗透着运筹思想.当今最新科技给予了"运筹"所要求的数据和计算环境强有力的支撑,使得"运筹学"成为科学决策的有效工具.

　　运筹学正式开始的标志并不清晰,很多早期先驱者所做的工作现在也可以看成是运筹学思想的雏形.一般认为运筹学是 20 世纪 30 年代开始兴起的近代应用数学的一个分支.1939 年,列奥尼德·康托洛维奇出版《生产组织与计划中的数学方法》,对列宁格勒胶合板厂的计划任务建立了一个线性规划模型,并提出了"解乘数法"的求解方法,为数学与管理科学的结合做出了开创性工作.1951 年,飞利浦·莫尔斯和乔治·金博尔合著出版《运筹学方法》,这标志着运筹学这一学科已基本形成.

　　运筹学是从系统和信息处理的观点出发,研究解决社会、经济、金融、军事、生产管理、计划决策等各种系统的建模、分析、规划、设计及优化问题.主要是将生产、管理等事件中出现的一些带有普遍性的运筹问题加以提炼,然后利用数学方法来解决.前者提供模型,后者提供理论和方法.可以为管理人员在决策时提供科学依据,是实现有效管理、正确决策和现代化管理的重要方法之一.运筹学是软科学中"硬度"较大的一门学科,是系统工程和管理科学中的一种基础理论和不可或缺的方法及工具.高速和可靠的计算是运筹学解决问题的基本保障.

　　20 世纪 60 年代以来,运筹学得到了迅速的普及和发展.运筹学分为许多分支,很多高等院校把规划理论引入本科教学课程,把规划理论以外的内容引入硕士、博士研究生的教学课程.运筹学的学科划分没有统一的标准,在工科学院、商学院、经济学院和数理学院的教学中都可以发现它的存在.我国各高等院校,特别是经济管理类专业已普遍把运筹学作为一门专业的主干课程列入教学计划.

　　运筹学作为一门用来解决实际问题的学科,在处理千差万别的问题时,一般有以下几个步骤:确定目标、制定方案、建立模型、寻找解法.随着科学技术和生产的发展,运筹学已经渗透到很多领域,发挥着越来越重要的作用,同时也促进了自身的发展.

3.10.2　学科分支

　　数学规划、图论、决策分析、排队论、可靠性数学理论、库存论、对策论、搜索论、网络流等,都是运筹学的重要分支.下面简要介绍数学规划、图论、排队论、对策论和搜索论.

1. 数学规划

数学规划是在一定的资源和条件限制下,将某个目标最大化或最小化. 研究对象是管理工作中的决策和估值问题,目的是在给定条件下按某一衡量指标寻找最优方案,其数学形式是求解函数在约束条件下的极大或极小. 数学规划和古典求极值问题有本质不同. 古典方法只能处理具有简单表达式和简单约束条件的情况,而数学规划中的目标函数和约束条件都非常复杂,并且要求给出具有某种精度的数值结果. 因此,算法研究尤其重要.

约束条件和目标函数都是线性关系的叫"线性规划". 解决线性规划问题,从理论上讲都要解线性方程组,因此解线性方程组的方法,以及关于行列式、矩阵的知识,都是线性规划中的重要工具. 线性规划及其解法——单纯形法的出现,对运筹学的发展起到了重大的推动作用.

非线性规划是线性规划的进一步发展和延续. 许多实际问题,如设计问题、经济平衡问题,都属于非线性规划的范畴. 非线性规划拓宽了数学规划的研究和应用范围,同时也给数学提出了许多基本理论问题,促进了一些数学分支(凸分析、数值分析等)的发展.

美国数学家理查德·贝尔曼等人在研究多阶段决策过程的优化问题时,于1956年提出了著名的最优化原理,从而创立了动态规划. 1958年,美国数学家拉尔夫·戈莫里提出割平面法,创立了整数规划.

此外,还有对偶规划、几何规划、多目标规划、参数规划、组合优化、随机规划、模糊规划、非光滑优化、多层规划、全局优化、变分不等式和互补问题等.

2. 图论

图论是一个古老而又十分活跃的分支,它是网络技术的基础. 图论的创始人是数学家欧拉,1736年,他发表了图论方面的第一篇论文,解决了著名的哥尼斯堡七桥难题. 100年后的1847年,德国物理学家古斯塔夫·基尔霍夫第一次应用图论原理分析电网,从而把图论引进到工程技术领域. 20世纪50年代以来,图论得到进一步发展,把复杂庞大的工程系统和管理问题用图的方式描述出来,可以解决很多工程设计和管理决策的最优化问题.

3. 排队论

排队论又称"随机服务系统理论",其目的是回答如何改进服务对象,使某种指标达到最优. 排队论可以形象地描述为:顾客来服务台要求接待,如果服务台被其他顾客占用,就需要排队. 服务台的常态是时而空闲、时而忙碌,

需要通过数学方法算出顾客的等待时间、排队长度等的概率分布. 排队论的
应用相当广泛, 比如水库水量调节、生产流水线安排、交通运输调度、电网设
计等.

4. 对策论

对策论又称"博弈论". 博弈论思想古已有之, 中国古代的《孙子兵法》
不仅是一部军事著作, 而且是最早的一部博弈论著作. 博弈论最初主要研究
象棋、桥牌、赌博中的胜负问题, 人们对博弈局势的把握只停留在经验上, 没
有向理论化发展. 1928年, 冯·诺依曼证明了博弈论的基本原理, 从而宣告了
博弈论的正式诞生. 1950年至1951年, 纳什利用不动点定理证明了均衡点的
存在, 为博弈论的一般化奠定了坚实的基础.

田忌赛马就是典型的博弈论问题. 还有一个囚徒困境的故事: 两名嫌疑
犯作案后被警察抓获, 分别关在不同的屋子里接受审讯. 警察知道两人有罪,
但缺乏足够的证据. 警察告诉每个人: 如果两人都抵赖, 各判刑一年; 如果两
人都坦白, 各判八年; 如果两人中一个坦白而另一个抵赖, 坦白的放出去, 抵
赖的判十年. 于是, 每个囚徒都面临两种选择: 坦白或抵赖. 然而, 不管同伙
怎么选择, 每个囚徒的最优选择都是坦白: 如果同伙抵赖、自己坦白就被放
出去, 抵赖的话判一年, 坦白比抵赖好; 如果同伙坦白、自己也坦白会被判八
年, 比起抵赖判十年, 还是坦白好. 结果, 两名嫌疑犯都选择了坦白, 各判刑
八年. 实际上, 如果两人都抵赖, 各判一年, 这种结果是最好的. 但是两人都
选择了坦白, 因为坦白是一种严格优势策略(无论对方怎么选择, 自己的这个
选择都不是最坏的). 人是自私的, 总是倾向于选择严格优势策略, 这是个人
的最佳选择而非团体的最佳选择. 现实中的价格竞争、环境保护、人际关系等
方面也会频繁出现类似情况.

5. 搜索论

它是第二次世界大战中, 由于战争的需要而出现的运筹学分支. 主要研
究在资源和探测手段受到限制的情况下, 如何合理使用人力、物力、资金、时
间等搜索手段, 设计寻找某种目标的最优方案, 并加以实施的理论和方法. 搜
索一般由三个要素组成: 目标特征(目标的几何特征、尺寸大小、个数及位
置), 探测特征(探测手段所获得的信息和概率特征), 搜索力的分配形式(数
量、时间、空间的分配). 1953年至1957年, 伯纳德·库普曼在《运筹学》杂
志上撰文《搜索论》, 总结了搜索论的一些方法和理论.

第4章 数学的重要应用举例

目前,数学的触角几乎伸向一切领域,在各方面都有广泛、重要的应用.这里,我们仅介绍几个在学科的创立过程中数学起关键和主导作用的例子.

4.1 黎曼度规张量与相对论

20世纪最伟大的科学成就莫过于爱因斯坦的狭义和广义相对论,但是如果没有黎曼于1854年创立的黎曼几何,以及凯莱、西尔维斯特和诺特等后继数学家发展的不变量理论,爱因斯坦的广义相对论和引力理论就不可能有如此完善的数学表述.爱因斯坦自己也不止一次说过这样的话.

爱因斯坦在分析了以太假说的矛盾后,于1905年在《论动体的电动力学》中提出了两条基本原理:狭义相对性原理(物理规律形式在所有惯性参考系中是相同的)和光速不变原理(在所有惯性系中光速与光源的运动无关,在任何方向都具有同样的值),并据此建立了狭义相对论.狭义相对论的核心不是相对性,而是保证物理规律的协变性.其数学表述是洛伦兹变换,几何语言是时空图.

1907年,闵可夫斯基提出闵可夫斯基空间,即把时间和空间融合在一起的四维空间,为爱因斯坦的狭义相对论提供了合适的数学模型.爱因斯坦曾说:"没有任何客观合理的方法能够把四维连续统分离成三维空间连续统和一维时间连续统.从逻辑上讲,在四维时空连续统中表述自然定律会更令人满意.相对论在方法上的巨大进步正是建立在这个基础之上的,这种进步归功于闵可夫斯基."

有了闵可夫斯基的时空模型后,爱因斯坦又进一步研究引力场理论以建立广义相对论. 1912年夏,他已经概括出新的引力理论的基本物理原理,但是为了实现广义相对论的目标,还必须寻求理论的数学结构,他为此花了三年时间.最后,在数学家马塞尔·格罗斯曼的介绍下,爱因斯坦学习并掌握了发展相对论引力学说所必需的数学工具——黎曼几何以及雷戈里奥·里奇和图利奥·列维-奇维塔的绝对微分学,也就是爱因斯坦后来所称的张量分析.

爱因斯坦在他所著的《相对论的意义》一书中讲道:"根据前面的讨论,很显然,如果要表达广义相对论,就需要对不变量理论以及张量理论加以推广．"这就产生了一个问题，即要求方程的形式必须对于任意的点变换都是协变的．早在相对论产生之前，数学家们就已经建立了推广的张量演算理论．黎曼首先把高斯的思想推广到任意维连续统，很有预见性地看到了进行这种推广的物理意义．随后，这个理论以张量微积分的形式得到发展，里奇和列维-奇维塔对此作出了重要贡献．之后，诺特发明了一条数学原理，叫作"诺特定理"，这条定理成为量子物理学的基石．诺特的工作帮助爱因斯坦得出了他的广义相对论．爱因斯坦曾说："事实上，我是通过她才能在这一领域内有所作为的．"

从数学建模的角度看，广义相对论讨论的中心问题是引力理论，其基础是以下两个假设：

（1）广义相对性原理（广义协变性原理）：物理学定律不依赖于四维时空流形局部坐标的选取方法．这样，物理量可用时空流形上的张量表示，而物理学定律可用张量方程写出．

（2）等效原理：惯性力场与引力场的动力学效应是局部不可分辨的（引力质量与惯性质量相等）．

爱因斯坦在 1915 年 11 月 25 日发表的一篇论文中（几乎和希尔伯特同时）终于导出了广义协变的引力场方程

$$R_{\mu\nu} - \frac{1}{2}Rg_{\mu\nu} = \frac{8\pi G}{c^4}T_{\mu\nu},$$

这实际上就是黎曼度规张量．爱因斯坦指出："由于这组方程，广义相对论作为一种逻辑结构终于大功告成！" 1917 年，爱因斯坦引进了宇宙常数 Λ 项，将方程修改为

$$R_{\mu\nu} - \frac{1}{2}Rg_{\mu\nu} + \Lambda g_{\mu\nu} = \frac{8\pi G}{c^4}T_{\mu\nu}.$$

不久，他又放弃了这一项．但是近年来，不少物理学家认为 Λ 项是必要的．

在上面的两个方程中，$g_{\mu\nu}$ 为度规张量，$R_{\mu\nu}$ 为从黎曼张量缩并而成的里奇曲率张量（描述空间的弯曲程度），R 为从里奇张量缩并而成的曲率标量，$T_{\mu\nu}$ 为描述物质分布和运动的能量-动量张量（又称能动张量），G 为万有引力常数，c 为真空中的光速．它们是关于度规张量 $g_{\mu\nu}$ 的非线性偏微分方程组，求解相当困难．当 $T_{\mu\nu} = 0$ 时，爱因斯坦方程有一些著名的显式解．

广义相对论的数学表达第一次揭示了非欧几何的现实意义，成为历史上数学应用最伟大的例子之一．爱因斯坦关于光线经过太阳引力场会弯曲的预言，于 1919 年 5 月 29 日，由英国皇家学会科学考察队的天文学家亚瑟·爱丁顿等人，在几内亚湾普林西比岛对日全食的观察结果、所拍摄的照片以及随

后的计算所证实.

爱因斯坦构思广义相对论时,尽管他的数学家朋友向他介绍了很多黎曼几何知识,但是他的数学还是不尽如人意.后来,他去过一次哥廷根,做了几次报告.他离开不久,希尔伯特就算出了那个著名的场方程,以至于后来出现了优先发明权之争.

早于爱因斯坦,庞加莱于1897年发表的论文《空间的相对性》中已有狭义相对论的影子,1898年发表的论文《时间的测量》中提出了光速不变性假设,1902年阐明了相对性原理,1904年将洛伦兹给出的两个惯性参照系之间的坐标变换关系命名为"洛伦兹变换",1905年6月又发表《论电子动力学》.这些内容与狭义相对论很相似,只是最终没有完成.或许是因为庞加莱是天才的数学家,不是正统的物理学家,因而缺乏对相对论这个革命性理论的深刻认识.爱因斯坦在1921年的讲演中公正地肯定了庞加莱对相对论的贡献:"洛伦兹已经看出了以他的名字命名的变换对于麦克斯韦方程组的分析是基本的,而庞加莱进一步深化了这个远见."

4.2 打开世界大门的金钥匙——偏微分方程

本节列举三个由偏微分方程引发的科学革命的例子——流体力学、电磁场理论和量子力学.

4.2.1 纳维-斯托克斯方程与流体力学

第一个关于理想流体运动的数学描述是欧拉于1755年阐明的.1827年,克劳德-路易·纳维推导出把相邻分子间吸引力和排斥力考虑在内的黏性流体(又称真实流体)的运动方程.1845年,乔治·斯托克斯重新推导了黏性流体的运动方程,明确了方程中各参数的物理意义.这就是著名的纳维-斯托克斯方程(N-S方程).

纳维-斯托克斯方程(N-S方程)的矢量形式为

$$\rho \boldsymbol{v}_t + \rho \boldsymbol{v} \, \nabla \boldsymbol{v} = -\nabla p + \rho \boldsymbol{F} + \mu \Delta \boldsymbol{v}.$$

利用直角坐标,它可写成

$$\rho u_t + \rho(uu_x + vu_y + wu_z) = -p_x + \rho X + \mu \Delta u,$$
$$\rho v_t + \rho(uv_x + vv_y + wv_z) = -p_y + \rho Y + \mu \Delta v,$$
$$\rho w_t + \rho(uw_x + vw_y + ww_z) = -p_z + \rho Z + \mu \Delta w,$$

其中,ρ 为流体密度,p 为压强(压力),$\boldsymbol{v} = (u, v, w)$ 为流体在时刻 t、点 (x, y, z)

处的速度，$\boldsymbol{F} = (X, Y, Z)$ 为外力，常数 μ 为动力黏性系数. N-S 方程概括了黏性不可压缩流体流动的普遍规律，在流体力学中具有特殊意义. N-S 方程解的存在性和光滑性，是"千禧年大奖问题"之一.

　　N-S 方程反映了黏性流体流动的基本力学规律，在流体力学中有十分重要的意义. 它是一个非线性偏微分方程组，求解非常困难和复杂. 在求解手段或技术没有进一步发展和突破前，只对某些十分简单的流动问题（如平行流动）才能求得精确解.

　　微风轻拂的湖面上，起伏的波浪追逐着穿梭的小船；一望无际的天空里，湍急的气流伴随着翱翔的飞机. 数学家和物理学家们深信，无论是微风还是湍流，都可以通过探讨 N-S 方程解的性质对它们进行解释和预言. 流体力学方程组为高速飞行器、舰船与潜艇的设计及运行提供理论依据. 虽然 N-S 方程是 19 世纪建立的，但是人们对它的了解仍然很少. 只有数学理论取得实质性进展，人们才有可能解开隐藏在 N-S 方程中的奥秘.

4.2.2　麦克斯韦方程与电磁场理论

　　英国科学家詹姆斯·麦克斯韦，由于对许多物理分支作出了历史性的贡献，被认为是对物理学最有影响力的人物之一. 虽然场论的起源应归功于英国物理学家迈克尔·法拉第，但法拉第没有好的数学基础，仅读了两年小学），他没能发展这个概念. 经过麦克斯韦之手，电磁场理论得到了精确描述，成为以后所有场论的模式，把电学、磁学和光学统一起来.

　　麦克斯韦在着手研究电磁学时，深入钻研了法拉第的三卷论文集《电学实验研究》（1831 年），意识到法拉第的"力线"和"场"的概念正是建立新的物理理论的重要基础. 虽然他看到了法拉第定性表述的弱点，但是他说："当我开始研究法拉第时，发觉他思考问题的方法也是数学的，尽管没有以通常的数学符号的形式来表示；我还发现，它们完全可以用一般的数学形式表示出来，而且可以和专业数学家的方法相媲美."

　　麦克斯韦对前人和他自己的工作进行了综合概括，将电磁场理论用简洁、对称、完美的数学形式表示出来，经过德国物理学家海因里希·赫兹的改写（主要是删去了"以太"假设），成为经典电动力学基础的麦克斯韦方程[①]：

$$\nabla \times \boldsymbol{H}(r,t) = \partial_t \boldsymbol{D}(r,t) + \boldsymbol{J}(r,t) \text{——广义安培电路定律,}$$
$$\nabla \times \boldsymbol{E}(r,t) = -\partial_t \boldsymbol{B}(r,t) \text{——法拉第电磁感应定律,}$$
$$\nabla \boldsymbol{D}(r,t) = \rho(r,t) \text{——库仑定律或称电场的高斯定律,}$$
$$\nabla \boldsymbol{B}(r,t) = 0 \text{——磁场的高斯定律.}$$

---

① 爱因斯坦把该方程组称为麦克斯韦-赫兹方程组.

其中，H 为磁场强度，D 为电位移，J 为电流密度，E 为电场强度，B 为磁通量密度，ρ 为电荷密度. 麦克斯韦方程概括了当时已知的有关电磁现象的一切实验结果. 根据这个方程组可以推出：存在电磁波，一旦发出就会通过空间向外传播；电磁波只可能是横波，它在真空中的传播速度等于光速，光是电磁波的一种形式，揭示了光现象和电磁现象之间的联系. 1887 年，赫兹用实验证实了电磁波的存在[①]. 之后，意大利无线电工程师、企业家、实用无线电报通信的创始人伽利尔摩·马可尼于 1895 年成功地发明了一种工作装置，将这些不可见的波用于无线通信，无线电随之问世.

　　麦克斯韦方程组和洛伦兹力方程是经典电磁学的基本方程. 根据这些方程的相关理论，发展了现代电力与电子科技. 麦克斯韦的功绩，是他能够跳出经典力学框架的束缚：在物理上以"场"而不是以"力"作为基本的研究对象，在数学上引入了有别于经典数学的矢量偏微分算符. 这两条是建立电磁波方程的基础，也说明麦克斯韦的工作已经冲破经典物理学和经典数学的框架.

　　人们把麦克斯韦方程组称为"世界第一公式"，它在电磁学中的地位，如同牛顿运动定律在力学中的地位. 以该方程组为核心的电磁理论是经典物理学最引以为豪的成就之一. 它所揭示的电磁相互作用的完美统一，为物理学家树立了这样一种信念：物质的各种相互作用在更高层次上应该是统一的.

4.2.3　薛定谔方程与量子力学

　　埃尔温·薛定谔、沃纳·海森堡和狄拉克是量子力学的主要创始人. 1933 年，薛定谔和狄拉克因创立原子理论的新形式共获诺贝尔物理学奖.

　　薛定谔于 1910 年在维也纳大学物理系获博士学位. 他在德布罗意（路易斯·德布罗意）思想的基础上，于 1926 年上半年，以"本征值问题的量子化"为总题目，连续发表六篇论文，发展了波动力学理论，建立了描述微观粒子运动的薛定谔方程

$$\frac{\hbar^2}{8m\pi^2}\Delta\Psi + (E - V)\Psi = 0 \quad （稳态方程），$$

$$\frac{\hbar^2}{8m\pi^2}\Delta\Psi - V\Psi = -\frac{\mathrm{i}\hbar}{2\pi}\frac{\partial\Psi}{\partial t} \quad （发展方程）.$$

其中，Ψ 为波函数（复值函数），E 为粒子的总能量，V 为微观粒子的势能，m 为粒子质量，$\hbar$ 为普朗克常数，i 为虚数单位. 薛定谔证明了矩阵力学和波动力学的等价性. 这两种理论都是以微观粒子具有波粒二象性这一实验事实为基础，通过与经典物理的类比方法建立起来的. 这样，矩阵力学和波动力学合二而

---

　　① 后人查实，英裔美籍发明家大卫·修斯在 1879 年就已经能够制造电磁波并实现了无线传播 500 码距离，不过他完全不明白其中的道理.

一，形成了非相对论量子力学体系. 薛定谔的波动力学被认为是量子力学的一般通用形式. 马克斯·普朗克说："薛定谔方程奠定了近代量子力学的基础，就像牛顿、拉格朗日和哈密顿创立的方程在经典力学中所起的作用一样."

1931 年，狄拉克发现的描述电子运动和自旋的方程奠定了量子电动力学的基础. 他把量子理论和狭义相对论结合起来，在获知海森堡的新量子力学后发表了多篇论文，用新的观点丰富了这个理论. 他的理论包括了矩阵力学和波动力学，并把它们作为其特殊情形. 从他的理论（狄拉克方程等）推导出了存在正电子（反物质）. 如果没有凯莱在 1858 年发展的矩阵数学及其后继者的进一步发展，海森堡和狄拉克就无法开创现代物理学中量子力学方面的革命性工作.

狄拉克说："创建物理理论时，不要相信所有的物理概念，那么应该相信什么呢？相信数学方案，即使表面上看它们与物理学并无联系." 的确，20 世纪初期的纯物理概念被物理学摒弃，而被物理学家作为武器的数学模型却逐渐有了物理内容，同时也显示了数学的稳定性.

4.3   数学家与计算机起源

数学在计算机的产生过程中起着不可或缺的作用. 计算的技艺——数值分析，自牛顿、欧拉、高斯系统研究以来，一直是数学的重要部分. 特别是高速数字计算机的发展，更加提高了数值分析的重要地位.

德国数学家威廉·席卡德于 1623 年制造了世界上第一台现代机械计算机模型，并在与开普勒的通信中建议用此种仪器计算星历表. 帕斯卡于 1642 年设计并制作了一台能自动进位的加减法计算装置，被认为是世界上第一台数字计算器，也是手摇计算机的雏形.

1671 年，莱布尼茨设计了一架可以运行乘除法、最终答案可以达到 16 位的机械计算机——乘法器. 其乘法运算是重复相加，而除法运算是重复相减①. 莱布尼茨满怀热情地指出了建立"推理演算"和"逻辑代数"的重要性，甚至提出了"普遍文字"的概念：将文字运算变成一种"让我们算一下"的过程. 他为发展一种逻辑演算进行了很多尝试，得到的一些结果已经具有后来布尔的逻辑代数的雏形.

1834 年，现代计算机创始人查尔斯·巴贝奇设计了分析机（电子计算机

---

① 同于正常的除法计算步骤：被除数反复减除数直到不够减为止，这样就得到减的次数（结果的整数部分）和余数（用于计算结果的小数部分），然后在余数后面补零重复前面的计算. 例如，$13 \div 5$：$13 - 5 - 5 = 3$，共减了 2 次，所以整数部分是 2，余数是 3，补零后是 30，$30 - 5 - 5 - 5 - 5 - 5 - 5 = 0$，共减了 6 次，小数部分是 6. 最后结果是 2.6.

的前身). 他设想根据储存数据穿孔卡上的指令进行任何数学运算的可能性, 以及现代计算机所具有的大多数其他特性. 1837 年, 英国数学家阿达·洛芙莱斯在巴贝奇的指导下编写了世界上第一个计算机程序.

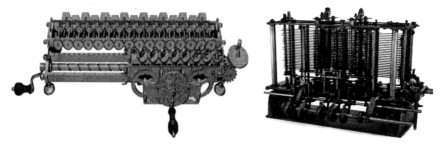

莱布尼茨乘法器　　　　　　　　　　巴贝奇分析机

19 世纪, 布尔将逻辑代数化, 他创立的逻辑代数成为后来计算机内部运算的逻辑理论基础. 1938 年, 克劳德·香农在他的硕士论文中指出用布尔代数来实现开关电路, 使得布尔代数成为数字电路的基础. 所有的数学和逻辑运算全部能转换成二值的布尔运算.

布尔以普通代数为基础, 用代数符号表示逻辑关系. 弗雷格则试图以他的逻辑为基础把代数构造出来, 从而证明算术、微积分乃至一切数学都可以看成逻辑的一个分支. 于是弗雷格便希望可以用纯逻辑的术语来定义自然数, 然后再用逻辑导出它们的性质. 例如 "3" 这个数将被解释为逻辑的一部分, 其思想是把 "3" 定义为所有元素个数为 3 的集合组成的集合.

希尔伯特纲领所提出的主要问题就是算术一致性问题. 为了解决这个问题, 希尔伯特发展了元数学, 一致性证明将在元数学内部完成. 1928 年, 希尔伯特和学生威廉·阿克曼出版《理论逻辑原理》, 书中提出了关于弗雷格《概念演算》中基本逻辑 (后来称为一阶逻辑) 的两个主要问题: 一是证明一阶逻辑的完备性, 即任何一个从外部看来有效的公式, 都可以根据规则从系统内部导出; 二是对于一个一阶逻辑公式, 如何找到一种方法, 可以在定义明确的有限步骤内判定这个公式是有效的. 这两个问题分别被哥德尔和阿兰·图灵解决, 而在解决第二个问题的过程中, 图灵提出了图灵机的概念, 建立了通用计算机的抽象模型. 这些成果, 为后来冯·诺依曼及其同事制造带有存储程序的计算机和形式程序的发明提供了理论框架.

冯·诺依曼在 1945 年讨论一个新计算机的结构时写道: "此机之总体逻辑将由记忆部门之过程控制, 这些程序用二进制数表示." 这是革命性的新观念, 因为程序被储存在记忆中, 可以极容易、极迅速地更改, 不必经过人为操作, 所以近代计算机实际上应被称为 "储存程序的计算机". 为什么提出此观念的人是数学家冯·诺依曼，而不是工程师呢？这里面有一个令人深省的道理：冯·诺依曼曾在数理逻辑领域做过深入研究，而此领域的一个重大突破就是哥德尔引进的哥德尔配数——把不同的语形对象与不同的自然数一一对应，使我们可以用数代表那些符号、符号的序列以及符号的序列的序列. 冯·诺依曼对哥德尔配数有深刻的认识，所以他会想到把此逻辑领域中的突破引进计算机结构，从而产生了储存程序的计算机.

在科学知识和工程实践的进展中，计算被看作是与理论及实验同等重要且不可少的伙伴. 数值模拟使人们能够处理复杂的系统和自然现象，为计算机算法和系统结构中的重大突破提供思想、方法和工具，计算科学家和工程师现在能够解决曾经被认为是难以应对的大规模计算问题.

4.4　金融数学

金融数学是一门新兴学科，是"金融高新技术"的重要组成部分. 主要运用现代数学理论和方法，对金融（除银行功能之外）的理论和实践进行研究，建立数学模型、编写计算机软件，对理论研究结果进行仿真计算，对实际数据进行计量经济分析研究，为金融部门提供较深入的技术分析咨询. 其核心内容是研究随机环境下投资组合的最优选择理论和资产的定价理论.

数学技术以其精确的描述和严密的推导，已经不容争辩地走进了金融领域. 自从 1952 年哈里·马科维茨提出用随机变量的特征变量描述金融资产的收益性、不确定性和流动性以来，已经很难分清世界一流的金融期刊是在分析金融市场，还是在撰写一篇数学论文.

与诺贝尔经济学奖相关的成果，是在对经济行为的观察、洞察、分析和提炼机理的基础上运用数学. 诺贝尔经济学奖的获得者都有很好的数学基础，获奖成果大多间接地与数学有关. 这也是诺贝尔经济学奖频繁颁发给数学家的原因. 金融数学家已经是华尔街最抢手的人才之一. 保险公司中地位和收入最高的可能就是总精算师. 美国花旗银行副主席保尔·柯林斯（Paul Collins）说："一个从事银行工作而不懂数学的人，只能做些无关紧要的小事. "

约翰·纳什是一个典型的纯粹数学家，主要研究博弈论、微分几何和偏微分方程. 由于他与另外两位数学家在非合作博弈的均衡分析理论方面做出了开创性工作，对博弈论和经济学产生了重大影响，因而获得 1994 年度的诺贝尔经济学奖. 基思·德夫林就纳什获 1994 年度诺贝尔经济学奖一事在美国数学协会的通讯 FOCUS 上写道："这意味着在诺贝尔奖 93 年的历史上，第一次授予了纯数学领域的工作. "

如果说苏联数学家和经济学家康托洛维奇提出的求解线性规划问题的解乘数法以及美国经济学家佳林·库普曼斯创立的线性规划经济分析法所用的数学理论还比较简单,那么美国经济学家吉拉德·德布鲁和肯尼斯·阿罗所用的凸集和不动点理论就较为深刻,他们建立的均衡价格理论的后续研究使用了微分拓扑、代数拓扑、动力系统和大范围分析等抽象数学工具.阿罗和约翰·希克斯于1972年、康托洛维奇和库普曼斯于1975年、德布鲁于1983年分别获得诺贝尔经济学奖.

20世纪50年代初期,马科维茨提出证券投资组合理论,第一次明确地用数学工具给出了在一定风险水平下按不同比例投资多种证券使得收益最大的投资方法,引发了第一次"华尔街革命".

20世纪70年代以来,随着随机分析进入经济学领域,美国经济学家费希尔·布莱克和迈伦·斯科尔斯将期权的定价问题归结为一个随机微分方程的解,并导出与实际较为吻合的期权定价公式,即布莱克-斯科尔斯公式.此前,投资者无法精确地确定期权的价格,而这个公式把风险溢价因素计入期权价格,从而降低了期权投资的风险.布莱克-斯科尔斯公式为包括股票、债券、货币、商品在内的新兴衍生金融市场中以价格变动的衍生金融的合理定价奠定了基础,推动了期权交易的发展.期权交易很快成为世界金融市场的主要项目,引发了第二次"华尔街革命".后来,美国经济学家罗伯特·默顿去掉了许多限制,使得该公式亦适用于金融交易的其他领域,如住房抵押.斯科尔斯和默顿分享了1997年度的诺贝尔经济学奖.

在衍生品的定价过程中有两个非常重要的参数,即折现率和违约率,前者基于某个随机微分方程,后者服从泊松分布.从2007年的世界性金融危机中,人们发现这两种数学手段以及其他估价手段还需要更精准.20世纪90年代,中国数学家彭实戈与法国数学家艾蒂安·巴赫杜合作创立了倒向随机微分方程,成为研究金融产品定价的重要工具.

4.5 生物数学

数学在生态学、传染病学、生命科学和医学的研究与发展过程中都起到了极大的推动作用,由此催生了生物数学学科.世界各地都成立了生物数学学会,组建了一些生物数学研究中心和实验基地.

微分方程应用于生态学、传染病学和生理学,概率论应用于人口理论,布尔代数应用于神经网络分析,现代积分理论应用于医疗诊断仪的研制……这些构成了生物数学的丰富内容.

4.5.1　数学与生态学

英国人口学家托马斯·马尔萨斯根据百余年的人口统计资料，于 1798 年提出了人口指数增长模型. 马尔萨斯的生物总数增长定律指出：在孤立的生物群体中，生物总数 $N(t)$ 的变化率与生物总数成正比，比例系数记为 r，称其为生命系数. 其数学模型（马尔萨斯人口方程）为

$$\frac{\mathrm{d}N}{\mathrm{d}t} = rN, \ t > 0; \ N(0) = N_0,$$

这里的 $N_0 > 0$，是初始时刻的人口密度. 求解得 $N(t) = N_0 \mathrm{e}^{rt}$. 这是一个指数增长函数，并且

$$\lim_{t \to +\infty} N(t) = N_0 \lim_{t \to +\infty} \mathrm{e}^{rt} = +\infty.$$

马尔萨斯认为，人口长期不受控制的指数增长的速度十分惊人，生存资源的增长速度将无法满足众多人口的生存需要，从而产生一系列人口问题，严重时甚至会暴发饥荒、战争和疾病来消除资源与环境无法承受的过剩人口.

自然界中的任何一种生物都不可能无限制增加，所有物种都有自限制能力（种内竞争），或者说大自然对每个物种都有最大承受量，记为 K，即当人口数小于 K 时人口是增加的，而当人口数大于 K 时人口是减少的. 具有这些性质的最简单模型是

$$\frac{\mathrm{d}u}{\mathrm{d}t} = ru - \frac{r}{K}u^2 = ru\left(1 - \frac{u}{K}\right) \quad (\text{logistic 方程}).$$

该模型由比利时数学家、生物学家皮埃尔·费尔哈斯于 1838 年提出，非线性项 $\frac{r}{K}u^2$ 也称为自限制项.

美国动物生态学家沃德·阿利发现集群能提高动物的存活能力. 生态学中的阿利规律，意指分布过疏和过密对种群都不利[①]. 基于此原理，对 logistic 模型的假设作改进：当人口数很大或者很小时，增长率都是负的. 具有这些性质的最简单模型是

$$\frac{\mathrm{d}u}{\mathrm{d}t} = ru(a - u)(u - b),$$

称为具有阿利效应的 logistic 模型. 其中，$0 < b < a$.

对于多个物种的情况，我们仅以两个物种为例来介绍. 两个种群之间的作用关系一般可分为三类：竞争、互助和捕食，后者也称为捕食与被捕食关系. 描述捕食与被捕食关系的数学模型是美国生态学家阿弗雷德·洛特卡和意大利数学家沃尔泰拉建立的. 经典的洛特卡-沃尔泰拉捕食模型可写成

---

① 分布过疏不利于种群的自我保护和繁殖：容易受到伤害（被捕杀、被冻死，不容易捕获到食物），也不利于种群的交配和繁殖.

$$\begin{cases} \dfrac{\mathrm{d}u}{\mathrm{d}t} = u\,(k - mu) - auv, \\ \dfrac{\mathrm{d}v}{\mathrm{d}t} = cauv - bv, \end{cases}$$

其中, $u(t)$ 和 $v(t)$ 分别表示食饵和捕食者在时刻 t 的密度; au 为单位时间内单个捕食者捕获的食物数量, 称为 "响应函数"; c 为转化率; $m \geqslant 0$ ($m = 0$ 表示忽略了食饵的种内竞争). 该模型是洛特卡于 1910 年研究自催化反应时提出的, 1920 年将其用于研究食草动物, 1925 年又将该模型用于研究一般种群间的捕食过程. 沃尔泰拉于 1926 年分析亚得里亚海的渔业生产量时也独立地提出了该模型.

经典的洛特卡-沃尔泰拉竞争模型可以写成

$$\begin{cases} \dfrac{\mathrm{d}u}{\mathrm{d}t} = u(a - u - bv), \\ \dfrac{\mathrm{d}v}{\mathrm{d}t} = v(1 - v - cu). \end{cases}$$

而经典的洛特卡-沃尔泰拉互助模型可以写成

$$\begin{cases} \dfrac{\mathrm{d}u}{\mathrm{d}t} = u(a - u + bv), \\ \dfrac{\mathrm{d}v}{\mathrm{d}t} = v(1 - v + cu). \end{cases}$$

若考虑物种在不同空间位置的非均匀分布, 以及物种向低密度处扩散的自然趋势 (随机扩散), 就得到相应的反应扩散方程 (组). 例如, 反应扩散捕食模型

$$\begin{cases} u_t = d_1 \Delta u + u\,(k - mu) - auv, \\ v_t = d_2 \Delta u + cauv - bv, \end{cases}$$

其中的 d_1, d_2 分别表示 u, v 的扩散系数, u 和 v 都是 (x, t) 的函数.

洛特卡-沃尔泰拉模型, 有时又简称为 L-V 模型.

4.5.2 图灵斑图 (模式)

"图灵斑图" 这个概念出现在图灵 1952 年的论文《形态发生的化学基础》中, 他提出的那种在脊椎动物体表尤其多见的图案, 是反应-扩散体系的一类实例: 一种物质促进色彩生成, 另一种物质抑制色彩生成, 相遇后一边反应一边扩散. 在绝对均匀的情况下, 该系统会呈现出对称的图景, 而微弱的不平衡就能产生强烈的反馈, 最终形成复杂的图案.

这种现象在生物世界大都演化很慢, 不易观察, 但在化学上有一些直观

的演示反应. 比如著名的 Belousov-Zhabotinskii（别洛索夫-扎鲍廷斯基）振荡反应（简称 BZ 振荡反应），常见于铈离子催化，丙二酸在稀硫酸水溶液中被溴酸盐氧化. 在大容积的器皿内，会观察到溶液从黄色忽然变为透明，从透明又忽然变黄，如此循环变化上千次才将底物消耗光，这展示了两组中间产物的对抗关系. 如果把反应安排在非常浅的平底容器内，使反应和扩散不能全面展开，只能发生在接触边缘时，就会发现反应溶液自发形成了扩散的波纹. 加入少许指示剂可使现象更加明显，会看到红蓝两色构成了与图灵斑图非常酷似的图案.

BZ 振荡反应　　　　　　斑马条纹　　　　　　猎豹条纹

　　在生物体内，细胞间的运动常常服从同样的规律：色素细胞在发育时一边分裂一边扩散，而周围的某些细胞会驱离它们，形成一种微观上的对抗关系——同样形成了斑点图案. 根据色素细胞不同的对抗规则，图灵斑图在不同的动物身上会有不同的形态. 斑马纹和豹纹展示了这种图案的两种极端形式，它们在躲避蚊虫和模糊轮廓中产生了积极作用；而在热带两栖动物身上，这种炫目的图案也用来向敌人警示自己的毒性.

　　现在用数学语言来解释一种图灵模式——由扩散导致的非均匀平衡态（非常值平衡解）. 考虑带有齐次诺依曼边界条件的反应扩散方程组

$$\begin{cases} u_t - d_1 \Delta u = f(u,v), & \boldsymbol{x} \in \Omega, \quad t > 0, \\ v_t - d_2 \Delta v = g(u,v), & \boldsymbol{x} \in \Omega, \quad t > 0, \\ \partial_\nu u = \partial_\nu v = 0, & \boldsymbol{x} \in \partial\Omega, \quad t > 0, \end{cases} \tag{4.1}$$

其中 $u(\boldsymbol{x}, t)$ 和 $v(\boldsymbol{x}, t)$ 分别表示两种物质的分布密度（浓度），d_1 和 d_2 分别为两种物质的扩散系数，$f(u,v)$ 和 $g(u,v)$ 为描述两种物质关系的反应函数. 与方程组 (4.1) 对应的常微分方程组（空间分布均匀的情况）为

$$\begin{cases} \dfrac{\mathrm{d}u}{\mathrm{d}t} = f(u,v), & t > 0, \\ \dfrac{\mathrm{d}v}{\mathrm{d}t} = g(u,v), & t > 0. \end{cases} \tag{4.2}$$

假设问题 (4.2) 有唯一正平衡点 $(\tilde{u}, \tilde{v})$，即代数方程组

$$f(u,v) = 0, \quad g(u,v) = 0$$

有唯一正解 $(\tilde{u}, \tilde{v})$，并且对于常微分方程组 (4.2) 而言 $(\tilde{u}, \tilde{v})$ 是全局渐近稳定的，即对于任意的 $u(0) > 0$，$v(0) > 0$，问题 (4.2) 的解满足

$$\lim_{t \to +\infty} (u(t), v(t)) = (\tilde{u}, \tilde{v}).$$

但是，当扩散系数之比 d_1/d_2 很大时，对于反应扩散方程组 (4.1) 而言 $(\tilde{u}, \tilde{v})$ 是不稳定的（稳定性发生了改变），并且反应扩散方程组 (4.1) 有正的非均匀平衡态. 该性质与描述单个物质的反应扩散方程的性质大相径庭. 这种非均匀平衡态是一种特殊的图灵模式，也称为扩散导致的模式.

4.5.3 数学与传染病学

甲型 HINI 流感、SARS 等传染病困扰着全世界的医学家、生物学家和数学家. 2003 年，数学家建立数学模型，成功预测了 SARS 的有关情况，其中包括感染人数、感染高峰的时段和大体结束时间等. 这是数学方法在医学课题研究中的一次成功应用.

传染病模型有着悠久的历史，一般认为始于丹尼尔·伯努利的工作. 1760 年，他在论文《天花死亡率新分析以及对预防性接种疫苗的优势研究》中提出了一个基于感染人数呈指数增长的数学模型，并在此基础上证明了采用接种疫苗方式对于抵抗这种疾病是非常有效的. 真正的确定性传染病数学模型的研究始于 20 世纪初. 英国医生、微生物学家罗纳德·罗斯爵士于 1915 至 1917 年间利用微分方程研究了疟疾的流行，发现了阈值. 1927 年，英国科学家威廉·科马克和安德森·马肯德莱克在研究流行于伦敦的黑死病时提出了 SIR 仓室模型，并于 1932 年继而建立了 SIS 模型. 在对这些模型的研究基础上，提出了传染病动力学中的阈值理论. 威廉·科马克和马肯德莱克建立的 SIR 模型和 SIS 模型是传染病模型中最经典、最基本的模型，为传染病动力学的研究奠定了基础.

1. 经典 SIR 模型

把人群分为未感染的群体 S（易感人群），感染了的群体 I（传染人群）和不再会被感染的群体 R（隔离，或病愈而具有免疫力），并认为易感人群一旦被感染，就成为新的感染源（传染性没有潜伏期）.

机理：

$$S \to I \to R.$$

假设条件: 对于一些病程较短的疾病, 在疾病流行期内, 可认为出生率和死亡率相等, 记为 a, 因而总人口数不变.

数学模型 (空间分布均匀的情况):

$$\begin{cases} \dfrac{\mathrm{d}S}{\mathrm{d}t} = aN - aS - bSI, \\[2mm] \dfrac{\mathrm{d}I}{\mathrm{d}t} = bSI - (a+c)I, \\[2mm] \dfrac{\mathrm{d}R}{\mathrm{d}t} = cI - aR, \end{cases}$$

其中, $N = S + I + R$ 为人口总密度, b 为感染率, c 为移出率.

对于一些病程较短的疾病, 在疾病流行期内, 如果认为出生和自然死亡都可以忽略不计, 那么 SIR 模型可以写成

$$\begin{cases} \dfrac{\mathrm{d}S}{\mathrm{d}t} = \delta R - \beta SI, \\[2mm] \dfrac{\mathrm{d}I}{\mathrm{d}t} = \beta SI - \gamma I, \\[2mm] \dfrac{\mathrm{d}R}{\mathrm{d}t} = \gamma I - \delta R. \end{cases}$$

在该模型中, β 是感染率; γ 是康复率; δ 是个体丧失免疫力的比例系数, 即单位时间内将有 δR 个康复个体丧失免疫力而可能再次被感染.

2. 经典 SIS 模型

把人群分为未感染的群体 S 和感染了的群体 I. 假设患病个体通过一定的概率 β 将传染病传给易感个体, 同时感染个体以一定的概率 γ 恢复为易感状态 (病人可以治愈, 但是治愈后没有任何抗体, 依然可以被再次感染, 被感染的概率不变).

机理:

$$S \to I \to S.$$

如果忽略出生率和死亡率, 那么经典的 SIS 模型可以写成

$$\begin{cases} \dfrac{\mathrm{d}S}{\mathrm{d}t} = -\beta SI + \gamma I, \\[2mm] \dfrac{\mathrm{d}I}{\mathrm{d}t} = \beta SI - \gamma I. \end{cases}$$

4.5.4　数学与生理学和医学

哈代可以说是 20 世纪纯粹数学的旗手, 他把数学分成了 "真正的" 数学

和"不足称道的"数学,并且认为"不足称道的数学总的来说是有用的,而真正的数学总的来说是无用的."他还说:"我从不干任何有用的事情,我的任何发现都没有、也不可能对平静的现实世界产生什么影响,不管是直接的还是间接的,也不管是正面的还是反面的,他们(指某些数学家)的工作也和我的同样无用."然而,哈代曾应遗传学家雷金纳德·庞尼特的请求,解决了当时遗传学家们争论不休的一个难题.这是一个种群遗传学的基本问题:人们的某种遗传学病(如色盲)在一群体中是否会因为一代一代的遗传而患者越来越多?20世纪初有些遗传学家认为确会如此.如果这样,势必后代每个人都会成为患者.1908年,哈代利用简单的代数方程和概率证明:患者的分布是平稳的,不随时间而改变.1909年,德国医生威廉·温伯格也得到同样的结论.这一发现后来被称为哈代-温伯格定律.哈代这位以"纯粹"自诩的数学家的名字,不管他自己是否愿意,就这样至少跟现代遗传学联系在了一起.

建立生理学数学模型,在20世纪中叶曾获得轰动性成果.其一是由英国生理学家和生物物理学家艾伦·霍奇金爵士与安德鲁·赫胥黎爵士于1952年建立的描述神经元动作电位发生与传播的数学模型:霍奇金-赫胥黎方程.该模型由一组非线性微分方程构成,用于近似模拟神经元的电学特性.根据此模型所做的种种预测被后来的生物学实验所证实,从而解决了动作电位的产生和传播的机制问题.霍奇金和赫胥黎因与此有关的一系列工作而荣膺1963年的诺贝尔生理学或医学奖.其二是由美国生理学家霍尔登·哈特兰与美国心理学家、生物物理学家和感觉生理学家弗洛伊德·拉特利夫于1958年建立的描述视觉系统侧抑制作用的数学模型:哈特兰-拉特利夫方程.它定量地表示了侧抑制原理的基本内容:受到抑制的神经元的活动强度等于其在没有受到抑制时的活动强度减去所有其他神经元对它的抑制作用之和.哈特兰因发现眼内视觉的生理和化学过程,与拉格纳·格拉尼特和乔治·沃尔德共同获得1967年度诺贝尔生理学或医学奖.

美国生化学家詹姆斯·沃森和英国生物、物理、神经科学家弗朗西斯·克里克于1953年共同发现了DNA的双螺旋结构(1962年获得诺贝尔生理学或医学奖),这标志着分子生物学的诞生.DNA是分子生物学的重要研究对象,是遗传信息的携带者,它具有一种特别的主体结构——双螺旋结构.双螺旋结构在细胞核中呈扭曲、绞拧、打结圈套等形状,且在复制期间必须解开,这正是代数拓扑中纽结理论的研究对象.人们正在综合运用纽结理论、概率论与组合数学探讨DNA复杂的结构之谜.1969年以来,数学家与生物学家合作,在计算双螺旋"环绕数"方面取得了许多进展.1984年,美国数学家琼斯利用多项式构造了一个纽结的拓扑不变量——琼斯多项式,使生物学家获得了一种新工具来对 DNA 结构中的纽结进行分类. 1976 年以来,数学家与生物学家合作,利用统计学与组合数学研究 DNA 链中碱基的排序,也取得了令人鼓舞的成绩.

沃　森　　　　　　　　　　　双螺旋结构

　　X 射线计算机层析摄影仪,即 CT 扫描仪,它的问世是 20 世纪医学中的奇迹,其原理是基于不同的物质有不同的 X 射线衰减系数. 如果能够确定人体衰减系数的分布,就能重建其断层或三维图像. 但通过 X 射线透视时,只能测量到人体直线上的 X 射线衰减系数的平均值(积分). 当直线变化时,此平均值(依赖于某参数)也随之变化,能否通过此平均值以求出整个衰减系数的分布呢?人们利用数学中的拉东变换解决了此问题,拉东变换已经成为 CT 理论的核心. 首创 CT 理论的阿兰·科马克和第一台 CT 制作者高弗雷·豪斯费尔德分享了 1979 年度诺贝尔生理学或医学奖.

　　准确的医学影像分析和处理有助于医生预测各种疾病的发生与演化,揭示疾病的发生机制,帮助医生制定准确的医疗方案. 医学影像分析与处理的核心是数学,先进的可计算数学模型和高性能的科学算法是判断医学影像分析与处理结果优劣的决定因素.

　　一场由数学和计算科学驱动的革命正在生命科学领域发生. 美国国家科学基金会前主任(任期为 1998-2004 年)丽塔科·勒威尔在 2000 年 10 月向国会提交的报告中,称数学是当前所有新兴学科和研究领域的基础,要求下一年度对数学的资助要增加三倍以上,达到 1.21 亿美元. 在这些增加的预算中,有很大一部分被用来支持数学与其他学科的交叉研究.

第5章　重大数学猜想及作用

　　数学猜想是推动数学发展的强大动力和创造数学思想与方法的重要途径，是数学发展中最活跃、最主动、最积极的因素之一，也是最富有创造性的部分. 数学猜想能够强烈地吸引数学家们全身心投入，积极开展相关研究. 数学家在尝试解决数学猜想的过程中（无论最终是否解决）会创造出大量有效的数学思想和方法，渗透到数学的各个分支，在数学的发展中发挥着重要作用. 数学猜想一旦被证实就将转化为定理，汇入数学体系之中，丰富数学内容. 此外，解决数学猜想也包含着"竞技"的成分，这是对人类智慧和能力的挑战.

　　数学猜想是数学发展的一种重要形式，又是科学假设的一种数学体现. 数学猜想的类型、特点、提出方法和解决途径对一般科学方法尤其是对创造性思维方法具有特殊价值.

　　数学猜想往往成为数学发展水平的一项重要标志，在其探究过程中会产生新的数学内容，也会诱导出一些新的猜想. 例如：为了解决费马猜想，产生了代数数论中的核心概念"理想数"；哥德巴赫猜想促进了筛法和圆法的发展，尤其是发现了殆素数、例外集合、小变量的三素数定理等；四色定理通过电子计算机得以解决，从而开辟了机器证明的新时代；黎曼猜想不仅使素数定理得以证明，还使1000多个数学命题（以黎曼猜想成立为前提）得以提出；庞加莱猜想有助于人们更好地研究三维空间；瑞典数学家哈拉尔德·克拉默在1936年探究杰波夫猜想时，进一步提出了更为深刻的猜想——克拉默猜想. 从这个意义上讲，数学猜想不仅是一颗颗"璀璨艳丽的宝石"，而且是一只只"能生金蛋的母鸡".

　　数学猜想是以一定的数学事实为依据，含有以数学事实为基础的想象成分. 没有数学事实为依据，随心所欲地胡乱猜测的命题不能称为"数学猜想". 数学猜想通常是采用类比、归纳的方法提出的，或者是在灵感和直觉中闪现出来的.

　　猜想大致可分为类比型猜想、归纳型猜想、对称型猜想、仿造型猜想和逆向型猜想. 提出猜想的途径，可以是探索、试验、类比、归纳、构造、联想、审美以及它们之间的组合等. 数学猜想是有一定规律的，如类比的规律、归纳的规律等，并且要以数学知识和经验为支柱.

　　数学猜想有的被验证为正确的（如费马猜想、卡塔兰猜想、庞加莱猜想、克拉默猜想), 并成为定理; 有的被验证为错误的 (如欧拉猜想、冯·诺依曼猜想); 还有一些正在探讨过程中 (如黎曼猜想、孪生素数猜想、哥德巴赫猜想). 本章依据猜想提出的时间, 分别介绍费马猜想、哥德巴赫猜想、孪生素数猜想、四色定理、黎曼猜想与庞加莱猜想.

5.1　费马猜想

费马猜想也称为费马大定理或费马最后定理: 当整数 $n \geqslant 3$ 时, 关于 x, y, z 的不定方程 $x^n + y^n = z^n$ 的整数解都是平凡解, 即当 n 是偶数时, 它的解为

$$(0, \pm m, \pm m), \ 或 \ (\pm m, 0, \pm m);$$

当 n 是奇数时, 它的解为

$$(0, m, m), \ (m, 0, m), \ 或 \ (m, -m, 0).$$

1637 年前后, 皮埃尔·德·费马在阅读丢番图的著作《算术》的拉丁文译本时, 曾在第 11 卷第 8 命题旁写道:"将一个立方数分成两个立方数之和, 或一个四次幂分成两个四次幂之和, 或者一般地将一个高于二次的幂分成两个同次幂之和, 这是不可能的. 对此, 我确信已经发现了一种美妙的证法, 可惜这里的空白太小, 写不下."没人知道费马是否

费　马

有一个巧妙的证明. 虽然费马没有写下证明, 但是由于他的其他猜想对数学贡献良多, 所以激发了许多数学家对这一猜想的兴趣. 这个问题之所以有名, 还有另外一个原因, 就是出现了不少大数学家的错误证明. 其中就包括 1847 年柯西向巴黎科学院递交的证明, 被发现其中有一步用到了一个似乎显然而未经证明的结论, 最后被否决. 1901 年和 1907 年, 德国数学家费迪南德·冯·林德曼分别发表了 17 页和 63 页的论文, 后来发现也不正确. 勒贝格于 1938 年向法国科学院递交的论文也被"枪毙".

数百年来, 费马猜想耗费了很多数学家的心血. 1676 年, 人们根据费马的少量提示, 用无穷递降法证明了 $n = 4$. 1678 年和 1738 年莱布尼茨和欧拉也各自证明了 $n = 4$. 1753 年, 欧拉证明了 $n = 3$ (1770 年写在《代数指南》一书中). 1823 年和 1825 年勒让德和狄利克雷先后证明了 $n = 5$. 1832 年, 狄利克雷试图证明 $n = 7$, 实际上只证明了 $n = 14$. 1839 年, 加布里埃尔·拉梅证明了 $n = 7$. 19 世纪对费马猜想贡献最大的是库默尔, 1837 年, 他引入了"正则

素数"的概念,对正则素数的情况证明了费马猜想.

历经 300 多年,在综合几个高度发展的理论(代数数论、环论、代数几何、椭圆曲线理论和表示论等)的基础上,怀尔斯用自己及其他数学家的突出想法和技巧,于 1994 年成功地证明了费马猜想(篇幅长达 300 多页).初始稿件中有些不完善之处,后来由怀尔斯和其学生理查德・泰勒一起做了补证.

费马是法国政治家、法官和业余数学家,他在数学上的成就不亚于职业数学家.现在人们提到费马,不是因为他是一个政治家或法官,而是因为他是一个出色的业余数学家.他似乎对数论最有兴趣,是数论的奠基人之一,也是微积分学的先驱之一,对解析几何和概率论的发展也有较大贡献.他被誉为"业余数学家之王",是 17 世纪最伟大的数学家.关于他的趣事,是他经常写信说证明了一个大问题.实际上,有些他确实已经证明,有些他并没有给出严格的证明,甚至有些证明可能是错误的.

5.2 哥德巴赫猜想

因为素数从根本上看是与乘法相关,所以理解它们与加法相关的性质就变得很困难.但是,数学上一些最古老的未解之谜就与素数和加法相关,其中之一就是哥德巴赫猜想,另一个则是孪生素数猜想.

哥德巴赫猜想,是德国数学家克里斯蒂安・哥德巴赫于 1742 年在写给欧拉的信中提出的将整数表示为素数之和的猜想.用略经修改了的语言可以将猜想表述为:

(a) 偶数的哥德巴赫猜想:每一个大于等于 6 的偶数都是两个奇素数之和.

(b) 奇数的哥德巴赫猜想:每一个大于等于 9 的奇数都是三个奇素数之和.

哥德巴赫　　　　　　　陈景润　　　　　　　王　元

1900 年,希尔伯特将这一猜想与孪生素数猜想和黎曼猜想一起列为 23 个问题中的第 8 问题.事实上,(b) 是 (a) 的推论.所以,哥德巴赫猜想本质上是研究猜想 (a).

　　解决哥德巴赫猜想的实质性进展出现在 20 世纪 20 年代. 当时建立了两种代表性方法, 一种是英国数学家哈代与李特尔伍德在 1923 年的论文中使用的"哈代-李特尔伍德圆法", 他们证明了在广义黎曼猜想假设下, 猜想 (b) 对充分大的奇数成立. 1937 年, 伊万·维诺格拉多夫在无须广义黎曼猜想的假设下, 利用素变数指数和的估计方法证明了猜想 (b) 对充分大的奇数成立. 2013 年, 哈拉尔德·黑尔夫戈特彻底证明了猜想 (b). 另一种是挪威数学家维戈·布伦使用的"布伦筛法", 这是埃拉托色尼筛法的一种改进, 他证明了"每个充分大的偶数都可以写成两个数之和, 并且这两个数都是不超过 9 个素因数的乘积", 即 9 + 9.

　　关于猜想 (a), 到目前为止的最佳结果是我国数学家陈景润于 1966 年给出的, 被称为陈氏定理: 任何充分大的偶数都是一个素数与一个自然数之和, 而后者仅仅是两个素数的乘积. 通常都简称这个结果为大偶数可表示为"1+2"的形式. 目前, 关于偶数可表示为 s 个素数的乘积与 t 个素数的乘积之和 (简称"$s+t$"问题) 的进展如下:

　　1924 年, 汉斯·拉德马赫证明了"7+7".

　　1932 年, 西奥多·埃斯特曼证明了"6+6".

　　1938 年和 1940 年, 亚历山大·布赫夕塔布分别证明了"5+5"和"4+4".

　　1948 年, 阿尔弗雷德·雷尼证明了"$1 + c$", 其中 c 是一个大的自然数.

　　1950 年前后, 塞尔伯格利用求二次型极值的方法对埃拉托色尼筛法作了重大改进, 得到了现在所称的"塞尔伯格筛法". 利用这种筛法可得到筛函数的上界估计, 与布赫夕塔布恒等式相结合可得到筛函数的下界估计. 塞尔伯格筛法成为研究哥德巴赫猜想的重要工具.

　　1956 年, 王元证明了"3+4", 维诺格拉多夫证明了"3+3".

　　1957 年, 王元证明了"2+3".

　　1961 年和 1963 年, 潘承洞分别证明了"1+5"和"1+4".

　　1965 年, 布赫夕塔布、维诺格拉多夫和邦别里证明了"1+3".

　　1966 年, 陈景润证明了"1+2".

5.3　孪生素数猜想

　　孪生素数猜想可以被描述为: 存在无穷多个素数 p, 使得 $p + 2$ 也是素数, 即存在无穷多个素数对 $(p, p + 2)$.

　　处理孪生素数猜想的工具之一是筛法, 它的结果常与哥德巴赫猜想的结果相伴产生. 例如, 对应于陈氏定理 (陈景润定理) 可以得到: "存在无穷多个

素数 p，使得 $p+2$ 为不超过两个素数之积."

1849 年，法国数学家阿尔方·德·波利尼亚克提出了"波利尼亚克猜想"：存在无穷多个素数对 $(p, p+2k)$，其中 k 为正整数. 当 k 等于 1 时，即是孪生素数猜想；当 k 等于其他正整数时，即为弱孪生素数猜想，也就是孪生素数猜想的弱化版. 因此，很多数学家把波利尼亚克作为孪生素数猜想的提出者. 1921 年，哈代和李特尔伍德提出一个与波利尼亚克猜想类似的猜想，通常称为"哈代-李特尔伍德猜想"或"强孪生素数猜想"（孪生素数猜想的强化版）. 这一猜想不仅提出孪生素数有无穷多对，而且还给出其渐近分布形式.

在自然数列的起始部分存在着大量的素数，但是随着数字变大，它们变得越来越稀少. 例如，前 10 个自然数中有 40% 是素数，所有的 10 位数中仅有 4% 是素数. 在过去的一个多世纪中，数学家们掌握了素数减少的规律：在大数中，两个素数之间的间隔大约是位数的 2.3 倍. 例如，在 100 位的数中，两个素数的平均间隔大约是 230，这只是平均而言. 素数通常比平均预计的更加紧密出现，或者相隔更远. 具体来说，素数通常扎堆出现，比如 3 和 5，11 和 13. 而在大数中，孪生素数似乎从没有完全消失. 至 2016 年 9 月 14 日，发现的最大孪生素数是 $2\,996\,863\,034\,895 \times 2^{1\,290\,000} \pm 1$，有 388 342 位.

2013 年 5 月，张益唐证明了孪生素数猜想的一个弱化形式：存在无穷多个之差小于 7 000 万的素数对，在孪生素数猜想的研究上前进了一大步. 该结果公布后，得到许多同领域数学家的关注，并积极地投入到相关研究中. 这个差值在 5 月 28 日被降低到 6 000 万，5 月 31 日降低到 4 200 万，6 月 2 日是 1 300 万，次日是 500 万，6 月 5 日是 40 万. 之后的几年里，包括陶哲轩在内的一些数学家一直致力于缩减这个差值. 2014 年 2 月，它被缩小到 246，这是目前最好的结果. 数学家们盼望着从 246 缩减到 2 的那一天.

5.4 四色定理

四色定理，又称四色问题：任何一张地图只用四种颜色就能使具有共同边界的国家着上不同颜色. 用数学语言叙述就是：将平面任意分为不重叠的区域且使相邻区域有一段公共边界，可以用 1，2，3，4 这四个数字之一来标记，而不会使相邻的区域有相同的数字.

四色图片

四色定理可以追溯到 1852 年. 英国地图制图师弗朗西斯·格思里在尝试为英格兰各县的地图着色时注意到，四种颜色足以确保相邻的县没有被涂上相同的颜色. 他问弟弟弗雷德里克·格思里: 任何地图都可以用四种颜色来着色, 使得相邻的区域 (即共享共同边界段而不仅仅是一个点的区域) 有不同的颜色, 这是否属实? 弗雷德里克·格思里随后将这个猜想告诉了他的老师、著名数学家德摩根, 德摩根也没有找到解决途径, 于是写信向自己的好友威廉·哈密顿请教. 与德摩根的热情相反, 哈密顿对这个问题丝毫不感兴趣. 他在三天后的回信中告诉德摩根, 他 "不会尝试解决这个四元颜色问题". 1878 年 8 月 13 日, 凯莱在伦敦数学会上当众发问是否有人能证明四色猜想, 从此才擂响了攻克四色猜想的战鼓.

5.4.1　一波三折的证明

1879 年, 英国律师出身的数学家阿尔弗雷德·肯普宣布证明了四色定理. 然而 11 年后, 在牛津大学就读的年仅 29 岁的珀西·希伍德以自己的精确计算指出了肯普在证明上的漏洞. 1880 年, 扭结理论先驱彼得·泰特提出了一个猜想: 每个多面体都有一个通过其顶点的威廉·哈密顿循环 (可以绕过多面体的所有边, 正好穿过每个顶点一次, 然后回到起点). 如果该猜想成立, 就可以直接证明四色定理. 然而, 朱利叶斯·佩特森于 1891 年指出了泰特的论点中的漏洞; 威廉·图特于 1946 年发现了泰特猜想的一个反例, 即一个有 25 个面、69 条边和 46 个顶点的多边形.

但是, 这两个错误的证明确实有一定的价值. 肯普提出了一种被称为 "肯普链" 的思想, 成为解决四色定理的一个重要工具. 泰特发现了四色定理在三边着色方面的等价公式. 希伍德运用肯普的想法证明了五色定理. 一方面五种颜色已经足够, 另一方面确实有例子表明三种颜色不够. 那么, 四种颜色到底够不够呢? 这就像一个淘金者明明知道某处有许多金矿, 结果只挖出一块铁, 他会放弃吗?

另一个重要工作是 1913 年乔治·伯克霍夫提出了 "可约环" 的概念, 并利用图特的 "定性方法" 和可约环证明了由不超过 12 个国家构成的地图都能用四色染色. 1922 年, 菲利普·富兰克林利用乔治·伯克霍夫的方法, 证明了 25 国以下的地图都可以用四色着色. 可以四色着色的国家数, 1969 年增加到 39, 1975 年增加到 52 和 96. 这些工作的基本思想是通过限制所考虑的顶点个数得到一个相当小的不可避免集合, 然后证明这个不可避免集合中的元素都是可约的.

5.4.2　信息科学的成功

1969 年, 海因里希·希什建立了最终证明四色定理所需的两个主要方法 (概念)——可约性 (reducibility) 和放电 (discharge). 可约化构形的核心思想就是将区域数目想办法减少，把无限多的情形化简为有限的情况，这一概念成为最终证明的关键．希什曾经猜测不可约构形数目的上限可能是一万，也就是说，逐个验证差不多一万种不同的情况就能证明四色猜想．但是，如此庞大的计算量在当时是几乎不可能完成的．为了有效地减少计算量，希什模仿电路中移动电荷放电的过程，引入了"放电法"，从而使极其复杂的计算成为可能．万事俱备，只欠东风．可惜的是，希什本人并未完成最终的证明．但放眼整个四色猜想的证明进展，希什无疑是至关重要的人物．

1976 年 6 月，美国数学家肯尼斯·阿佩尔和德国数学家沃夫冈·哈肯宣布在电脑协助下证明了四色定理．他们有争议的证明挑战了数学证明的基本原则（严格分析和推理），用 1 200 多个小时的超级计算机时间分析了 1 478 种不同的配置，这些配置反过来可以生成平面上的每一张可能的地图．

阿佩尔与哈肯

困扰我们的是，一个小学生可以理解的问题至今没有找到更好的方式，来精确阐明平面地图只需要四种颜色的原因．赫伯特·威尔夫说："上帝不会允许这样一个美丽的定理有那么一个丑陋的证明．"著名数学科普作家加德纳评论道："是否能找到一个不需要计算机的简单、优雅的证明，仍然是一个悬而未决的问题．" 1979 年，逻辑哲学和数学哲学家托马斯·泰马祖科在《四色定理及其哲学意义》一文中提出，四色定理与其证明能否称为"定理"和"证明"，尚有疑问．"证明"的定义也需要进行再次审视．泰马祖科的理由包括两点：一方面，计算机辅助下的证明无法由人力进行核查审阅，因为人无法重复计算机的所有运算步骤；另一方面，计算机辅助的证明无法形成逻辑上正则化的表述，因为其中的机器部分依赖于现实经验的反馈，无法转换为抽象的逻辑过程．

5.5 黎曼猜想

黎曼猜想，又称黎曼假设：黎曼 ζ 函数的所有非平凡零点都位于复平面的直线 $\mathrm{Re}(s) = 1/2$ 上，即实部都是 $1/2$．在黎曼猜想的研究中，人们称这条直线为临界线．

1859 年，黎曼被选为柏林科学院的通信院士．作为对这一崇高荣誉的回报，他向柏林科学院提交了 8 页的论文《论小于给定值的素数个数》，提出了黎曼猜想．希尔伯特的 23 个问题中的第 8 个问题就包含黎曼猜想，克雷数学研究所悬赏的世界七大数学难题之一就是黎曼猜想.

这篇论文的成果虽然重大, 文字却简练得有些过分, 因为很多地方被"证明从略"了. 证明从略, 本是用来省略那些显而易见的证明. 要命的是黎曼的论文并非如此, 他那些证明从略的地方有些花费了后世数学家们几十年的努力才得以补全, 有些至今仍是空白. 但黎曼的论文在为数不少的

$$\zeta(s) = \frac{1}{1^s} + \frac{1}{2^s} + \frac{1}{3^s} + \frac{1}{4^s} + \cdots$$

黎曼猜想

证明从略之外, 却引人注目地包含了一个他明确承认但自己无法证明的命题——黎曼猜想. 黎曼猜想自诞生以来, 已经过了 160 多个春秋, 就像一座巍峨的山峰吸引了无数数学家前去攀登, 但是谁也没能登顶.

在黎曼去世 30 年后的 1896 年, 阿达马终于接近了黎曼猜想的临界线——证明了黎曼 ζ 函数的非平凡零点只分布在带状区域的内部, 并证明了困扰数学界 100 年的素数定理. 1903 年, 约尔根·格拉姆第一次算出了前 15 个非平凡零点, 也是人们首次看到零点的模样. 1914 年, 玻尔与兰道发现了黎曼 ζ 函数的非平凡零点倾向于"紧密团结"在临界线的周围. 1925 年, 李特尔伍德与哈代通过改进计算方法, 算出了前 138 个零点, 这基本达到了人类计算能力的极限. 1942 年, 塞尔伯格证明的临界线定理 (因此结果而获得菲尔兹奖), 蕴含着 ζ 函数在临界线上的非平凡零点在所有零点中占有正测度. 1974 年, 诺曼·莱文森证明了黎曼 ζ 函数临界线上的零点占全部零点的比例达到 34.74%.

1936 年, 爱德华·蒂奇马什利用打孔式计算机成功地计算出了黎曼 ζ 函数的 1 104 个非平凡零点, 如所预料的, 它们全都位于临界线上. 从此开启了计算机辅助计算零点的接力赛. 1966 年, 非平凡零点验证到了 350 万个. 2004 年, 非平凡零点验证到了 8 500 亿个. 不久后, 法国团队计算出了黎曼 ζ 函数的前 10 万亿个零点, 仍然没有发现反例.

2018 年 9 月, 迈克尔·阿蒂亚爵士在海德堡获奖者论坛上宣讲了关于黎曼猜想的证明, 虽然没有得到学界的认可, 但也有学者表示, 他的思想或为后续黎曼猜想的证明提供一种新思路.

如果从时间上做比较的话, 仅被提出一个半世纪的黎曼猜想, 与时隔三个半世纪以上才被解决的费马猜想, 以及历经两个半世纪以上仍屹立不倒的哥德巴赫猜想相比, 还差得很远. 但是黎曼猜想在数学上的重要性要远远超过这两个知名度更高的猜想. 有人统计过, 在当今的数学文献中, 已有超过 1 000 条数学命题以黎曼猜想 (或其推广形式) 的成立为前提. 如果黎曼猜想被证明,

这些数学命题就全部成为定理;反之,如果黎曼猜想被否证,这些数学命题中会有一部分成为陪葬品. 一个数学猜想与为数如此众多的数学命题密切关联,是极为罕见的.

5.6 庞加莱猜想

庞加莱猜想:一个单连通的三维闭流形与三维球面拓扑等价(1904年提出). 这是拓扑学中一个带有根本意义的命题,将有助于人类更好地了解三维空间,其带来的结果将会加深人们对流形的认识. 它是克雷数学研究所悬赏的七个千禧年大奖难题之一,最后被佩雷尔曼于2003年前后证明.

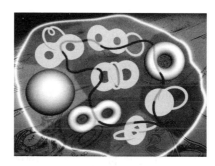

庞加莱猜想

5.6.1 背景

如果一张橡皮膜曲面经由拓扑形变得到另外一张橡皮膜曲面,则这两张曲面具有相同的拓扑不变量,它们彼此拓扑等价. 如图1所示,假设兔子曲面由橡皮膜做成,我们可以像吹气球一样将其膨胀成标准单位球面,因此兔子曲面和单位球面拓扑等价. 但是,兔子曲面无法连续形变成轮胎的形状,或者图2中的任何曲面.

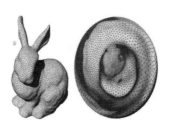

图 1 兔子曲面和球面

图 2 无法缩成点的闭圈

直观上,图2中的小猫曲面有一个"洞",或称"环柄". 拓扑上,环柄被称为"亏格". 亏格是最为重要的拓扑不变量. 所有可定向的封闭曲面可依照亏格被完整分类.

庞加莱思考了如下深刻问题:封闭曲面上的洞是曲面自身的内蕴性质,还是曲面及其嵌入背景空间之间的相对关系?这个问题本身是费解深奥的,人们力图给出直观浅见的解释. 我们能够看到环柄形成的洞, 是因为曲面被嵌入到三维欧氏空间, 某种意义上也说明这些洞反映了曲面在背景空间中的嵌入方式, 人们有理由猜测亏格反映了曲面和背景空间之间的关系.

庞加莱最终悟到一个简单而又深刻的方法, 来判断曲面是否是亏格为零的拓扑球面: 如果曲面上所有的封闭曲线都能在曲面上逐渐缩成一个点, 那么曲面必为拓扑球面. 比如, 图 2 中第二只小猫的曲面, 围绕脖子的一条封闭曲线在曲面上无论怎样变形都无法缩成一个点. 换言之, 只要曲面的亏格不是零, 就存在不可收缩成点的闭圈. 如果流形内所有的闭圈都能缩成点, 那么这样的流形就称为"单连通的".

5.6.2　解决历程

20 世纪 30 年代之前, 关于庞加莱猜想的研究只有零星结果. 到了 20 世纪 30 年代, 约翰·怀特黑德对这个问题产生了浓厚兴趣, 他一度声称自己完成了证明, 不久却又撤回了论文. 但是失之东隅, 收之桑榆, 他发现了三维流形的一些有趣的特例, 这些特例称为怀特黑德流形.

20 世纪 30 年代到 60 年代, 又有一些著名的数学家宣称解决了庞加莱猜想, 包括鲁珀特·宾、哈肯、爱德华·摩斯和赫里斯托斯·帕帕奇拉克普罗斯. 实际上他们都没有成功.

这一时期, 虽然庞加莱猜想的研究没能得到所期待的结果, 却产生了低维拓扑学这门学科. 一次又一次的失败, 使得庞加莱猜想的名气大增. 然而, 因为它是几何拓扑研究的基础, 数学家们又不能将其搁置一旁、置之不理.

斯梅尔在 20 世纪 60 年代初产生了一个奇想: 如果三维情形的庞加莱猜想难以解决, 高维的会不会容易些呢? 1960 年至 1961 年, 他常常在里约热内卢的海滨手持草稿纸和铅笔对着大海思考. 1961 年夏天, 在基辅的非线性振动会议上, 斯梅尔公布了空间维数大于等于 5 时庞加莱猜想的证明, 立时引起轰动. 斯梅尔由此获得 1966 年的菲尔兹奖. 1983 年, 弗里德曼又将证明推进了一步, 他在唐纳森工作的基础上, 证明了四维空间中的庞加莱猜想, 并因此获得 1986 年的菲尔兹奖.

利用拓扑学方法研究三维庞加莱猜想没有进展, 于是有人开始想到了其他工具. 例如瑟斯顿, 他引入了几何结构的方法对三维流形进行切割, 并因此获得了 1983 年的菲尔兹奖.

任何三维流形都可以经历一套标准流程分解成一系列简单的三维流形, 即所谓的素流形. 素流形不能再分解, 同时这种分解本质上是唯一的. 瑟斯顿提出了石破天惊的"几何化猜想": 所有素三维流形可以配有标准黎曼度量, 从而被分类到八种标准几何结构中. 特别地, 单连通三维流形可配有正的常值曲率度量, 配有正的常值曲率的三维流形必为三维球面. 因此, 庞加莱猜想是瑟斯顿几何化猜想的一个特例.

庞加莱猜想的本质突破来自理查德·哈密顿的里奇曲率流 (Hamilton's Ricci Flow). 理查德·哈密顿的想法来自经典的热力学扩散现象. 假设我们有一只铁皮兔子, 初始时刻兔子表面的温度分布并不均匀, 随着时间的演化温度渐趋一致, 最后在热平衡状态下温度是常数. 理查德·哈密顿设想: 如果让黎曼度量随时间变化, 令度量的变化率和曲率成正比, 那么黎曼度量可能会像热平衡现象中的温度一样, 曲率逐渐变得均匀, 直至常数.

在二维曲面情形, 理查德·哈密顿证明了里奇曲率流的确能把任何一个黎曼度量形变成常值曲率度量, 从而给出了曲面单值化定理的一个构造性证明. 但是在三维情形, 里奇曲率流遇到了巨大挑战. 二维曲面情形, 任意时刻曲面上任一点的曲率都是有限的; 三维情形, 在有限时间内流形的某一点处的曲率有可能趋向于无穷, 这种情况称为曲率爆破, 爆破点称为奇异点.

如果发生曲率爆破, 可以将流形沿着爆破点一切两半, 然后对每一半接着实施曲率流. 若能证明在实施曲率流的过程中曲率爆破发生的次数有限, 那么流形被分割成有限个子流形, 每个子流形最终变成了三维球面. 这样, 原来的流形就由有限个球黏合而成, 因而是三维球面, 就证明了庞加莱猜想. 因此, 对奇异点的精细分析成为解决庞加莱猜想的关键.

理查德·哈密顿理清了大多数种类的奇异点, 佩雷尔曼解决了剩余种类的奇异点. 他敏锐地洞察到理查德·哈密顿的里奇流就是所谓熵能量的梯度流, 于是将里奇流纳入了变分框架, 在 2003 年前后给出了证明的关键思想和主要梗概, 证明细节被众多数学家进一步补充完成. 至此, 瑟斯顿几何化猜想被完全证明, 庞加莱猜想历经百年探索, 终于被彻底解决.

第6章　希尔伯特的 23 个问题

　　科学的发展过程，就是提出问题、解决问题，产生或提出新的问题再解决之. 希尔伯特特别强调重大问题在数学发展中的作用，他指出："如果我们想对近期内数学知识可能的发展有一个概念和预判，就必须回顾当今科学提出的、希望在将来能够解决的问题." 同时又指出："只要一门科学能提出大量的问题，它就充满生命力，而问题缺乏则预示着独立发展的衰亡或终止."

　　1900 年，38 岁的希尔伯特应邀在巴黎召开的第二届国际数学家大会上作了题为"数学问题"的重要演讲. 他根据过去，特别是 19 世纪数学研究的成果和发展趋势，提出了 23 个最重要的数学问题，即著名的"希尔伯特的 23 个问题". 虽然这 23 个问题绝大部分已经存在，但他站在更高的层面，用更简单的方式重新提出了这些问题，还提出了许多重要的思想以及一些问题的解决方向. 他阐述了重大问题所具有的特点，指出好的问题应具有以下三个特征：清晰性和易懂性，虽困难但又给人以希望，意义深远. 一个多世纪以来，这些问题激发着人们的研究兴趣，对现代数学的发展产生了深刻影响，起到了积极的推动作用. 其情形正如韦尔所说："希尔伯特吹响了他的魔笛，成群的老鼠纷纷跟着他跃进了那条河."

　　希尔伯特曾为这个重要演说做过仔细准备. 1899 年，第二届国际数学家大会的筹备机构邀请希尔伯特在会上作主要发言. 希尔伯特接受了邀请，并计划在这世纪更替之际作一个相称的发言. 他有两个想法：或者作一个为纯粹数学辩护的演讲，或者讨论一下新世纪发展的方向. 为此，他写信与他的好友闵可夫斯基商量. 闵可夫斯基于 1900 年 1 月 5 日回信说："最有吸引力的题材莫过于展望数学的未来，列出在新世纪里数学家应当努力解决的题材. 这样的题材，将会使你的演讲在今后几十年的时间里成为人们议论的话题." 当然，闵可夫斯基也指出了这类预见性发言会遇到的困难. 经过斟酌，希尔伯特决意选择第二个想法，提出一批亟待解决的重大数学问题.

　　这 23 个问题可分为五部分：1，2，10 属于数学基础，3～6 属于特定领域的基础，7～9，11，12 属于数论，14～18 属于代数和几何，13，19～23 属于分析. 1976 年评选的自 1940 年以来美国数学的十大成就，有三项是希尔伯特第 1、第 5 和第 10 问题的解决. 由此可见，能解决希尔伯特问题，是当代数学家的无上光荣.

问题 1.　连续统假设（Cantor's Problem of the Cardinal Number of the Continuum　公理集合论）

1874 年，康托尔猜测在可数集基数和实数集基数之间没有别的基数，即著名的连续统假设. 1938 年，哥德尔证明了连续统假设和世界公认的 ZFC 公理系统不矛盾. 1963 年，科恩证明连续统假设与 ZFC 公理系统是彼此独立的. 因此，对连续统假设不能在 ZFC 公理系统内证明其正确与否. 问题 1 只能说是有一些结果，还没有被解决.

问题 2.　算术公理相容性（The Compatibility of the Arithmetical Axioms　数学基础）

该问题至关重要，涉及整个数学基础，关心数学是否完备和相容（一致），是不是所有数学命题都可以通过有限次正确的数学步骤做出判定？1930 年，25 岁的哥德尔发表了著名的"不完备性定理"：如果数学是相容的，那么它就是不完备的. 这说明问题 2 是否定的. 但是，对于自然数算术形式系统，格哈德·根岑于 1930 年使用蕴含着非演绎逻辑的超限归纳法证明了其相容性.

问题 3.　体积相等的两四面体问题（The Equality of the Volumes of Two Tetrahedra of Equal Bases and Equal Altitudes　几何基础）

给定任意两个体积相等的四面体，是否能把第一个四面体切割成有限多个四面体块，用这些四面体块组装成第二个四面体？

该问题很快就被希尔伯特的学生马克思·德恩于 1900 年解决.

问题 4.　两点间以直线为距离最短线问题（Problem of the Straight Line as the Shortest Distance Between Two Points　几何基础）

1903 年，希尔伯特的学生格奥尔格·哈梅尔发现，这些几何体的数量比希尔伯特想象的要多得多，并证明了一些一般定理. 修改凯莱-克莱因模型，可以用来构建一大类这些几何及其度量（测量距离的系统）.

希尔伯特建议构造所有度量，并研究单个几何. 从希尔伯特的评论中可以清楚地看出，他没有意识到会有很多度量，不可避免地会被对特殊或特殊类别的有趣几何的研究所取代，因而需要附加某些限制条件. 阿列克谢·波戈列洛夫于 1973 年解决了二维情况，1975 年解决了三维情况，并于 1979 年宣布：如果放弃涉及角度概念的同余公理，用"三角形不等式"作为公理来代替，就可以在同构中找到经典几何（欧氏、洛巴切夫斯基和椭圆）公理系统的所有实现，从而可解决问题 4.

问题 5.　李氏变换连续群的概念，不假设定义在群上的函数的可微性（Lie's Concept of a Continuous Group of Transformations Without the As-

sumption of the Differentiability of the Functions Defining the Group　拓扑群
论）

是否每一个局部欧氏群都一定是李群？该问题简称连续群的解析性.

冯·诺依曼于 1933 年对紧群情形、庞特里亚金于 1939 年对交换群情形、
谢瓦莱于 1941 年对可解群情形，都做了重要工作. 1952 年，格利森、迪恩·蒙
哥马利和利奥·齐平共同解决了问题 5，得到了肯定结果.

问题 6. 物理公理的数学处理（Mathematical Treatment of the Axioms of
Physics　数学物理）

希尔伯特建议，用数学的公理化方法推演全部物理学. 1933 年，柯尔莫哥
洛夫将概率论公理化. 尽管公理化已经开始渗透到物理学当中，但是量子力
学中仍有至今不能逻辑自洽的部分（如量子场论），故问题 6 未完全解决.

问题 7.　某些数的无理性和超越性（Irrationality and Transcendence of
Certain Numbers　超越数论）

例如，若 $\alpha \neq 0,1$ 是代数数，β 是无理代数数，试问 α^β 是超越数吗？

1934 年，亚历山大·盖尔丰德和特奥多尔·施奈德分别独立地证明了其
正确性. 但是超越数理论还远未完成，确定所给的数是否为超越数，尚无统一
方法.

问题 8. 素数问题（Problems of Prime Numbers　数论）

素数分布是一个很古老的话题. 希尔伯特在此问题中提到了哥德巴赫猜
想、孪生素数猜想和黎曼猜想，细节可参看第 5 章.

问题 9. 任意数域中最一般的互反律之证明（Proof of the Most General
Law of Reciprocity in any Number Field　类域论）

1920 年，高木贞治发展了数域关于阿贝尔扩张的系统理论，称为类域论.
利用该理论，阿廷于 1925 年给出了阿贝尔扩张的自身特性刻画的素理想分解，
称为阿廷互反律. 如果数域不是阿贝尔扩张，甚至不是伽罗瓦扩张，目前还没
有满意的互反律. 阿廷意识到，数域的伽罗瓦扩张和它的伽罗瓦群表示有关.

问题 10. 解丢番图方程的可能性（Determination of the Solvability of a
Diophantine Equation　数论）

给定一个整系数多项式方程（丢番图方程）：设计一个过程，根据该过程
可通过有限次运算来确定该方程是否存在有理整数解（通常意义下的整数）.

1929 年，西格尔证明了次数大于等于 3 的丢番图方程不存在无限多组解.
1961 年前后，朱莉娅·鲁宾逊、马丁·戴维斯、希拉里·帕特南等人取得关键

性突破. 1970 年, 尤里·马蒂亚塞维奇证明希尔伯特所期望的一般算法不存在. 但是, 西格尔于 1972 年证明了 2 次丢番图方程是可判定的.

问题 11. 代数数域上的二次型分类（Quadratic Forms with any Algebraic Numerical Coefficients　二次型理论）

本质上是寻找一种分类模式, 在系数是代数数的情况下, 可以判断一种形式是否等价于另一种形式.

赫穆特·哈塞于 1923 年、西格尔于 1951 年都获得了重要成果. 20 世纪 60 年代, 韦伊取得了重大进展.

问题 12. 阿贝尔域上的克罗内克定理推广到任意代数有理域（Extension of Kronecker's Theorem on Abelian Fields to any Algebraic Realm of Rationality　代数数论）

此问题仅有一些零星结果, 离彻底解决还很远.

问题 13. 无法只利用二元函数求解一般的七次代数方程（Impossibility of the Solution of the General Equation of the 7th Degree by Means of Functions of Only Two Arguments　方程论与实函数论）

七次方程

$$x^7 + ax^3 + bx^2 + cx + 1 = 0$$

的根 $x = x(a, b, c)$ 依赖于 3 个参数 a, b, c, 我们把它写成 $f(x_1, x_2, x_3)$ 的形式. 试问: 这样的函数能否用二元函数的组合表示出来?

此问题已经接近解决. 如果这样的 $f(x_1, x_2, x_3)$ 是连续实函数, 1957 年, 阿诺尔德证明可以写成 $\sum_{i=1}^{9} g_i(h_i(x_1, x_2), x_3)$ 的形式, 其中 g_i, h_i 都是连续实函数. 同年, 柯尔莫哥洛夫与阿诺尔德证明可以写成 $\sum_{i=1}^{7} g_i(h_{i1}(x_1) + h_{i2}(x_2) + h_{i3}(x_3))$ 的形式, 其中 g_i, h_{ij} 都是连续实函数, h_{ij} 的选取可与 f 无关. 1964 年, 安纳托利亚·维土斯金又推广到连续可微的情形. 但是, 解析函数的情形还未解决.

问题 14. 某些完备函数系的有限性（Proof of the Finiteness of Certain Complete Systems of Functions　代数不变式理论）

证明任何有理域中所有相对完备的函数系总形成一个有限完整域.

永田雅宜于 1959 年借助线性代数群造出反例.

问题 15. 舒伯特计数演算的严格基础（Rigorous Foundation of Schubert's Enumerative Calculus　代数几何学）

一个典型的问题是: 在三维空间中有四条直线, 问有几条直线能和这四条直线都相交? 赫尔曼·舒伯特给出了一个直观解法. 希尔伯特要求将问题一般化, 并给以严格基础. 即, 通过记数演算方法, 严格地确定舒伯特根据所谓的特殊位置原理或数的守恒原理所确定的几何数的有效限度.

范德瓦尔登于 1940 年、韦伊于 1950 年各自独立地建立了代数几何的基础. 结合孔采维奇关于曲线计数的成果 (1993 年), 现在可以说舒伯特的计数演算本身是有根据的, 问题 15 基本上得到了解决.

问题 16. 代数曲线和代数曲面的拓扑（Problem of the Topology of Algebraic Curves and Surfaces　曲线与曲面拓扑学、常微分方程定性理论）

在此问题中, 希尔伯特提出使用两种策略来识别图中形式的相似性——投影平面和拓扑. 此问题的第一部分涉及代数曲线含有闭分支曲线的个数, 第二部分要求讨论微分方程

$$\frac{\mathrm{d}y}{\mathrm{d}x} = \frac{f(x,y)}{g(x,y)}$$

的极限环个数 $N(n)$ 和相对位置, 其中 $f(x,y)$, $g(x,y)$ 是 x, y 的 n 次多项式.

1933 年、1938 年和 1949 年, 彼得罗夫斯基对第一部分给出了一些重要结果.

关于第二部分, 尤利吉·伊利亚申科于 1991 年、让·埃卡莱于 1992 年使用不同的方法, 独立地证明了极限环的个数是有限的. 1957 年, 彼得罗夫斯基和兰迪斯给出了极限环个数的上界估计 (其结果隐含二次系统最多有三个极限环). 但是, 史松龄在 1980 年发表了一个反例. 关于极限环个数和相对位置, 秦元勋等人得出了重要结论.

问题 17. 半正定形式的平方和表示（Expression of Definite Forms by Squares　实域论）

实系数有理函数 $f(x_1, x_2, \cdots, x_n)$ 对任意数组 $(x_1, x_2, \cdots, x_n)$ 都大于或等于 0, 确定 f 是否能写成有理函数的平方和?

1927 年, 阿廷证明答案是肯定的.

问题 18. 用全等多面体构造空间（Building Up of Space From Congruent Polyhedra　群论）

该问题包含三部分.

(1) 有限维欧氏几何空间是否只允许有限多的模式? (Is there a polyhedron that admits only an anisohedral tiling in three dimensions?)

比勃巴赫于 1910 年给出了肯定的回答.

(2) 不规则多面体能否填满空间? (What is the densest sphere packing?)

卡尔·莱因哈特于 1918 年、理查德·克什纳于 1968 年、理查德·詹姆斯和业余数学家马乔里·赖斯于 1975 年、罗尔夫·施泰因于 1985 年、康威和

萨尔瓦托·托奎托于 2006 年、莎伦·格罗泽等人于 2010 年、宗传明于 2014 年、凯西·曼（Casey Mann）和夫人詹尼弗·麦克劳德（Jennifer McLoud）及学生大卫·冯·达尔尤（David Von Derau）于 2015 年，都得到了重要结果. 但是，这部分至今没有完全解决.

（3）n 维欧氏几何空间中最佳装球模式（Best ball-loading mode in n-dimen-sional Euclidean geometric space）. 这部分一直没有解决.

虽然装球问题至今未解决，但是在 24 维空间中，存在一种叫 Leech lat-tice 的格子，可使其中球的排列方法近似于最佳方案. 虽然三维空间中的装球问题至今未解决，但是已经有所斩获，理论上的最佳效率和已知的最佳效率已经非常接近.

另外，还有一个相关问题：在 n 维欧氏几何空间中，一个球最多可以和几个同样大小的球相切（接触）？这个数称为 Kissing number，在 1～9 维和 24 维的情况下已经解决.

问题 19.　正则变分问题的解是否总是解析函数？（Are the Solutions of Regular Problems in the Calculus of Variations Always Necessarily Analytic? 椭圆型偏微分方程理论）

1904 年，伯恩斯坦证明了一个变元的解析非线性椭圆型方程，其解必定是解析的. 1939 年，该结果又被伯恩斯坦和彼得罗夫斯基等人推广到多变元和椭圆型方程组的情形. 在此意义下，问题已获解决.

问题 20.　一般边值问题（The General Problem of Boundary Values　椭圆型偏微分方程理论）

这是一个研究方向，不是一个具体问题. 椭圆型偏微分方程边值问题的研究正处于蓬勃发展的阶段，且进展迅速，已经成为一个很大的数学分支.

问题 21.　具有给定单值群的线性微分方程解的存在性证明（Proof of the Existence of Linear Differential Equations Having a Prescribed Monodromic Group　线性常微分方程大范围理论）

此问题通常又称为黎曼-希尔伯特问题.

1908 年，约瑟普·普莱梅利发表的论文《具有给定的单值群的黎曼型》对此问题给出了肯定回答. 1931 年，乔治·伯克霍夫又独立证明了普莱梅利的结果. 1957 年，赫尔穆特·罗尔将普莱梅利的结果推广到一般的黎曼曲面. 1960 年，德利涅极大地发展和完善了研究黎曼-希尔伯特问题的代数几何途径. 但是，阿曼多·科恩（Armando T. Kohn）、阿诺尔德等人于 1980 年发现了普莱梅利工作的缺陷，安德烈·波利布鲁赫于 1989 年发现一个反例，推翻了普莱梅利的结论.

问题 22. 用自守函数将解析函数单值化（Uniformization of Analytic Relations by Means of Automorphic Functions　黎曼曲面体）

希尔伯特想用"任何解析的非代数关系"定义的任何曲面的自同构函数来证明存在一个参数化. 特别是, 他想确保"给定解析域的所有正则点都能实际达到并表示出来."

1882 年至 1884 年, 庞加莱在 *Acta Mathematica* 上发表的四篇论文, 创立了自同构函数理论以及伴随和生成它们的离散群理论, 已经做到了这种参数化, 成为解决问题 22 的基础. 1907 年, 庞加莱使用穷举过程和泛覆盖空间解决了问题 22. 同年, 保罗·克贝独立于庞加莱也解决了一致化的问题 22.

问题 23. 变分学的进一步发展（Further Development of the Methods of the Calculus of Variations　变分法）

这是关于变分法进一步发展的一些看法. 希尔伯特本人和许多数学家对变分法的发展作出了重要贡献, 20 世纪变分法有了很大进展.

第二部分 数学变革

自觉修复，自我完善，健康发展

第7章　微积分的诞生

微积分是高等数学中研究函数的微分、积分以及有关概念和应用的数学分支，它是数学的一个基础学科. 主要内容包括极限、微分学、积分学及其应用. 微积分是一种思想，"无限细分"就是微分，"无限求和"就是积分，"无限"就是极限.

冯·诺依曼说："微积分是现代数学的第一个成就，而且怎样评价它的重要性都不为过. 我认为，微积分比其他任何事物都更清楚地表明了现代数学的发端. 而且，作为其逻辑发展的数学分析体系仍然构成了精密思维中最伟大的技术进展."

7.1　微积分的起源与创立

在微积分的诞生和发展时期，一批数学家作出了杰出贡献. 科学的重大进展总是建立在许多人一点一滴的工作之上，但是，常常需要有人完成"最后的一步". 这样的人要具有敏锐的洞察力、渊博的知识和扎实的基础、足够的想象力与强大的组织和创造能力，从一大堆凌乱的结果中整理出有价值的思想，把孤立的"碎片"组织起来，大胆地制定一个宏伟的体系并完善之. 在微积分诞生的过程中，牛顿和莱布尼茨就是完成这一使命的巨人.

微积分的创立可以分为两条主线：一条来自柏拉图，经阿基米德、伽利略、卡瓦列里和伊萨克·巴罗的积累，到牛顿发生根本质变，形成了运动学特征的微积分；另一条来自德谟克利特，经开普勒、费马、帕斯卡和惠更斯的积累，到莱布尼茨发生根本质变，形成了原子论性质的微积分. 牛顿在1665年至1676年以及莱布尼茨在1673年至1684年所做的工作，分别使这两条主线上的微积分产生了质变，树立了微积分演化史上的不朽里程碑.

微积分学的基础和核心概念——极限，其理论的完善得力于19世纪柯西和魏尔斯特拉斯的工作.

作为微积分学基础的极限理论来说，早在中国古代就有比较清楚的论述. 庄子在其著作《庄子·天下篇》中提出"一尺之棰，日取其半，万世不竭."这句话蕴含着无限可分的思想，也是最早的极限思想的萌芽. 老子在《道德经》第四十二章中提出："道生一，一生二，二生三，三生万物"这句话蕴含着无限的思想，体现了一种动态的趋近过程. 公元前 4 世纪墨子在其著作《墨经》中提出了关于有穷、无穷，无穷大、无限可分和极限的早期概念. 魏晋时期（220－420 年），数学家刘徽首创割圆术，提出"割之弥细，所失弥小，割之又割，以至于不可割，则与圆周合体而无所失矣". 这些都是朴素和典型的极限概念. 刘徽的割圆术与阿基米德的割圆术思想是一致的.

关于微积分，中国古代也有较深刻的认知. 沈括在《梦溪笔谈》中提到"造微之术". 他指出：分割的单元愈小，所得的体积、面积愈精确. 英国近代生物化学和科学史学家李约瑟（原名：约瑟夫·尼达姆）认为：沈括的思想与 600 年后微积分先驱卡瓦列里的无穷小求和相当. 南北朝时期（公元 6 世纪），祖暅沿用刘徽的思想，利用"牟合方盖"理论进行体积计算，提出祖暅原理：幂势相同，则积不容异. "势"即是高，"幂"是面积或体积. 祖暅原理包含了求积的无限小方法，是积分学的重要思想，也是我们今天高等数学课本上提到的"微元法"的思想. 这一原理在西方国家被称为"卡瓦列里原理"，但是卡瓦列里的发现比祖暅晚了 1 000 多年.

公元前 5 世纪，古希腊的安蒂丰提出"穷竭法". 公元前 4 世纪，由欧多克索斯作了补充和完善，用来求圆的面积和立体的体积，其方法记载在欧几里得的《几何原本》中. 公元前 3 世纪，古希腊的阿基米德用穷竭法求圆的面积，认为圆的面积与正内接（外切）多边形面积之差可以被"竭尽"，得到圆周率约等于 3.14. 在阿基米德关于球和球冠面积、螺线所围的面积以及旋转双曲体的体积等问题的研究中，也蕴含着近代积分学的思想.

17 世纪，科学技术获得了巨大发展. 精密科学从当时的生产与社会生活中获得巨大动力；航海学引起了人们对天文学及光学的高度重视；造船，机器制造与建筑，堤坝及运河的修建，弹道学及一般的军事问题等，促进了力学的发展.

在这些学科的发展和实际生产中，迫切需要处理下面四类问题：

（1）已知物体运动的路程和时间的关系，求物体在任意时刻的速度和加速度. 反过来，已知物体的速度与加速度，求物体在任意时刻经过的路程与速度. 计算平均速度可用运动的路程除以运动的时间，但是这些问题所涉及的速度和加速度每时每刻都在变化. 对于瞬时速度而言，运动的距离和时间都是 0，这就碰到了 $\frac{0}{0}$ 的问题. 这也是人类第一次碰到这样的问题.

（2）求曲线的切线. 这是一个纯几何问题，但对于科学应用具有重大意义. 例如在光学中，透镜的设计就用到曲线的切线和法线的知识. 在运动学问题中也用到曲线的切线，运动物体在它的轨迹上任一点处的运动方向是轨迹的切线方向.

（3）求函数的最大值和最小值. 在弹道学中涉及炮弹的射程问题, 在天文学中涉及行星和太阳的最近与最远距离.

（4）求积问题. 求曲线的弧长, 曲线所围区域的面积, 曲面所围立体的体积. 这些问题从古希腊就开始研究, 其中的某些计算现在看来只是微积分的简单练习, 而过去曾经使希腊人大为头痛.

开普勒在 1615 年发表的《测量酒桶的新立体几何》中给出了他求出的近 100 个旋转体的体积, 同时也介绍了他求面积的新方法. 比如, 他计算了各种圆弧绕着弦旋转一周所产生的旋转体的体积. 开普勒方法的要旨是用无数个同维无限小元素之和确定曲边形的面积和旋转体的体积.

弗朗内斯科·卡瓦列里于 1635 年出版的《用新方法促进的连续不可分几何学》中, 把曲线看作无限多条线段拼接而成, 并发展了系统的不可分量方法: 不可分原理和卡瓦列里原理. 前者提出了无限细分、积零为整的思想, 即线是由点构成的、面是由线构成的、体是由面构成的. 后者是说"二同高的立体, 如果等高处的截面积相等, 则体积相等; 如果截面积成定比, 则体积之比等于截面积之比". 卡瓦列里用几何方法求得若干曲边图形的面积, 给出了旋转体的表面积和体积公式. 他于 1639 年证明了对于 $n = 1, 2, \cdots, 9$, 有

$$\int_0^a x^n \mathrm{d}x = \frac{a^{n+1}}{n+1},$$

使早期微积分学突破了从体积计算的原型向一般算法的过渡.

费马于 1637 年在一份手稿中给出了求极大值和极小值以及定积分的方法, 对微积分的发展作出了重要贡献. 设 $f(x)$ 在点 a 处取极值, 费马用 $a+e$ 代替 a, 并使 $f(a+e)$ 与 $f(a)$ 逼近: $f(a+e) \sim f(a)$. 先作差, 消去公共项后, 用 e 除两边, 再令 e 消失, 即

$$\left[\frac{f(a+e) - f(a)}{e}\right]_{e=0} = 0.$$

由此方程解出 a 就得到 $f(x)$ 的极值点. 此外, 费马还创造了求曲线切线的方法, 这些方法的实质都是求导数.

求切线和函数的极大、极小值都是微分学的基本问题, 正是这两个问题的研究促进了微分学的诞生, 费马也被认为是微积分学的先驱. 他处理这两个问题的方法是一致的, 都是先取增量, 而后让增量趋向于零. 这正是微分学的思想实质, 也是与古典方法的本质差别. 费马还曾讨论过曲线下面积的求法, 这是积分学的前期工作. 他把曲线下的面积分割成小的面积元素, 利用矩形和曲线的解析方程, 求出这些和的近似值, 在元素个数无限增加而每个元

素面积无限小时,用和式的极限作为面积的表达式.但是,他没有认识到所进行的运算本身的重要意义,而是将运算停留在求面积上面,仅解决了一些具体问题.只有牛顿和莱布尼茨才把这一问题上升到一般概念,认为这是一种不依赖于几何或物理结构的运算,并给予特别的名称——微积分.

在微积分诞生之后的18世纪,数学迎来一次空前的繁荣,人们称这个时代为数学史上的英雄世纪.微积分被广泛地应用于物理学、天文学、力学、光学、热学等各个领域,并获得了丰硕的成果.

微积分的创立,标志着数学由"常量数学"时代发展到"变量数学"时代,这次转变具有重大的哲学意义.变量数学中的一些基本概念,如变量、函数、极限、微分和积分等,本质上是辩证法在数学中的运用.正如恩格斯所指出的:"数学中的转折点是笛卡儿的变数.有了变数,运动进入了数学;有了变数,辩证法进入了数学;有了变数,微分和积分也就立刻成为必要的了."辩证法在微积分中体现了曲线形和直线形、无限和有限、近似和准确、量变和质变等范畴的对立统一.它使得局部与整体、微观与宏观、过程与状态、瞬间与阶段的联系更加明确,使我们既可以居高临下,从整体角度(积分)看问题,又可以析理入微,从微分角度去思考.这种对立统一的规律在微积分中得到了充分体现.

7.2 牛顿和莱布尼茨对微积分的贡献

7.2.1 牛顿对微积分的贡献

1661年,牛顿进入剑桥大学三一学院,受教于巴罗,同时钻研伽利略、开普勒、笛卡儿和约翰·沃利斯等人的著作.三一学院至今还保存着牛顿的读书笔记.从这些笔记可以看出,就数学思想的形成而言,笛卡儿的《几何学》(1637年)和沃利斯的《无穷算数》(1655年)对他影响最深,正是这两部著作引导牛顿走上了创立微积分的道路.

1664年秋,牛顿开始研究微积分问题.当时,他反复阅读笛卡儿的《几何学》,对笛卡儿求切线的"圆法"产生了浓厚兴趣,并试图寻找更好的方法.牛顿首创了小o记号,用它表示x的增量,它是一个趋于零的无穷小量.

1665年,牛顿回家乡躲避瘟疫,继续探讨微积分并取得了突破性进展.他为了解决运动问题,创立了一种和物理概念直接联系的数学理论,即牛顿称之为"流数术"的理论,这实际上就是微积分理论.牛顿在1665年5月20日的一份手稿中提到"流数术"(微分),次年5月,又建立了"反流数术"(积分).1666年10月,他将前两年的研究成果整理成一篇总结性论文《流数简论》. 虽然这篇论文当时没有正式发表, 只是同事间传阅, 但它是历史上第一篇系统的微积分文献. 该论文事实上是以速度形式引进了"流数"的概念, 提出了微积分的基本问题. 同时, 牛顿将自己创立的微积分应用到天文学中来计算行星轨道. 先利用微分, 将轨道分成很多小段, 计算太阳引力对每个小段内行星速度的作用, 再利用积分将其整合为要计算的轨道. 经过计算, 推出行星的轨道都是椭圆, 这与开普勒给出的经验定律完全一致.

牛顿建立的微积分基本定理揭示了微分和积分之间的内在联系 (他没有给出现代意义下的严格证明). 在他后来的著作中, 对微积分基本定理给出了不依赖于运动学的较为清楚的证明. 他用了二十多年的时间从事微积分的研究, 努力改进和完善, 先后写成三篇微积分论文. 1669 年完成《运用无限多项方程的分析》, 简称《分析学》; 1671 年完成《流数法与无穷级数》, 简称《流数法》; 1691 年完成《曲线求积术》, 简称《求积术》.

在《分析学》中他第一次提及微积分, 没有明显地采用流数法的记法或观念, 但又以几何和分析的方式运用无限小, 其方法与巴罗和费马的相似. 由于牛顿运用了二项式定理, 扩大了无限小的应用范围. 在《流数法》中, 牛顿认为变量是连续运动产生的, 他把变量叫作"流", 变量的变化率叫作"流数". 牛顿更清楚地阐述了微积分的基本问题: 已知两个流之间的关系, 求它们流数之间的关系, 以及它的逆问题. 《流数法》是一部较完整的微积分著作, 书的后半部分通过 20 个问题广泛介绍了流数法和无穷级数的应用. 他在《求积术》中回避了无穷小量, 用分析手段表述了"首末比方法", 并以此作为微积分的基础, 成为极限方法的先导.

牛顿对于发表自己的科学著作非常谨慎, 大多数都是经朋友再三催促才拿出来发表. 上述三篇论文发表都很晚, 其中最先发表的是第三篇《求积术》(1704 年载于《光学》附录), 《分析学》发表于 1711 年, 而《流数法》迟至 1736 年才正式发表.

这个时期的多数科学家并没有过分纠结无穷小量的问题, 而是把牛顿发明的微积分广泛地应用于各种问题, 取得了丰硕成果. 因此, 18 世纪被称为科学发现的黄金时代.

7.2.2　莱布尼茨对微积分的贡献

从莱布尼茨的数学笔记可以看出, 他的微积分思想来源于对和、差可逆性的研究. 这一问题可追溯到他于 1666 年发表的论文《论组合的艺术》.

1672 年, 在惠更斯的建议下莱布尼茨开始攻读帕斯卡的数学著作, 在无穷级数的研究中取得了迅速进展. 发现了一个级数的项和另一个级数相邻两项之间的简单关系: 一个级数的项可以是另一个级数相邻两项之差的倍数, 即他的"差分原理". 给定级数 A, 如果能构造一个级数 B, 使得 A 中的项都是 B 中相邻两项之差的相同倍数, 那么原始级数 A 的和就是级数 B 中的第一项和最后一项差的倍数: "差的和等于第一项与最后一项之差的倍数". 例如, 求倒三角数级数

$$T = \frac{1}{1} + \frac{1}{3} + \frac{1}{6} + \frac{1}{10} + \frac{1}{15} + \cdots =: \sum_{n=1}^{+\infty} T_n$$

的前五项和: $T_1 + T_2 + \cdots + T_5$. 把 T 与倒自然数级数

$$R = \frac{1}{1} + \frac{1}{2} + \frac{1}{3} + \frac{1}{4} + \frac{1}{5} + \cdots =: \sum_{n=1}^{+\infty} R_n$$

作比较可以看出, T 中的每一项都是 R 中相邻两项差的 2 倍: $T_1 = 2(R_1 - R_2)$, $T_2 = 2(R_2 - R_3)$, $T_3 = 2(R_3 - R_4) \cdots \cdots$ 所以, $T_1 + T_2 + \cdots + T_5 = 2(R_1 - R_6) = 5/3$. 把该过程推广到无穷级数, 则有 $T_1 + T_2 + \cdots + T_{+\infty} = 2(R_1 - R_{+\infty}) = 2$.

莱布尼茨以其独特的泛化天赋, 将差分原理扩展到连续量: 用记号 $\int$ 表示一系列项的和 (离散或连续), 用记号 $\mathrm{d}x$ 表示 x 的两个连续值的差. 他说 "差与和是彼此的逆, 级数的差之和是级数的一个项, 级数的和之差也是级数的一项; 前者表示为 $\int \mathrm{d}x = x$, 后者表示为 $\mathrm{d} \int x = x$". 通过这种方式, 莱布尼茨在 1675 年 10 月至 11 月的笔记中提出了我们现在所说的微积分基本定理: 作为求和过程的积分是微分的逆. 这一思想的产生是莱布尼茨创立微积分的标志. 实际上, 他的微积分理论正是以这个被称为微积分基本定理的重要结论为出发点.

基于微积分基本定理, 莱布尼茨把给定曲线下的面积与相关曲线在任意点 x 处的切线斜率的表达式联系起来. 给定一条曲线 $y(x)$, 在 $x = a$ 和 $x = b$ 之间曲线下的面积 Q 可以表示为宽度为 $\mathrm{d}x$、高度为 $y(x)$ 的无限小矩形的无穷和, 因此 $Q = \int_a^b y(x) \mathrm{d}x$. 如果有一个级数 $z(x)$ 的一般项表达式, 它的连续项之间的差是 $\mathrm{d}z = y(x) \mathrm{d}x$, 我们可以应用差分原理: 差的总和等于最后一项与第一项的差, 称之为评估第一项和最后一项之间的定积分:

$$\int_a^b y(x) \mathrm{d}x = z(b) - z(a).$$

曲线 $z(x)$ 在任意一点 x 处的切线斜率可以表示为 $\frac{\mathrm{d}z}{\mathrm{d}x}$: 无穷小直角三角形两边的商, 即 "特征三角形". 根据 z 的定义, $\mathrm{d}z = y(x) \mathrm{d}x$, 所以

$$\frac{\mathrm{d}z}{\mathrm{d}x} = y(x).$$

这样就建立了求曲线的切线与曲线下面积的基本联系.

　　把一个连续变化量的差看作"微分"运算,把无穷和作为"积分"运算,上述推理表明(尽管不严格)运算 $\frac{\mathrm{d}}{\mathrm{d}x}$ 与 $\int \mathrm{d}x$ 是彼此的逆. 1675 年 10 月,莱布尼茨推导出分部积分公式,即

$$\int x\mathrm{d}y = xy - \int y\mathrm{d}x.$$

1676 年 11 月前后,莱布尼茨又给出一般的微分法则

$$\mathrm{d}x^n = nx^{n-1}\mathrm{d}x,$$

和积分法则

$$\int x^n\mathrm{d}x = \frac{x^{n+1}}{n+1}.$$

　　从莱布尼茨的笔记可以看出,他和牛顿一样,在微积分中常常采用略去无穷小的方法. 莱布尼茨认为:"考虑这样一种无穷小量将是有用的,当计算它们的比值时,不把它们当作零. 但是,只要它们与不可比较的量一起出现时,就把它们舍弃. 例如,如果我们有 $x + \mathrm{d}x$,就把 $\mathrm{d}x$ 舍弃."

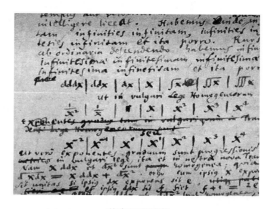

莱布尼茨手稿

　　莱布尼茨于 1684 年在《学艺》(*Acta Eruditorum*)上发表他的第一篇微分学论文《一种求极大极小和切线的新方法》,简称《新方法》,比牛顿的《自然哲学的数学原理》早了三年时间,是世界上最早公开出版的微积分文献. 他在《新方法》中对微分给出如下定义:横坐标 x 的微分 $\mathrm{d}x$ 是一个任意量,纵坐标 y 的微分 $\mathrm{d}y$ 是与 $\mathrm{d}x$ 之比等于纵坐标与次切线之比的那个量,即

$$\frac{\mathrm{d}y}{\mathrm{d}x} = \frac{y}{\text{次切线}}.$$

不过莱布尼茨没有给出严格的切线定义,他只是说"求切线就是画一条连接曲线上距离为无穷小的两点的直线".

　　《新方法》给出了现代微分符号和基本微分法则,极值的条件 $\mathrm{d}y = 0$ 及拐点的条件 $\mathrm{d}^2y = 0$ 等系列重要结果. 依据莱布尼茨的笔记,1675 年 11 月他已经完成了一套完整的微分学.

1686 年，莱布尼茨又在《学艺》上发表他的积分学论文《深奥的几何与不可分量和无限的分析》，它是《新方法》的姊妹篇. 前者以讨论微分为主，而本文以讨论积分为主. 文中首次引入了沿用至今的积分符号 $\int$，还用积分表示超越曲线，如 $\int(a^2 \pm x^2)\mathrm{d}x$. 莱布尼茨强调说，不能在积分号 $\int$ 下忽略乘以 $\mathrm{d}x$，因为积分是无穷小矩形 $y\mathrm{d}x$ 之和. 但是"积分"一词是由约翰第一·伯努利于 1696 年提出的.

莱布尼茨还是数学史上最伟大的符号学者，他在创立微积分的过程中花费很多时间选择精巧的符号. 他认识到，好的符号可以精确、深刻地表达概念、方法和逻辑关系. 他曾说："要发明就得挑选恰当的符号. 要做到这一点，就要用含义简明的少量符号来表达或比较忠实地描绘事物的内在本质，从而最大限度地减少人的思维劳动. "莱布尼茨发明的微分和积分符号沿用至今，这些优越的符号对微积分的创立、发展和传播产生了积极作用. 莱布尼茨还发明了一些其他符号和数学名词，例如"函数"和"坐标"等.

7.3　微积分优先发明权之争

牛顿建立微积分是从运动学的观点出发，而莱布尼茨是从几何学的角度出发. 莱布尼茨虽晚于牛顿发明微积分，但他发表微积分的著作却早于牛顿. 在微积分符号的创立方面莱布尼茨也优于牛顿. 两人对微积分都作出了重大贡献，却发生了优先权之争.

牛顿创立了称之为流数法的微积分，并没有及时地将他的成果公之于世，而仅仅是将私人稿件在朋友之间传阅，10 年后才正式出版相关著作.

莱布尼茨是在晚 10 年之后的 1675 年才开始创立微积分，那段时间是他最多产的一个时期，当时他住在巴黎. 莱布尼茨在接下来的 10 年里不断完善这一发现，创立了一套独特的微积分符号系统，并于 1684 年和 1686 年分别发表两篇关于微积分的论文. 正是因为这两篇论文，莱布尼茨才得以宣称自己是微积分的第一创始人. 微积分意义是如此重大，到 1700 年，莱布尼茨在整个欧洲被公认为当时最伟大的数学家.

莱布尼茨的论文发表后，牛顿的朋友曾向牛顿介绍了莱布尼茨的论文. 牛顿对论文中的内容感到非常惊讶，并表示自己早在 20 年前就已经有了类似的思考，但没有公开发表. 牛顿在《自然哲学的数学原理》中有这样一段评注："十年前，我在给学问渊博的数学家莱布尼茨的信中曾指出：我发现了一种方法，可用于求极大值与极小值、作切线及解决其他类似的问题，而且这种方法也适用于无理数. 这位名人回信说他也发现了类似的方法，并把他的方法写给我. 他的方法与我的大同小异, 除了用语、符号、算式和量的产生方式外, 没有实质性区别. "

依靠自己多年建立的巨大声望, 牛顿指使亲信撰文攻击莱布尼茨. 牛顿的支持者们暗示莱布尼茨剽窃了牛顿的理念, 并帮着牛顿反驳各种回应和指责. 牛顿这么做并非出于纯粹的恶意或嫉妒, 而是他的确相信莱布尼茨剽窃了他的成果. 在他看来, 这场关于微积分的战争是恢复自己名誉以及夺回自己最重要的学术成果的好机会.

莱布尼茨也毫不相让, 任何人都不会对这样的攻击置之不理. 在支持者的帮助下, 他奋起反击, 宣称事实的真相是牛顿借用了自己的理念. 他积极联络欧洲的学者们, 一封接一封地写了许多信为自己辩护. 莱布尼茨还匿名发表了多篇为自己辩护以及攻击牛顿的文章, 将争论引入到政府层面.

1699 年年初, 皇家学会的其他成员们指控莱布尼茨剽窃了牛顿的成果, 争论在 1711 年全面爆发了. 牛顿所在的英国皇家学会宣布, 一项调查表明牛顿是真正的发现者, 而莱布尼茨被斥为骗子. 后来, 人们发现该调查的结语是牛顿本人所写, 因此遭到了质疑 (牛顿是皇家学会主席, 虽然由他写结语是正常流程, 但是作为当事人应当回避).

微积分发明权之争除了各种目的的推波助澜, 还有狭隘的民族偏见. 由于英国数学家迟迟不肯接受莱布尼茨的优良符号系统, 仅沉醉于牛顿的成就, 执着于牛顿的微积分符号、难懂的极限观念, 自外于欧陆的进展而不自知. 直到 1820 年, 英国部分科学家才幡然醒悟, 开始采用莱

牛顿与莱布尼茨之争

布尼茨的符号与思想. 但是, 英国早已失去了科学研究的主导地位. 而欧洲大陆的数学家很快就接受了莱布尼茨的优越符号, 通过瑞士的伯努利家族和欧拉, 法国的达朗贝尔、拉格朗日和拉普拉斯等人的努力, 欧洲大陆的数学很快取得了丰硕成果, 引领了近代数学的发展.

大多数现代历史学家都相信, 牛顿与莱布尼茨独立地创立了微积分, 创造了各自独特的符号. 牛顿、莱布尼茨的微积分与被认为 "令人满意" 的现代微积分, 两者之间的空白是由多位数学家的工作填补起来的, 经过大约 150 年的发展, 最终才形成一门逻辑相对完整和严密的微积分. 具体内容见 8.3.2 节.

第8章　无穷悖论与三次数学危机

悖论，指的是逻辑学和数学中的"矛盾命题"。表面上，同一命题或推理中隐含着两个对立的结论，而这两个结论都能自圆其说。悖论的抽象公式是：如果是 A，则导出非 A；如果非 A，则导出 A。悖论是思维内容与思维形式、思维主体与思维客体、思维层次与思维对象、思维结构与逻辑结构的不对称。所有悖论都是因形式逻辑的思维方式而产生，是形式逻辑的思维方式解释不了、解决不了的错误。解悖就是运用对称逻辑思维方式发现并纠正悖论中的逻辑错误。

人类的认识从有限到无限是一个质的飞跃，当人们把有限的观念简单地应用到无限时，就可能产生悖论。近代数学在提出无穷学说之后，果然像希腊人担心的那样，在数学界引起了混乱，令数学家烦恼不已。

第一次数学危机发生在约公元前 400 年，导致无理数的产生；第二次数学危机发生在 17 世纪微积分诞生后，实质问题是无穷小量的刻画，最后由柯西和魏尔斯特拉斯解决；第三次数学危机发生在 19 世纪末，罗素的理发师悖论引起数学界的轩然大波，最后产生了不同的数学学派，给出了不同的解决途径，其一是将集合论建立在一组公理之上，以回避悖论来缓解数学危机。

8.1　无穷悖论

无穷悖论，也就是由无穷导致的悖论。这里介绍几个著名的无穷悖论。这些悖论提醒人们，在研究无穷过程时直觉是一种不可靠的向导，必须明确无穷的概念和意义。正如 1926 年希尔伯特在《论无穷》中所说："没有任何问题可以像无穷那样深深地触动人的情感，很少有别的观念能像无穷那样激励理智、产生富有成果的思想，也没有任何其他的概念能像无穷那样需要加以阐明。""无限！再也没有其他问题能如此深刻地打动过人类的心灵。"

8.1.1　希尔伯特旅馆悖论

这是希尔伯特提出的一个集合悖论。其内容是：旅馆有无限个房间，并且每个房间都住了客人。一天，来了一位新客人。老板说："虽然我们已经客满，但你还是能住进来。我让 1 号房间的客人搬到 2 号房间，2 号房间的搬到 3 号房间⋯⋯n 号房间的搬到 $n+1$ 号房间，你就可以住进 1 号房间了。"又一天，来了无限多位客人. 老板又说:"不用担心,大家仍然都能住进来. 我让 1 号房间的客人搬到 2 号房间, 2 号的搬到 4 号, 3 号的搬到 6 号……n 号的搬到 $2n$ 号,然后你们排好队,依次住进奇数号的房间吧."

虽然把它叫作一个悖论,但是在逻辑上它是正确的,只不过出乎人们的意料罢了.

8.1.2 托里拆利小号

意大利数学家埃万杰利斯塔·托里拆利将 $y = 1/x$ 中 $x \geqslant 1$ 的部分绕着 x 轴旋转一圈,得到了下面的小号状图形(下图只显示了它的一部分). 然后他算出了这个小号的一个十分惊人的性质——它的表面积无穷大而体积却是 π. 这明显有悖于人们的直觉:体积有限的物体,表面积却可以是无限的!换句话说,填满整个托里拆利小号只需要有限的油漆,把托里拆利小号的表面刷一遍却需要无限多的油漆!

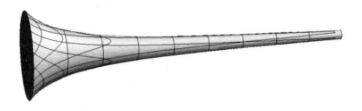

类似的二维几何悖论中,最著名的要数"科赫雪花"(Koch Snowflake).科赫雪花是一种经过无穷多次迭代生成的分形图形,它也有一个类似的性质:面积有限的平面图形,其边界的周长却是无限的. 用无限的周长包围了一块有限的面积,感到奇怪吧!

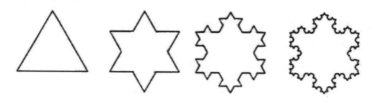

科赫雪花(曲线)

科赫雪花是瑞典数学家黑尔格·冯·科赫于 1904 年给出的分形图案,构造方法如下:先画一个等边三角形. 把这个三角形的每条边都三等分,而后分别在各边的中间部分向外作正三角形,再把图形内部的线抹掉(只保留外边界线),就得到第二个图中的六角形,它共有 12 条边. 接着把这个六角形的每条边都三等分,然后分别在各边的中间部分向外作正三角形,再把图形内部的线抹掉就得到第三张图. 反复实施这一过程, 无穷多次后就会得到一条"雪花"样子的科赫曲线.

托里拆利小号和科赫雪花的提出, 向 19 世纪的数学家提出了挑战, 因为这种图形打破了人们的直觉观念.

8.1.3 芝诺悖论

芝诺悖论是由古希腊哲学家芝诺提出的一组悖论, 其中的几个还可以在亚里士多德的《物理学》一书中找到, 最著名的是下面四个关于运动的悖论.

（1）二分法悖论: 运动是不可能的. 你要到达终点, 必须先到达全程的二分之一处, 而要到达二分之一处, 必须先到达四分之一处……每当你想到达一个点, 总有一个中点需要先到, 所以你永远也到不了终点. 其实, 你根本连动都动不了, 运动是不可能的.

（2）阿基里斯悖论: 在追赶比赛中, 如果乌龟一开始领先希腊勇士阿基里斯, 那么阿基里斯永远也追不上乌龟. 因为要想追上乌龟, 阿基里斯必须先到达乌龟现在的位置; 等阿基里斯到了这个位置之后, 乌龟已经又前进了一段距离. 如此下去, 阿基里斯永远追不上乌龟. 该论点同于二分法悖论, 其差异是不必把所需通过的路程一再平分.

阿基里斯追赶乌龟

（3）飞矢不动悖论: 设想一支飞行的箭, 在每一时刻它位于空间中的一个特定位置. 由于时刻无持续时间, 所以箭在每个时刻只能是静止的. 鉴于整个运动期间只包含时刻, 而每个时刻箭都是静止的, 所以芝诺断定, 飞行的箭总是静止的, 它不可能在运动.

（4）游行队伍悖论: 假设在操场上, 在一瞬间（一个最小时间单位）, 相对于观众席 A, 队列 B 和 C 分别向右和左移动一个距离单位.

□□□□ 观众席 A

▶▶▶▶ 队列 B ⋯ 向右移动 (†→)

◀◀◀◀ 队列 C ⋯ 向左移动 (†←)

此时对 B 而言, C 移动了两个距离单位. 即队列既可以在一个最小时间单位里移动一个距离单位, 也可以在半个最小时间单位里移动一个距离单位, 这就产生了半个时间单位等于一个时间单位的矛盾, 因此队列不能移动.

　　这四个悖论揭示的问题是深刻而复杂的. 前三个悖论揭示的是事物内部的稠密性与连续性之间的区别, 是无限可分与有限长度之间的矛盾. 他并不是简单地否认运动, 而是反对那种认为空间是点的总和、时间是时刻之和的概念, 他想说明在空间作为点的总和的观念下运动是不可能的. 第四个悖论是古代文献中第一个涉及相对运动的问题. 芝诺悖论的提出, 意在倡导注重逻辑世界而非经验感官.

　　芝诺是对于离散性、连续性、无穷大、无穷小等诡谲概念作诘疑, 切中了数学和哲学的要害. 芝诺的功绩在于把动和静的关系、无限和有限的关系、连续和离散的关系醒目地摆了出来, 并进行了辩证的考察. 这些悖论引起了人们对哲学、物理学、数学许多基本问题的讨论, 对离散与连续、有限与无限、时间与空间等概念的发展起到了重要的推动作用.

　　芝诺悖论的出现增加了数学家们的担忧: 数学还是一门精确的科学吗? 宇宙的谐和性是否还存在?

　　罗素曾经说过, 这组悖论"为从他 (芝诺) 那时起到现在所创立的几乎所有关于时间、空间以及无限的理论提供了土壤". 阿尔弗雷德·怀特黑德这样形容芝诺: "知道芝诺的人没有一个不想去否定他, 所有人都认为这么做是值得的. "许多热爱思考的人都被这些悖论所吸引, 试图给出合理的解释.

　　亚里士多德对阿基里斯悖论的解释是: "当追赶者与被追者之间的距离越来越小时, 追赶所需的时间也越来越少. "他说: "无限个越来越小的数加起来的和是有限的, 所以可以在有限的时间追上. "不过他的解释并不严格, 因为很容易举出反例: 调和级数

$$1 + \frac{1}{2} + \frac{1}{3} + \frac{1}{4} + \cdots$$

的每一项越来越小并且都趋向于零, 但是它的和却是发散的.

　　阿基米德发现了一种类似于几何级数求和的方法, 而问题中所需的时间是成倍递减的, 正是一个典型的几何级数, 所以追上的总时间是一个有限值. 总算为这个悖论提供了一个说得通的解释. 直到 19 世纪末, 数学家们才为无限过程给出了一个形式化的描述.

　　尽管我们可以用数学方法算出阿基里斯在哪里以及什么时候追上乌龟, 但一些哲学家认为, 这些证明依然没有解决悖论提出的问题. 出人意料的是, 芝诺悖论在作家之中非常受欢迎, 托尔斯泰在《战争与和平》 (创作于 1863—1869 年) 中就谈到了阿基里斯和乌龟的故事, 刘易斯·卡罗尔写了一段阿基里斯和乌龟之间的对话, 豪尔赫·博尔赫斯也多次在他的作品中谈到阿基里斯悖论.

无穷二分需要无穷多次的动作,每次动作所需的时间都不可能"非常小"(趋向于零),所以不可能在有限的时间内做出无穷多次的动作.这就是芝诺悖论的问题所在.

8.1.4 球与花瓶悖论

我们有无限个球和一个花瓶,现在进行一系列操作,每次操作都是一样的:往花瓶里面放10个球,然后取出一个球.那么,无穷多次这样的操作之后,花瓶里有多少个球呢?1953年,李特尔伍德在《一个数学家的集锦》一书中的第5页以"一个无穷悖论"为题目提出了该悖论.1976年,谢尔登·罗斯在他的《概率论第一课》中又详细介绍了这个问题,所以它又被称为"李特尔伍德-罗斯悖论".

看似简单的描述,经过数学家的解释,却出现了千奇百怪的答案.最直观的答案当然就是花瓶里面有无限个球了,因为每次都增加9个球,无限次之后当然有无限个球.让我们看看下面的操作:如果第一次放进1~10号球而取出1号球,第二次放入11~20号球而取出2号球……这样n号球总是在第n次操作后被取出来,所以无限次操作下去,每个球都会被取出来,最后花瓶里面没有球!如果改成依次取10号球、20号球、30号球,那么最后瓶子里就有无限个球.哪种观点是正确的呢?逻辑学家詹姆斯·亨勒和泰马祖科认为,花瓶里有任意个球.他们还给出了具体的构造方法,说明最终花瓶里的球可以是任意数目.

8.1.5 无限长的杆——理想模型带来的悖论

数学家和逻辑学家雷蒙德·斯穆里安在一本庆贺加德纳90岁生日的书中介绍了下面的有趣问题.

有一张无限大的桌子,上面竖直地插着一根有限长的支柱.然后取一根无穷长的金属杆,把它的一头铰接在支柱顶端,另一头则伸向无穷远处.金属杆可以绕着支柱顶端自由地上下转动.假设金属杆和桌子都是无比坚硬的刚体.你会发现,这根无限

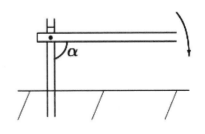

长的金属杆根本不会往下转动!唯一的结果就是金属杆与桌面平行.我们看到的就是一根无限长的金属杆,在空中仅靠一个铰接点就保持水平!

8.2　无理数的发现与第一次数学危机

第一次数学危机是数学史上最重大的事件，发生于大约公元前 400 年的古希腊时期，自无理数 $\sqrt{2}$ 的发现起，到公元前 370 年前后，以给出无理数的定义为结束标志. 这次危机，冲击了一直在西方数学界占据主导地位的毕达哥拉斯学派，同时标志着西方世界关于无理数研究的开始，也说明几何量不能完全由整数及其比来表示.

8.2.1　无理数的发现与危机的产生

公元前 6 世纪，在古希腊学术界占统治地位的毕达哥拉斯学派，其思想在当时被认为是绝对权威的真理. 它倡导的是一种被称为 "唯数论" 的哲学观点，他们认为宇宙的本质就是数的和谐、万物皆数，而数只有两种——正整数和分数，除此之外不再有其他的数.

毕达哥拉斯学派在数学上的一项重大贡献是证明了毕达哥拉斯定理，也就是我们所说的勾股定理. 然而不久，希帕索斯发现边长相等的正方形其对角线长并不能用整数或整数之比来表示. 假设正方形边长为 1，并设其对角线长为 d，依勾股定理应有 $d^2 = 1^2 + 1^2 = 2$，那么 d 是多少呢？显然 d 不是整数，所以它是两个整数之比. 希帕索斯花了很多时间来寻找这两个整数，没有成功，反而找到了 "不可比"（"不可通约"，不是分数）的证明. 用反证法证明如下：假设这两个整数是 m, n，即 $d = n/m$. 那么，$n^2 = 2m^2$. 把 m 与 n 的公约数约去，即 m 和 n 已经互素. 于是 n 为偶数，m 为奇数，不妨令 $n = 2s$. 则有 $(2s)^2 = 2m^2$，$m^2 = 2s^2$，于是 m 为偶数，这与前面已证 m 为奇数矛盾.

历史上，人们把这一发现称为毕达哥拉斯悖论. 希帕索斯正是因为这一发现才被毕氏学派的人投进了大海，以作惩罚. 还有一种说法，毕氏学派早就发现了这件事情，因为希帕索斯泄露了秘密才被投进大海的.

无理数的发现引发了第一次数学危机，对依靠整数的毕氏哲学是一次致命的打击，并且无理数看起来与常识似乎相矛盾. 几何上的对应情况也同样令人惊讶，因为与直观相反，存在与 1 不可通约的线段. 由于毕氏学派关于比例的定义中假定了任何两个同类量都是可通约的，所以他们的 "比例理论" 中的所有命题都局限于可通约的量，关于相似形的一般理论也失效了.

更糟糕的是，面对这种荒谬，人们竟然毫无办法，以至于有一段时间，毕氏学派尽力掩盖这一事实. 但是，人们很快发现了许多不可通约的例子. 西奥多罗斯指出，面积等于 3, 5, 6, $\cdots$, 17 的正方形的边长与 1 也都不可通约，并对每一种情况都单独给出了证明. 随着时间的推移，无理数的存在逐渐成为人所共知的事实.

8.2.2 危机的解决与影响

大约公元前370年，毕氏学派的欧多克索斯通过给比例下新定义的方法，部分地消除了危机. 之所以说部分地消除，是因为"一切都可以归结为整数比"的错误仍然没有办法解决. 他处理不可通约量的方法出现在欧几里得《几何原本》第5卷（比例论）中，并且与戴德金在1872年给出的无理数的现代解释基本一致.

严格来说，第一次数学危机的最后解决，是1872年戴德金从连续性要求出发，借助于对有理数作"分割"（见9.3.1节）来定义无理数，并把实数理论建立在严格的科学基础上，才结束了无理数被认为"无理"的时代，也结束了数学史上持续两千多年的第一次大危机.

第一次数学危机的产生与解决，对整个数学的发展有巨大的影响与非常积极的作用.

（1）此前的各种数学，无非都是"计算"，是从具体问题出发. 埃及、巴比伦、中国、印度等国的数学，因为没有经历这样的危机和革命，所以继续走着以计算和应用为主的道路. 由于第一次数学危机的产生和解决，希腊数学则走上完全不同的发展道路，形成了欧几里得的公理体系与亚里士多德的逻辑体系. 自此以后，希腊人把几何看成全部数学的基础，把数的研究隶属于形的研究，割裂了它们之间的密切关系. 这样做的最大弊端是放弃了对无理数本身的研究，使算术和代数的发展受到极大限制，基本理论十分薄弱.

（2）实数理论. 这次数学危机极大地推动了数学及其相关学科的发展，使人们第一次认识到了无理数的存在，给出了无理数的严格定义，提出了一个包含有理数和无理数的新数类——实数，并建立了完整的实数理论，为数学分析的发展奠定了基础.

（3）几何公理. 第一次数学危机表明，直觉和经验不一定靠得住，推理证明才是可靠的. 从此希腊人开始重视演绎推理，从"自明"的公理出发建立几何公理体系，欧氏几何学便应运而生. 第一次数学危机极大地推动了几何学的发展，使几何学在此后两千年里成为几乎全部严密数学的基础. 这是数学思想的一次革命，是第一次数学危机的自然产物.

8.3 贝克莱悖论与第二次数学危机

这次危机的萌芽出现在大约公元前450年，芝诺发现了由于对无限的理解问题而产生的矛盾，提出了关于时空的有限与无限的一组悖论. 芝诺揭示的矛盾是深刻而复杂的，在数学王国掀起了一场轩然大波，也说明希腊人已经看到了"无穷小"与"很小很小"的矛盾.

8.3.1　无穷小问题与危机爆发

经过人们多年的努力, 终于在 17 世纪晚期形成了无穷小演算——微积分这门学科. 微积分诞生之后, 数学迎来了一个空前的繁荣期, 17 世纪被称为数学史上的英雄世纪. 这个时期的数学家们, 在几乎没有逻辑支持的前提下, 勇于开拓并征服了众多的科学领域. 把微积分应用于天文学、力学、光学、热学等领域, 并获得了丰硕的成果. 人们用微分学理论发现了哈雷彗星, 用积分学理论计算任意平面图形的面积. 又发展了微分方程理论、无穷级数理论, 极大地扩展了数学研究的范围.

尽管当时的数学家们知道他们的微积分概念是不清楚的、证明也是不充分的, 但是由于许多结果为经验和观测所证实, 人们相信在缺乏逻辑的基础上得出的结论是正确的. 因而就出现了这样的局面: 一方面是成果丰硕, 另一方面是基础不稳固, 出现了越来越多的谬论和悖论. 微积分薄弱的基础遭到了许多数学家和非数学家们的非议与批评. 即使是两位微积分的创立者牛顿和莱布尼茨也对此学科的基本概念不满意. 例如, 瞬时速度是 $\frac{\Delta s}{\Delta t}$ 当 Δt 趋向于零时的值. 量 Δt 是零、是很小的量, 还是其他什么? 这个无穷小量究竟是不是零? 由此引起了数学界乃至哲学界长达一个半世纪的争论.

牛顿当时是这样求函数 $y = x^n$ 的导数:

$$(x + \Delta x)^n = x^n + nx^{n-1}\Delta x + \frac{n(n-1)}{2}x^{n-2}(\Delta x)^2 + \cdots + (\Delta x)^n,$$

然后用函数的增量 Δy 除以自变量的增量 Δx 得

$$\frac{\Delta y}{\Delta x} = \frac{(x + \Delta x)^n - x^n}{\Delta x}$$

$$= nx^{n-1} + \frac{n(n-1)}{2}x^{n-2}\Delta x + \cdots + nx(\Delta x)^{n-2} + (\Delta x)^{n-1},$$

最后舍弃含有无穷小量 Δx 的项, 即得函数 $y = x^n$ 的导数

$$\frac{\mathrm{d}y}{\mathrm{d}x} = nx^{n-1}.$$

对于牛顿计算导数的过程, 英国大主教乔治·贝克莱很快就发现了问题. 1734 年, 他用"渺小的哲学家"之名出版了一本标题很长的书, 对牛顿的理论进行了攻击. 他一针见血地指出:"的确, 必须承认他使用了流数······这些流数是什么? 是渐近于零的增量. 那么这些相同的渐近于零的增量又是什么呢? ······先用 Δx 为除数除 Δy, 说明 Δx 不等于零, 而后又舍弃含有 Δx 的项, 说

明 Δx 等于零，这岂不是自相矛盾吗？"因此，贝克莱把"微小增量"嘲讽为"无穷小精灵"，认为微积分是依靠双重的错误得到了正确的结果，说微积分的推导是"分明的诡辩"．这就是著名的"贝克莱悖论"．贝克莱悖论可以笼统地表述为：无穷小量究竟是否为零？

的确，这种在同一个问题的讨论中将所谓的无穷小量有时作为零，有时又异于零的做法不得不让人怀疑．无穷小量究竟是不是零？无穷小及其分析是否合理？贝克莱悖论的出现危及到微积分的基础，引起了数学界长达两个多世纪的论战，从而出现了数学发展史中的第二次危机．

关于第二次数学危机，自其爆发开始直到 21 世纪，始终都存在着不同观点．欧拉坚持认为在求导数的运算中，其结果应该是 $\frac{0}{0}$．他举例说，如果计算地球的大小或质量，则一颗灰尘，甚至成千上万颗灰尘的误差都是可以忽略的．但是在微积分运算中，"几何的严格性连这样小的误差也不允许"．马克思在他的《数学手稿》中说得更明确：求导数的运算结果应该是严格的、特定的 $\frac{0}{0}$．批判了所谓"无限趋近"的说法．同时也有言论称，该危机在 20 世纪前的数学研究体制下无法彻底解决．

无穷小量究竟是不是零？两种答案都会导致矛盾．牛顿曾做过三种不同的解释：1669 年说它是一种常量，1671 年又说它是一个趋于零的变量，1676 年又用"两个正在消逝的量的最终比"所代替．但是，他始终无法解决上述矛盾．莱布尼茨曾试图用与无穷小量成比例的有限量的差分来代替，但是也没有找到从有限量过渡到无穷小量的桥梁．

8.3.2 极限理论的建立、危机的解决与影响

第二次数学危机的出现，迫使数学家们不得不认真对待无穷小量，为了克服由此引起的思维上的混乱并解决这一危机，无数人投入了大量的精力．

为补救第二次数学危机，第一个提出真正有见地意见的是达朗贝尔．他在 1754 年指出，必须用可靠的理论去代替当时使用的粗糙的极限理论．但是他本人未能提供这样的理论．拉格朗日为了避免使用无穷小推理和当时还不明确的极限概念，曾试图把整个微积分建立在泰勒展开式的基础上．但是，这样考虑的函数范围太窄了，不用极限概念也无法讨论无穷级数的收敛问题，他以幂级数为工具的代数方法也未能解决微积分的奠基问题．

捷克数学家波恩哈德·波尔查诺于 1817 年出版的著作《纯粹分析的证明》，首次给出了连续性和导数的恰当定义，提出一般级数收敛的判别准则．微积分严格化的收官人，公认是柯西和魏尔斯特拉斯．柯西在 1821 年至 1823 年间出版的《分析教程》和《无穷小计算讲义》是数学史上划时代的著作，给出了数学分析一系列基本概念的精确定义．例如，他给出了精确的极限定义，然

后用极限定义连续性、导数、微分、定积分和无穷级数的收敛性. 魏尔斯特拉斯又用 $\varepsilon\text{-}\delta$ 定义 (语言) 一举克服了 "极限困难",建立了极限理论. 至此,第二次数学危机算是圆满解决. 极限的 $\varepsilon\text{-}\delta$ 定义就是用静态的 $\varepsilon\text{-}\delta$ 刻画动态极限,用有限描述无限过程. 它是从有限到无限的桥梁,刻画了有限与无限的关系,使微积分朝科学化前进了一大步.

极限理论的建立加速了微积分的发展,它不仅在数学上,而且在认识论上也有重大意义. 为探究极限理论的基础,经过戴德金、康托尔、海因里希·海涅、魏尔斯特拉斯和波尔查诺等人的努力,产生了实数理论 (见 9.3.1 节). 在考查实数理论的基础时,康托尔又创立了集合论 (见 9.3.2 节). 有了极限理论、实数理论和集合论三大理论后,微积分才有了比较稳固和完美的基础,结束了 200 多年的纷争局面,进而开辟了下一个世纪的函数论发展道路.

这次危机不但没有阻碍微积分的迅猛发展和广泛应用,反而让微积分驰骋在各个科技领域,解决了大量的物理、天文和数学问题,极大地推进了工业革命的发展. 经过这次危机的洗礼,微积分不断被系统化、完整化,发展出不同的分支,成为 18—19 世纪数学世界的 "霸主".

8.4　罗素悖论与第三次数学危机

极限理论、实数理论和集合论的建立,解决了微积分的理论基础问题,历经两个多世纪,终于排除了第二次数学危机. 1900 年在巴黎召开的国际数学家大会上,庞加莱兴奋地宣布:"数学的严格性,看来今天才可以说实现了. " 当时的数学家都喜气洋洋,非常乐观.

表面上看,康托尔的朴素集合论为数学建立了牢不可破的公理体系大厦,然而当这座大厦快要完工时,第三次数学危机不期而至.

8.4.1　罗素悖论与危机的产生

1897 年 3 月 28 日,在意大利巴勒莫会议上,萨雷·布拉利-福尔蒂宣读了一篇论文,公布了他的发现,现在称为布拉利-福尔蒂悖论,亦称最大基数悖论. 这是集合论历史上的第一个悖论,从此拉开了第三次数学危机的序幕. 1899 年,康托尔发现了相似的悖论. 1902 年,罗素又发现一个悖论,只涉及集合概念本身而不涉及别的概念. 罗素悖论曾被以多种形式通俗化,其精确表述是:设集合 B 是一切不以自身为元素的集合所组成的集合,问 B 是否属于 B? 若 B 属于 B,按定义 B 不属于自身,矛盾;反之,若 B 不属于 B,按定义 B 是自身中的元素,即 B 属于 B,也矛盾. 这样,利用集合的概念,罗素导出了一个悖论:集合 B 属于 B 当且仅当集合 B 不属于 B.

最著名的莫过于罗素给出的"理发师悖论".一位理发师宣布了这样一条原则:他为且只为自己村子里不给自己刮胡子的人刮胡子.那么现在的问题是,这位理发师的胡子应该由谁来刮?如果他自己给自己刮胡子,他就是村子里给自己刮胡子的人,根据他的原则,他就不应给自己刮胡子;如果他不给自己刮胡子,他就是村子里不给自己刮胡子的人,按他的原则他就该为自己刮胡子.这个悖论也可以叙述为:理发师给自己刮胡子,当且仅当理发师不给自己刮胡子.还有大家熟悉的"说谎者悖论",简单地说就是:我说的这句话是假的.试问这句话是真是假?

罗素悖论①出现之后,其他人接着又发现一系列悖论,使集合论受到了空前的质疑和冲击,动摇了数学大厦的根基,第三次数学危机爆发.弗雷格在收到罗素的信之后,在他刚要出版的《算术的基本法则》第2卷末尾写道:"一位科学家不会碰到比这更难堪的事情了,即在工作完成之时,它的基础垮掉了.当这本书在等待印刷时,罗素先生的一封信把我置于这种境地."戴德金也因此推迟了他的《什么是数的本质和作用》一书的再版.

8.4.2 危机的解决与影响

第三次数学危机产生后,数学家纷纷提出自己的解决方案.人们希望能够通过对康托尔的集合论进行改造,通过对集合的定义加以限制来排除悖论,这就需要建立新的原则.这些原则必须足够狭窄,以保证排除一切矛盾;另一方面又必须充分广阔,使康托尔集合论中一切有价值的内容得以保存.

以罗素为主要代表的逻辑主义学派提出了类型论以及后来的曲折理论、限制大小理论、非类理论和分支理论,这些理论都对消除悖论起到了一定的作用.1908年德国数学家恩斯特·策梅洛提出了比较完整的公理,这些公理指明了对集合的哪些操作是合法的.策梅洛认为,适当的公理体系可以限制集合的概念,从逻辑上保证集合的纯粹性.德国数学家阿道夫·弗伦克尔于1919年出版了《集论导引》,在策梅洛的基础上进行完善和补充,形成了ZF公理系统.ZF公理系统加上选择(AC)公理,就称为ZFC集合论公理系统.1963年,科恩发展了强迫理论,并在ZF公理系统的基础上证明了连续统假设和选择公理是独立的.

ZFC集合论公理系统的建立,消除了朴素集合论中的各种矛盾,在"某种意义"上解决了第三次数学危机.

虽然ZFC集合论公理系统解除了朴素集合论的困境,但是它同样也面临

---

① 很多人说罗素悖论只是对集合定义的一种诡辩而已,可是到现在都没人能完美解决这一所谓的诡辩.罗素悖论很像这样的问题:总是首先把自己置身事外,再换个角度看自己又处于事物之中.那么自己到底在事物之中,还是事物之外呢?

极大的挑战. 首先，它没有解决自身系统的相容性问题. 其次，即使一个集合论公理系统是相容的，公理化集合论所筛选出来的公理体系也很不完全，还有许多有意义的集合论问题在这些系统中得不到好的答案.

第三次数学危机对数学的发展起到了巨大的作用，它不但促进了数学基础理论的研究，还推动了数理逻辑的发展，更重要的是促进了哥德尔不完全性定理的诞生.

第9章　数学革命——非欧几何学、群论与集合论

非欧几何改变了人们对"形"的认识,数学从传统的束缚下解放出来,并诞生了新的数学分支.群论颠覆了以前人们对代数结构和运算的认识,是代数学的第二次革命和解放.集合论的创立为整个数学奠定了基础,被认为是"数学思想的最惊人产物,在纯粹理性的范畴中人类活动的最美表现之一".所以说,非欧几何学、群论与集合论是19世纪数学的三大革命.

9.1　非欧几何学

"非欧几何"即非欧氏几何,是指不同于欧氏几何学的几何体系.非欧几何学是一门大的数学分支,一般来讲,有广义、狭义、通常意义这三个方面的不同含义.所谓广义,泛指一切和欧氏几何学不同的几何学;狭义的非欧几何只指罗巴切夫斯基几何(罗氏几何);通常意义的非欧几何是指罗氏几何和黎曼几何.罗氏几何、黎曼几何与欧氏几何最主要的区别在于公理体系中采用了不同的平行公设.

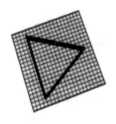
零曲率(欧氏几何)

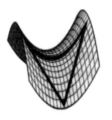
负曲率(罗氏几何)

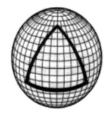
正曲率(黎曼几何)

欧氏几何学把认识停留在平面上,认为人们生活在一个绝对平的世界里.所以在平面上画出的三角形的三条边都是直的,两点之间的直线距离最短.但是在双曲面上,两点间的最短距离是曲线.如果我们生活的空间是一个双曲面(一口平滑锅的内侧),在这个双曲面上画三角形,无论如何画三边都是曲线,这样的三角形就是罗氏三角形.罗氏三角形的内角和都小于180°.如果把这个双曲面逐渐舒展成绝对平的面,这时罗氏三角形就变成了欧氏三角形,其内角和自然是180°.如果我们生活的空间是一个椭圆面或圆面,在上面画

三角形,其内角和都大于180°,两点间的最短距离依然是曲线,该几何就是黎曼几何. 在空间中光的轨迹是曲线而不是直线,我们生活的地球,其表面也是曲面而不是平面.

9.1.1   背景

欧几里得的《几何原本》提出了五条公设:

(1)过相异两点,能且只能作一直线(直线公设).

(2)线段(有限直线)可以任意地延长.

(3)以任一点为圆心、任意长为半径,可作一圆(圆公设).

(4)凡是直角都相等(角公设).

(5)两直线被第三条直线所截,如果同侧两内角和小于两个直角,那么两直线一定在该侧相交(平行公设). 该公设等价于:在平面内,过直线外一点,可且只可作一条直线与此直线平行.

长期以来,数学家们发现第五公设和前四个公设比较起来,显得文字叙述冗长,也不那么显而易见. 有些数学家还注意到欧几里得在《几何原本》一书中直到第29个命题才用到第五公设,以后再也没有使用. 也就是说,在《几何原本》中可以不依靠第五公设而推出前28个命题. 因此,一些数学家提出:"第五公设能不能不作为公设,而作为定理?能不能依靠前四个公设来证明第五公设?"这就是几何学发展史上最著名的、争论了长达两千多年的关于"平行线理论"的讨论.

从古希腊时代到1800年间,许多数学家尝试用欧氏几何学中的其他公设来证明欧几里得的平行公设,都失败了. 19世纪,德国数学家高斯、俄国数学家尼古拉斯·罗巴切夫斯基、匈牙利数学家亚诺什·鲍耶等人各自独立地认识到这种证明是不可能的. 也就是说,"平行公设"是独立于其他公设的,并且可以用"不同的平行公设"来替代它. 高斯关于非欧几何的信件和笔记生前没有发表,直到他去世后出版时才引起人们的注意. 罗巴切夫斯基(1826年宣读,1829年正式发表)和鲍耶(1825年完成,1832年作为他父亲用拉丁文所写的数学书的附录发表),独立地创立了罗氏几何学理论. 黎曼于1854年又提出了既不是欧氏几何也不是罗氏几何的新非欧几何——黎曼几何.

9.1.2   罗氏几何学

罗巴切夫斯基从1815年开始研究平行线理论. 起初他也是遵循前人的思路,试图给出第五公设的证明. 在保存下来的学生听课笔记中,就有1816—1817学年度他在几何教学中给出的一些证明. 可是,很快他便意识到自己的证明是错误的. 从前人和自己的失败中受到启发,他大胆地思索问题的反面提法:可能根本就不存在第五公设的证明.于是他转换思路,思考如果第五公设不成立会有什么结果.这是一个全新的、与传统思路完全相反的探索途径.沿着这个途径,他发现了一个崭新的几何世界.

罗巴切夫斯基用"双曲平行公设"替代欧几里得的平行公设,即在一个平面上,过已知直线外一点至少有两条直线与该直线不相交.所以罗氏几何又称为"双曲几何".在这种公理系统中,经过演绎推理,得到了一系列和欧氏几何内容不同的新几何命题,比如"三角形内角和小于180°".同时,凡是不涉及平行公设的欧氏几何命题,在罗氏几何学中也是正确的;而依赖于平行公设的欧氏命题,在罗氏几何学中都不成立.于是,具有远见卓识的罗巴切夫斯基大胆断言,这个"在结果中并不存在任何矛盾"的新公理系统可以构成一种新的几何,它的逻辑完整性和严密性可以和欧氏几何相媲美.由于尚未找到新几何在现实世界里的原型和类比物,他慎重地把"这个新几何"称为"想象几何".

罗氏几何学的创立,不仅说明欧氏第五公设是不可证明的,还带给人们重要的启示:逻辑上互不矛盾的一组假设都有可能提供一种几何学.罗氏几何学诞生后,还缺乏其现实意义.罗巴切夫斯基一生致力于此,却始终未能有所突破.

直到1868年,意大利数学家欧金尼奥·贝尔特拉米在他出版的《非欧几何解释的尝试》中,证明了罗氏几何可以在欧几里得空间中的"伪球面"(pseudosphere),即"曳物线"(tractrix)的"回转曲面"上一一对应地实现.至此,罗氏几何终于从一个无聊的"牛角尖"变成了公认的理论.长期无人问津的罗氏几何开始获得学术界的普遍关注和深入研究,罗巴切夫斯基的独创性研究也由此得到学术界的高度评价和一致赞美,他被人们赞誉为"几何学中的哥白尼".1893年,喀山大学为罗巴切夫斯基树立了世界上第一个数学家雕塑.

后来,庞加莱和克莱因在欧氏系统中也分别构造了罗氏几何的模型.

9.1.3 黎曼几何学

黎曼在前人工作的基础上,创立了一种更广泛的几何学——黎曼几何学,罗巴切夫斯基几何和欧氏几何都是黎曼几何的特例.

加斯帕尔·蒙日开创的微分几何是在欧几里得空间中考察曲面.而高斯在论文《关于曲面的一般研究》中提出了全新的概念:一张曲面本身就是一个空间,它的许多性质(距离、角度、总曲率)不依赖背景空间.这种研究曲面内在性质的微分几何就是高斯的内蕴微分几何.

黎曼首先区分了"无限"和"无界"这两个概念,以"内蕴微分几何"为基础开展几何学研究.1854年,在哥廷根大学无薪讲师职位的就职典礼上,黎曼发表了"关于几何基础中的假设"的演说，提出了既不是欧氏几何也不是罗氏几何的新非欧几何. 这篇演说通常被认为是黎曼几何学的源头. 黎曼把内蕴几何从欧几里得空间推广到任意 n 维空间，定义了距离、长度、交角，引入了子流形曲率，并重点关注"常曲率空间". 在三维空间，常曲率可以是正常数、负常数或零. 其中，负常数曲率空间和零常数曲率空间分别对应着罗氏几何和欧氏几何，正常数曲率空间对应着黎曼补充的黎曼几何（又称椭圆几何）. 至此，黎曼成为第一个理解非欧几何学全部意义的数学家. 从此，人们对罗氏几何的关注就越来越少.

　　黎曼将曲面本身看成一个独立的几何实体，而不是仅仅把它看作欧几里得空间中的一个几何实体. 他首先发展了空间的概念，提出了几何学研究的对象应是一种多重广义量，空间中的点可用 n 个实数 $(x^1, x^2, \cdots, x^n)$ 作为坐标来描述. 这是现代 n 维微分流形的原始形式，为用抽象空间描述自然现象奠定了基础. 这种空间上的几何学基于无限接近的两点 $(x^1, x^2, \cdots, x^n)$ 与 $(x^1 + \mathrm{d}x^1, x^2 + \mathrm{d}x^2, \cdots, x^n + \mathrm{d}x^n)$ 之间的距离，用微分弧长的平方所确定的正定二次型理解度量，即 (g_{ij}) 是由函数构成的正定对称矩阵，这便是黎曼度量. 赋予黎曼度量的微分流形，称为黎曼流形.

　　黎曼认识到度量只是附加到流形上的一种结构，并且在同一流形上可以有许多不同的度量. 他还意识到区分"诱导度量"和"独立度量"的重要性，从而摆脱了经典微分几何曲面论中局限于诱导度量的束缚，创立了黎曼几何学，为近代数学和物理学的发展作出了杰出贡献. 此后，瑞士数学家埃尔温·克里斯托弗尔、德国数学家鲁道夫·利普希茨及意大利数学家里奇等人又做了进一步的完善和拓广，黎曼几何学进入了蓬勃发展时期. 特别是法国数学家埃利·嘉当建立的外微分形式和活动标架法进一步强化了李群（马里乌斯·李）和黎曼几何的联系，推动了黎曼几何学的深入发展，影响极为深远. 100 多年来，黎曼几何学的研究从局部发展到整体，产生了许多深刻的结果. 黎曼几何与偏微分方程、多复变函数论、代数拓扑学等学科互相渗透、相互影响，在现代数学和理论物理学中起着重大作用.

　　在广义相对论中，爱因斯坦放弃了关于时空均匀性的观念，他认为时空只是在充分小的空间里以一种近似性而均匀的，但是整个时空却是不均匀的. 物理学中的这种解释与黎曼几何的观念是相似的.

9.1.4　非欧几何学的作用与影响

　　欧氏几何、罗氏几何和黎曼几何都有自己严密的公理体系，自己的各公设之间满足和谐性、完备性和独立性. 在我们的日常生活中，欧氏几何是适用的；在宇宙空间或原子核世界，罗氏几何更符合客观实际；在地球表面研究航海、航空等实际问题,黎曼几何更准确.

非欧几何学的产生打破了几何空间的唯一性,反映了空间形式的多样性.从微分几何的观点看,欧氏几何反映了曲率为零的空间,罗氏几何反映了曲率为负的空间,黎曼几何反映了曲率为正的空间. 非欧几何的创立是19世纪最重要的数学成就之一,不仅引起了人们对数学本质的深入探讨,推动了数学的发展,而且对现代物理学、天文学以及人类时空观念的变革都产生了深远的影响.

（1）在新的公理体系中开展的一系列逻辑推理得到了一系列在逻辑上互不矛盾的新结果,形成了新的几何理论体系. 从根本上改变了人们的几何观念,使几何学的研究对象由图形进入到抽象空间,即更一般的空间形式. 几何学的发展进入一个以抽象为特征的新阶段.

（2）非欧几何学的产生带给人们一个具有普遍意义的启示:凡逻辑上互不矛盾的一组假设都有可能成为一种新的理论体系. 这促进了20世纪前后公理化数学与现代物理学的发展,诞生了极度抽象的公理化集合论. 数学家围绕着几何的基础问题、真实性问题或者说几何的应用可靠性问题等开展研究,在完善数学基础的过程中,一些新的数学分支,如数的概念、分析基础、数学基础、数理逻辑等相继出现,公理化方法也获得了进一步完善.

（3）黎曼几何学与里奇在此基础上发展的张量分析,为爱因斯坦建立广义相对论提供了思想基础和有力工具.

（4）希尔伯特在1899年出版了《几何学基础》,使欧氏几何被严格公理化. "我们必须能够用'桌子、椅子和啤酒杯'来代替点、线、面". 他倒不是说去研究啤酒杯,而是强调不能再给点、线、面下定义了,它们应该被视为原始基本概念,用什么名称都无所谓. 重点强调的是几何结构,而不是具体对象.

9.2 群论

群论,即群的代数结构. 它起源于代数方程的研究,是全新的研究领域,也是19世纪最杰出的数学成就之一. 群论的重要性还体现在物理学和化学的研究中,因为许多不同的物理结构,如晶体结构和氢原子结构都可以用群论方法来建模.

初等代数中的乘法有结合律,加法也有结合律,把这条共性抽象出来,就有如下式子:

$$(a \otimes b) \otimes c = a \otimes (b \otimes c) \text{——结合律,}$$

式子中的符号 ⊗ 代表了一种更一般的运算, 可以是通常的数字运算 (乘法, 加法, 但不能是除法), 也可以是其他的 "过程". 式子中的 a, b, c 可以是各种各样的数, 也可以是其他对象. 例如, 用 a, b, c 表示各种向右或向左的移动, 用运算 $a \otimes b$ 表示先实施动作 a、再实施动作 b 的结果. 那么, 结合律仍然成立.

这就是 19 世纪经过革命的代数所具有的特点, 不但符号代表的对象更广泛, 而且更强调代数结构, 与几何化公理系统的思想一致.

9.2.1　阿贝尔和伽罗瓦的工作

首先将代数结构提上数学日程的是法国天才数学家伽罗瓦. 而提到伽罗瓦, 必须先介绍挪威数学家阿贝尔.

1824 年, 阿贝尔证明了一般的五次代数方程不可能根式求解. 这是一个划时代的结论, 宣告了 "寻找方程求根公式" 时代的结束. 伽罗瓦继续阿贝尔的工作, 彻底解决了方程的根式求解问题.

伽罗瓦通过改进拉格朗日的方法, 即设法绕过拉氏预解式, 又继承了 "把预解式的构成与置换群联系起来" 的思想, 并在阿贝尔工作的基础上, 进一步发展了自己的理论, 把全部问题归结为置换群及其子群的结构.

该理论的大意是: 每个方程对应于一个域, 即含有方程全部根的域, 称为该方程的伽罗瓦域, 这个域对应一个群, 即由方程的根构成的置换群, 称为方程的伽罗瓦群. 伽罗瓦域的子域和伽罗瓦群的子群有一一对应关系, 一个方程的伽罗瓦群是 "可解群" 当且仅当该方程根式可解.

1828 年, 伽罗瓦彻底解决了代数方程的根式求解问题, 取得了划时代意义的成果, 发现了 "群" 这种代数结构.

群的定义: 在非空集合 G 中定义一种运算 ⊗, 抽象地称它为 "乘法". 如果具有下面的性质:

(1) 封闭性: 对于任意的 $a, b \in G$, 有 $a \otimes b \in G$.

(2) 结合律: 对于任意的 $a, b, c \in G$, 有 $(a \otimes b) \otimes c = a \otimes (b \otimes c)$.

(3) 单位元: 存在元素 $e \in G$, 称为单位元, 使得对任意的 $a \in G$, 有 $e \otimes a = a \otimes e = a$.

(4) 逆元: 对于任意的 $a \in G$, 存在 G 中的元素记为 a^{-1}, 使得 $a \otimes a^{-1} = a^{-1} \otimes a = e$. 称 a 与 a^{-1} 互为逆元.

则称二元体 $(G, \otimes)$ 是一个 "群", 也称集合 G 在运算 ⊗ 之下构成群. 通常把群 $(G, \otimes)$ 简写成 G.

群, 是把数字及其运算关系抽象之后形成的一种数学结构. 例如, 整数集合在加法运算下构成群 (这里的加法就是通常意义的数字加法, 对应着群定义中的乘法)，其单位元是数字 0，一个整数的逆元就是它的相反数 (还是整数)；但是整数集合在通常意义的乘法运算下构不成群，因为对于大部分整数，没有乘法的逆元.

其实群在日常生活中也大量存在. 常见的是魔方，它的全部操作构成一个集合，再定义任意两种操作的乘法为"先执行第一种操作，再执行第二种操作"，则容易验证魔方的全部操作在这种乘法下构成群，叫作 RUBIK 群. 此外，由四个动作构成的集合

$$G = \{向右转\ R,\ 向左转\ L,\ 向后转\ H,\ 不动\ I\},$$

若用连接动作表示两种动作的运算关系，则 G 是群，I 是单位元，$L^{-1} = R$, $R^{-1} = L$, $H^{-1} = H$.

9.2.2　群同构

伽罗瓦发现，一些表象不同的群，其实质可能是相同的，称这样的群是同构的. 也就是说，这样的群在结构和性质上完全相同，只是表面符号上存在差别. 同构的群去掉表象之后，可以认为是同一个群. 比如，对某一向量进行旋转操作构成一个集合：

$$A = \{逆时针转\ 0°,\ 逆时针转\ 120°,\ 逆时针转\ 240°\}.$$

定义这个集合中元素的乘法为先进行第一个操作，再进行第二个操作，那么集合 A 在此乘法下构成一个群. 又如集合

$$B = \left\{ 1,\ \mathrm{e}^{\frac{2\pi \mathrm{i}}{3}},\ \mathrm{e}^{\frac{4\pi \mathrm{i}}{3}} \right\}.$$

定义其上的乘法为普通的复数乘法，则 B 在乘法下也构成一个群. 简单分析便可发现，A 和 B 这两个群的结构完全相同.

群同构的严格定义是：存在两个群 A, B 之间的双射 $\phi : A \to B$，满足 $\phi(a \otimes b) = \phi(a) \times \phi(b)$，其中 $a, b \in A$, $\phi(a), \phi(b), \phi(a \otimes b) \in B$, $\otimes$ 和 $\times$ 分别是群 A 和群 B 中的乘法.

同构是数学中最重要的概念之一. 很多情况下，可以把一个新问题转化成另一个已经解决且与它同构的问题，从而使原问题方便地得到解决. 表面上似乎不同但本质上等价的对象可以用统一的形式来表述.

9.3　实数理论与集合论

除了几何学和代数学的大革命、大变化，19 世纪还发生了第三个具有深

远意义的数学事件，这就是实数理论与集合化公理的创立.

9.3.1　实数理论

实数理论、极限理论、变量与函数，是分析基础的三大部分. 实数系（集）有多重结构，例如

代数结构：从代数上看实数集是一个域；

序结构：实数集是一个有序集；

拓扑结构：实数集是一个拓扑空间，并且有诸如完备性、可分性和列紧性等一些非常好的性质.

在第 8 章中已经介绍，第一次数学危机导致了无理数的产生，戴德金从连续性要求出发，用有理数的"分割"来定义无理数，并把实数理论建立在严格的科学基础上. 后来，康托尔用有理数基本列方法，魏尔斯特拉斯用无穷十进小数方法，也分别定义了无理数. 虽然定义的方式不同，但实质上是等价的. 此外，还有一种非构造性的公理化方法定义实数——希尔伯特实数公理. 这里只介绍戴德金的分割方法.

戴德金分割：设 S 是一个有序的数集，A 和 B 是 S 的子集. 如果满足

$$A \neq \varnothing, \; B \neq \varnothing, \; A \cup B = S, \; 对任意\, a \in A \,和\, b \in B，都有\, a < b,$$

则称集偶 (A, B) 是 S 的一个分割，A 和 B 分别称为此分割的下类和上类.

若 S 是一个有序而稠密的数集，并且它的任一分割都具有这样的性质：或下类有最大数而上类无最小数，或下类无最大数而上类有最小数，则称数集 S 是连续的. 按照这种方式，容易证明有理数系是不连续的. 取 $S = \mathbb{Q}$ 为有理数系，那么 $\mathbb{Q}$ 的任一分割都有且仅有下列性质之一：

（1）下类 A 有最大数 r，上类 B 无最小数；

（2）下类 A 无最大数，上类 B 有最小数 r；

（3）下类 A 无最大数，上类 B 无最小数.

戴德金利用这种方式补充（定义）无理数. 很明显，前两种情况中的 r 还是有理数. 有趣的是第三种情况，此时界数不存在，就定义一个"新数"α 与这个分割相对应，用这个"新数"α 代替缺少的界数，把界数 α 插入下类 A 的一切数 a 与上类 B 的一切数 b 中间. 这样，每一种有理数系的分割都对应着一个数，有的是有理数，有的是"新数". 这种新数后来被称为"无理数". 有理数系的所有分割得到的数的集合称为"实数系". 按照这种方式得到的实数系是连续的，并且戴德金还证明了这样的实数系具有以前熟知的性质，比如运算法则（代数结构）、大小关系（次序结构）、阿基米德性质[①]等.

---

① 阿基米德性质：任意给定两个正实数 a, b，必存在正整数 n，使 $na > b$.

9.3.2 集合化公理

集合论是研究集合的理论，它与逻辑共同构成了数学的公理化基础，以未定义的"集合"与"集合成员"（元素）等术语来形式化地建构数学.

1. 动力

前面提到的希尔伯特旅馆悖论、二分法悖论、阿基里斯悖论、飞矢不动悖论都牵涉到无穷集合问题.

如果两个集合都是有限集（所包含的元素个数都有限），很容易比较个数的多少. 有一些凳子和一群人，每人坐一只凳子. 看看凳子不够还是多余，就知道凳子数与人数孰多孰少. 但是，对于两个无穷集合，问题就很复杂.

伽利略在他的《两门新科学的谈话》（1638 年出版）中提出："正整数集合与平方数集合可以构成一一对应，两个不等长的线段上的点可以构成一一对应，从而可以想象它们含有同样多的点." 所以伽利略认为"所有无穷大量都一样，不能比较大小". 随着无穷集合的不断出现，人们发现了越来越多的"部分与整体构成一一对应"的例子. 例如，把两个同心圆用公共半径连接起来，就构成两个圆上的点之间的一一对应关系. 一一对应的概念是康托尔后来提出的. 人们接触到无穷，却又无力把握和认识它，这的确是人类面临的又一个尖锐挑战.

黎曼在 1854 年的就职论文《关于用三角级数表示函数的可能性》中首次提出"唯一性问题"：如果 $f(x)$ 在区间内除间断点外的所有点上都能展开为收敛于函数值的三角级数，试问这样的三角级数是否唯一？1870 年，海涅证明了当 $f(x)$ 连续，且它的三角级数展开式一致收敛时，展开式是唯一的.

康托尔于 1870 年和 1871 年在《克雷尔杂志》上发表两篇论文，证明了即使函数 $f(x)$ 的三角级数展开式在有限个间断点处不收敛，唯一性定理仍然成立，去掉了海涅的一致收敛的苛刻条件. 1872 年，康托尔在 *Mathematische Annalen* 上发表了《三角级数中一个定理的推广》，又将唯一性定理推广到允许间断点是某种无穷集合的情形. 为了描述这种集合，他首先定义了点集的极限点，然后引进了点集的导集和导集的导集等有关重要概念. 这是从唯一性问题的探索向点集论研究的开端，并为点集论奠定了理论基础.

2. 产生

数学分析严格化的先驱波尔查诺为建立集合的明确理论做出过积极努力. 他在 1851 年出版的《无穷的悖论》中，强调两个集合等价的概念，也就是后来的一一对应概念；还注意到无穷集合的真子集可以同整个集合等价，他认为这是必须接受的事实.

1873 年 11 月 29 日，康托尔写信给戴德金，把集合论的实质问题明确地提了出来：正整数集与实数集之间是否有一一对应？同年 12 月 7 日，康托尔又写信给戴德金，说成功证明了实数集不能与正整数集一一对应．应该把这一天看成集合论的诞生日．1874 年年初，康托尔在《克雷尔杂志》上发表了《论所有实代数数的一个性质》，提出了"可数集"概念，并以一一对应为准则对无穷集合进行分类，给出了如下重要结果：

- 代数数集合是可数的；
- 任何有限线段上的实数是不可数的；
- 超越数是不可数的；
- 无穷集与有穷集一样也有数量（基数，势）上的区别．

康托尔引进"势"（基数，Cardinality）的概念来刻画集合的大小．如果两个集合间的元素能建立起一一对应关系，就说它们等势．和自然数集等势的无穷集合都称为"可数集"或"可列集"[①]，其他的无穷集合就叫作"不可数集"．康托尔说，如果自然数集的势用 d 表示的话，那么有理数集的势当然也是 d，但实数集的势大于 d．他进一步证明，有一级比一级更大的势．

1874 年 1 月 5 日，康托尔写信给戴德金提出这样的问题：能否在一块曲面（如包含边界在内的正方形）与一条线（如包含端点在内的线段）之间建立一一对应？经过三年多的探索，他于 1877 年 6 月 20 日写信告诉戴德金，答案是肯定的，并解释了理由．信中说："我看到了它，但我简直不能相信它．"这一成果于 1878 年发表后，引起人们对度量空间维数的本质的关注．接着，他又建立了基数和序数理论，惊人的创造、卓越的证明一项接一项．从 1874 年到 1897 年，他完整独立地构建了集合论基础．可以说是工程宏伟、成绩巨大、结论惊人．

1895 年，康托尔的《超限数理论基础》出版．这是一部重要的数学著作，标志着集合论已经从点集论过渡到抽象集合论．由于它还不是公理化的，而且某些逻辑前提和证明方法如不给予适当限制便会导出悖论，所以康托尔的集合论通常被称为朴素集合论或古典集合论．

集合论的创立为整个数学奠定了基础，现代数学的每一个分支都把集合论作为第一块基石．即使一些老概念，用集合论的语言和思想改造一下，也会显得美轮美奂，思想更深刻、形式更简单．

但是到了 19 世纪和 20 世纪之交，人们发现了一系列集合论悖论，从而说明集合论是不协调的，人们对数学推理的正确性和结论的真理性产生了怀疑，

[①] 如果把这样的集合中的每个元素标上与它对应的那个自然数记号，那么集合中的元素就可以按自然数的顺序排成一个无穷序列 $a_1, a_2, a_3, \cdots, a_n, \cdots$．通俗地说，就是可以按照某种方式排列集合中的元素，每个元素都可以在有限次数数出来．

触发了第三次数学危机. 为了克服悖论导致的困惑，人们开始对集合论进行改造，即对康托尔的集合定义加以限制. 策梅洛说:"从现有的集合论成果出发，反求足以建立这一数学学科的原则. ……" 最后诞生了 ZFC 集合论公理系统，见 8.4 节.

第三部分　历史上伟大的数学家

"江山如此多娇，引无数英雄竟折腰"

第 10 章　英年早逝的数学天才
——阿贝尔和伽罗瓦

幸运的数学家总是相似的，而不幸的数学家各有各的不幸.
这里介绍两位英年早逝的数学天才——阿贝尔和伽罗瓦.

10.1　尼尔斯·阿贝尔

尼尔斯·阿贝尔，1802 年 8 月 5 日出生
在挪威西南城市斯塔万格附近的农村，
1829 年 4 月 6 日于挪威阿伦达尔附近的弗鲁
兰去世. 翻开近代数学的教科书和专门著
作，阿贝尔这个名字屡见不鲜. 然而，这位
卓越的数学家却是一个命运多舛的早夭者，
只活了短短 27 年. 尤其可悲的是，在他生前
社会并没有对他的才能和成果给予认可.

阿贝尔

在短暂的一生中，阿贝尔致力于他那个时代的几个数学主题. 在关于月
球对钟摆运动的影响进行了一次不成功的研究之后，他选择了纯数学而不是
数学物理科目. 这些主题可划分为：代数方程的根式求解；新超越函数，特别
是椭圆积分、椭圆函数和阿贝尔积分；函数方程；积分变换；用严格方式处理
的级数理论.

他很早便显示了数学方面的才华，16 岁时在老师伯恩特·霍尔姆博的引
导下学习了牛顿、欧拉、拉格朗日、高斯等名家的数学著作，并花了大量时间
做研究. 他不但能理解前人的理论，而且可以找出一些微小漏洞. 后来他感慨
地在笔记中写下这样的话："要在数学上取得进展，就要阅读大师的而不是他
们学生的著作. "

1821 年，在霍尔姆博等人的帮助下，阿贝尔进入挪威的克里斯蒂安尼亚
（Christiania）大学学习. 在读大学之前，他就开始研究五次代数方程. 起初，
他认为已经找到了求解一般五次代数方程的方法. 克里斯蒂安尼亚大学的顶
尖教授、天文学家克里斯多夫·汉斯廷和唯一的数学教授瑟伦·拉斯穆森都

认为阿贝尔的解法没有错误，就把论文寄给了丹麦数学家费迪南德・德根，供哥本哈根皇家学会发表. 德根虽然也没有看出错误，但是他怀疑这么困难的工作怎么能被一个大学生解决. 德根很谨慎，他给阿贝尔提了两条建议：得出的求解公式要用具体例子来解释；五次方程方向很窄，椭圆函数是一个很好的研究领域. 后来，阿贝尔在这两个方面都作出了重大贡献.

1823 年，阿贝尔在《自然科学家杂志》的第一期上发表了两篇挪威语论文. 第一篇论文研究了一个非常一般类型的泛函方程；第二篇论文研究了积分方程和定积分（很可能是数学史上的第一个积分方程）. 1823 年春天，阿贝尔写了一篇关于"积分所有微分方程的可能性"的长篇论文，希望能得到大学的资助发表，但是大学的相关部门失火，稿子被烧掉了.

1823 年夏天，阿贝尔在拉斯穆森的资助下访问了哥本哈根. 他在哥本哈根停留两个月，见到了给他提出修改建议的德根教授. 回国后，阿贝尔重新考虑一元五次方程的求解问题. 在寻找例子的过程中发现了自己以前的错误，他否定自己以前的观点，从另一个方向出发取得了成功，完成了重要论文《论代数方程，证明一般五次方程的不可解性》，后来人们把这个结果称为阿贝尔-鲁菲尼定理[1]. 阿贝尔在与此有关的一系列工作中引入了群和域的概念，发现交换群（乘法满足交换律）对方程的根式可解性理论有重要作用. 他还研究了可以根式求解的一类代数方程，后人称之为阿贝尔方程. 1825 年，阿贝尔在《自然科学家杂志》的第二卷上又发表了关于定积分的论文.

出于对阿贝尔的赏识，一些教授说服学校当局向政府申请一笔经费，让他到欧洲大陆访问学习. 1825 年 8 月，他获得资助准备历时两年的大陆之行. 踌躇满志的阿贝尔自费把证明五次方程不可根式求解的论文印成小册子（鉴于经费原因，把论文压缩了 6 页），寄给了包括高斯在内的几位数学家，打算在旅行时去哥廷根拜访高斯.

阿贝尔首先拜访了挪威和丹麦的数学家. 到达哥本哈根后，才发现德根教授已经去世，而后他就去了柏林. 在柏林他遇到了第二位伯乐：克雷尔. 在阿贝尔和雅各布・斯泰纳的建议下，克雷尔于 1826 年创办《克雷尔杂志》，第一期便刊登了阿贝尔关于五次方程、牛顿二项式定理的严格证明和函数方程的论文. 阿贝尔在柏林滞留了将近一年时间，这是他一生中最幸运、成果最丰硕的时期. 他最重要的工作——关于椭圆函数理论的研究就是在这一时期完成的. 1826 年，在提交给英国皇家科学学会的回忆录中，阿贝尔致力于推广第三类椭圆积分中参数和自变量交换的勒让德公式.

阿贝尔本来要去哥廷根拜访高斯. 然而，他得到的消息是高斯对他关于

---

① 1799 年，意大利数学家保罗・鲁菲尼宣称证明了这个结论，但是他的证明有误.

五次方程的不可解性的研究不满意，所以他决定不去哥廷根．我们不知道高斯为什么对阿贝尔的工作采取这种态度，因为他肯定从来没有读过它（人们在高斯去世后的遗物中发现了阿贝尔寄给他的小册子还没有拆开）．阿贝尔给出了两个可能的原因：第一种可能是高斯自己已经证明了这个结果，并且愿意让阿贝尔居功；另一种解释是他不太重视根式求解．第二种解释似乎更有可能，尤其是因为高斯在 1801 年的论文中写道：方程的代数解还不如为方程的根设计一个符号，然后说方程有一个根等于这个符号．

　　1826 年 7 月，阿贝尔前往巴黎，造访了柯西、勒让德、狄利克雷等顶尖数学家，但是这些会面也是虚应故事，人们并没有真正认识到他的天才．虽然没有遇到像克雷尔那样的热心人，但他仍然坚持数学研究工作，完成了关于超越函数的论文《论一类非常广泛的超越函数的一般性质》寄给法国科学院．此文给出了代数函数积分的相应性质，这样的积分现在称为阿贝尔积分，其结论称为阿贝尔定理，被认为是代数几何后续发展的基础．科学院秘书傅里叶阅读了论文的引言，然后委托勒让德和柯西负责审查．勒让德觉得文章很难辨认，甚至墨迹都是模糊的，应该让作者再写一遍．柯西把稿件带回家中，因为他正忙着自己的工作而无暇理睬，随便翻翻便把论文丢在角落里．1830 年，柯西才偶然在旧书堆里看到了积满灰尘的阿贝尔手稿．直到 1841 年，这篇手稿才发表在《法兰西科学院著名科学家论文集》第七卷．

　　阿贝尔长久地等待着消息，但是没有音讯，最后便离开巴黎再次去了柏林．在柏林，他的长文《椭圆函数研究》发表在《克雷尔杂志》上（1827，2：101-181）．阿贝尔借助于椭圆积分定义的函数的反函数把椭圆积分理论归结为椭圆函数理论．他将第一型椭圆积分公式改写成

$$\alpha(x) = \int_0^x \frac{\mathrm{d}t}{\sqrt{(1-t^2)(1-k^2t^2)}}, \ \ 0 < k < 1,$$

并利用它的反函数 $x = \phi(\alpha)$ 来建立椭圆函数理论[①]．阿贝尔给出了椭圆函数的基本性质，找到了与三角函数中的 π 有相似作用的常数 K，证明了椭圆函数的周期性，并建立了椭圆函数的加法定理．借助于这一定理，又将椭圆函数拓广到整个复域，进而发现这些函数是双周期的．他进一步提出了一种更普遍、更困难的积分类型——阿贝尔积分，并获得了这方面的一个关键性定理——阿贝尔基本定理．该定理是椭圆积分加法定理的一个更宽推广．1829 年

---

　　① 我们知道，

$$\arcsin x = \int_0^x \frac{\mathrm{d}t}{\sqrt{1-t^2}},$$

它的反函数就是 $x = \sin\theta$，其性质要好于函数 $\theta = \arcsin x$．这样就不难理解阿贝尔建立椭圆函数理论的思想．

又在《克雷尔杂志》上发表《椭圆函数的一个精确理论》.

阿贝尔与德国数学家卡尔·雅可比是公认的椭圆函数论的奠基者. 但是,他比雅可比更早完善了椭圆函数的理论.

在柏林期间,他染上顽疾,最初以为只是感冒,后来才知道是肺结核病. 1827年,他辗转回到挪威,但欠下不少债务. 1828年,他找到一份代课教师之职以维持生计. 可是他的穷困及病况并没有降低他对数学的热诚. 这期间他又写了大量论文,主要是方程理论及椭圆函数. 此时,阿贝尔已经声名鹊起,很多人都希望为他找到一个适当的教授席位. 四名法国科学院院士上书给挪威国王,请他为阿贝尔提供合适的科学研究位置,勒让德也在科学院会议上对阿贝尔大加称赞,克雷尔更希望为他在柏林找到一个教授席位.

1828年冬天,他咳嗽、发抖,觉得胸部不适,但是在朋友面前却装作若无其事,常以开玩笑的方式来掩饰身体的不适. 1829年4月6日凌晨,阿贝尔在挪威阿伦达尔附近的弗鲁兰离开了人世. 在阿贝尔去世两天后,克雷尔写信说为阿贝尔成功争取到柏林自由大学数学教授的位置,可惜已经太迟. 此后荣誉和褒奖接踵而来,1830年,他和雅可比共同获得法国科学院大奖.

现在公认,在被称为"函数论世纪"的19世纪的前半叶,阿贝尔的工作是函数论的两个最高成果之一. 19世纪初,椭圆积分方面的权威是法国科学院的勒让德,他研究这个问题长达40年之久. 正是阿贝尔使勒让德在这方面的工作黯然失色,开拓了"柳暗花明"的前途.

阿贝尔的数学成就是多方面的. 除了五次方程,他还研究了更广的一类代数方程,后人发现这是具有交换性的伽罗瓦群的方程. 为了纪念他,后人称交换群为阿贝尔群. 阿贝尔还研究过无穷级数,得到了一些判别准则以及关于幂级数求和的定理. 这些工作,使他成为分析学严格化的推动者.

事实上,阿贝尔发现了一片广袤的沃土,他个人不可能在短时间内把这片沃土全部开垦完毕. 法国数学家埃尔米特说:"阿贝尔留下的后继工作,够数学家们忙上500年."

阿贝尔的纪念碑竖立在奥斯陆大学的校园里,挪威的纸币、纪念币和邮票上都有阿贝尔的肖像,月球上的一个陨石坑、一颗小行星和一架飞机上都有阿贝尔的名字. 在阿贝尔200周年诞辰之际,为了扩大数学影响,鼓励和吸引年轻人从事数学研究,挪威政府于2001年宣布设立阿贝尔奖.

10.2 埃瓦里斯特·伽罗瓦

如果要问:数学家为我们做过什么,或者什么样的人在做数学,我们可以通过了解埃瓦里斯特·伽罗瓦的生平找到部分答案. 这位短命又高产的年轻人是个天才和傻子的混合体. 数学家似乎喜欢冰冷而抽象的概念, 但是这位充满热情和活力的年轻人塑造了另一种数学家的形象.

伽罗瓦

埃瓦里斯特·伽罗瓦, 1811 年 10 月 25 日出生在法国的拉雷讷堡, 1832 年 5 月 31 日卒于巴黎. 法国数学家, 现代代数之父, 人类历史上最伟大的数学天才, 没有之一. 年仅 18 岁便创立了数学史上的革命性理论——群论. 纵观数学界, 能在这个年龄提出新分支的仅他一人. 由于理念太过超前, 直到 32 年后此理论才被人们所接受.

伽罗瓦在更高层次上看待数和计算, 通过域和扩域的方法给出了多项式方程根式可解的更准确数学描述; 发现了域的某类自同构映射对应着方程根的置换, 找到了多项式方程根式可解的奥秘; "伽罗瓦对应" 把域列和群列优美地对应起来; 基于深刻的逻辑推导形成了可解群的概念, 证明了根式可解与伽罗瓦群是可解群的等价关系, 并由此发展了一整套关于群和域的理论——伽罗瓦理论.

当一大批经过繁杂计算也很难证明的问题, 能够使用精巧的数学结构被简单证明的时候, 伽罗瓦理论的优美就被充分体现出来, 也更容易理解伽罗瓦所说的 "跳出计算, 群化运算" 的含义.

可解群的定义如下: 设 G 为群, $a, b \in G$, 定义 G 中的元 $[a,b] = aba^{-1}b^{-1}$, 称为 a 和 b 的换位子. 所有这样的换位子生成的子群 G' 称为 G 的换位子群. 记 $G^{(1)} = G'$, $G^{(i+1)} = \left(G^{(i)}\right)'$, $i \geqslant 1$. 如果存在 $n \geqslant 1$, 使得 $G^{(n)} = \{1\}$, 则称 G 是可解群. 这里的 1 是群 G 中的单位元.

10.2.1　伽罗瓦的故事

伽罗瓦的父母都是知识分子, 父亲在伽罗瓦 4 岁时被选为拉雷讷堡市市长. 母亲精通古典文学和拉丁语, 在家教育他直到 12 岁. 1823 年, 他进入巴黎的路易-勒-格兰德中学.

在学校的第一年他表现优异, 拉丁语中排名第一. 14 岁时他第一次参加了 H. J. 韦尼耶 (Vernier) 的数学课, 唤起了伽罗瓦的数学才能, 对数学产生了浓厚兴趣. 他一开始就对那些不谈推理方法而只注重形式和技巧问题的教科书感到厌倦, 于是, 他毅然抛开教科书, 直接阅读数学大师们的专著: 勒让德的经典著作《几何原理》, 使他领悟到数学推理的严密性; 拉格朗日的《解数值方程》《解析函数论》等著作, 不仅使他的思维更加严谨, 而且其中的思想方法对他的工作产生了重要的影响. 他又学习了欧拉、高斯和柯西的著作, 打下了坚实的数学基础. 学习和研究数学大师的经典著作, 是伽罗瓦获得成功的重要途径. 一位教师说"他被数学的鬼魅迷住了心窍." 学校给他的评语是"该生只宜在数学的最高领域中工作, 他完全陷入对数学的狂热之中".

1828 年, 他希望实现在巴黎最著名的大学学习的梦想, 因此参加了综合理工学院的考试, 但未能通过. 同年, 他进入师范学院, 这对他来说是一个妥协, 因为师范学院的声誉不如综合理工学院.

1829 年 3 月, 伽罗瓦的第一篇论文《周期连分数的一个定理的证明》在《纯粹与应用数学年刊》上发表, 更加清楚地论述了欧拉和拉格朗日关于连分式的结果. 之后, 他又分别于 5 月 25 日和 6 月 1 日向法国科学院提交了两篇关于"多项式方程理论"的论文, 当时的评审专家是著名数学家柯西. 柯西显然被伽罗瓦的论文所震惊, 建议伽罗瓦将两篇论文结合起来, 使其成为一个更全面的理论, 并参与"科学院数学大奖"的竞争. 这期间正赶上伽罗瓦的父亲因政治原因而自杀, 伽罗瓦在参加完父亲的葬礼后, 把改好的专题论文提交给法国科学院秘书傅里叶. 不幸的是, 同年傅里叶去世, 伽罗瓦的论文也找不到了, 从而错失评奖的机会.

1829 年, 伽罗瓦最后一次参加了综合理工学院的入学考试, 不幸的是, 他又失败了. 口试时, 一位教授反驳伽罗瓦的推理, 不接受伽罗瓦的解释. 这深深引起了伽罗瓦的怨恨, 于是他一怒之下把板擦扔向了教授.

由于"革命", 伽罗瓦失去了父亲, 没有津贴, 面临着经济危机. 为了维持生计, 他在师范学校对面的一家杂货店门前贴了一张告示, 宣布每周开设一次高等代数的私人课程. 起初, 一些学生参加了他的课程, 但很快就发现这门学科超出了他们的理解范围, 因此不再上他的课.

尽管运气不好, 他还是在 1830 年发表了三篇论文. 第一篇为伽罗瓦理论奠定了基础, 第二篇是方程的数值解, 第三篇是数论领域的一项重要工作, 首次提出了有限域的概念.

正当他的数学研究顺利进行, 并不断取得卓越成就时, 1830 年法国历史上著名的"七月革命"爆发了. 伽罗瓦作为一名勇敢追求真理的共和主义战士, 反对学校的苛刻校规, 抨击校长在"七月革命"期间的两面行为. 为此, 他于 1831 年 1 月被校方开除. 但是他继续自学, 并于 1 月 17 日向科学院提交了一篇新论文. 这一次, 论文被退回, 结论是负面的. 包括泊松在内的评审人都不理解伽罗瓦所写的内容, 认为其中存在重大错误.

1831 年 5 月 9 日, 伽罗瓦拿着刀, 在一家餐馆里为路易-菲利普祝酒. 第二天他被捕了, 6 月 15 日被塞纳陪审法院释放. 7 月 14 日, 他领导了一场抗议活动,再次犯罪. 10 月 23 日,他因非法穿制服被捕并被判处 6 个月监禁. 在牢房里他继续研究数学,1832 年 5 月获释.

1832 年 5 月 30 日,伽罗瓦在一场决斗中被射中腹部. 在当时的法国,用决斗来解决争端的做法非常普遍. 第二天,他因伤势过重而死亡. 这位虽然只研究了 5 年数学,但被认为是最伟大的数学家之一的天才,却在 21 岁就离开了人世,对数学界来说是一个重大损失.

关于为什么要进行决斗,以及伽罗瓦为什么接受决斗,有各种各样的说法. 一些人认为是一名国家秘密特工召集了共和党人之间的决斗. 另一种说法是,他与医生的女儿波特琳·杜·莫泰姆(Poterin du Motel)小姐有暧昧关系,在她的怂恿下向某人提出决斗,结果被杀了.

决斗的前一天晚上,他给友人奥古斯特·夏瓦利尔(Auguste Chevalier)写了一封信,整理了他的最新发现. 还补充了被拒论文中的空白,并为多年来不完整的解决方案提供了具体证明. 在这 60 多页的遗作中,有许多重要的思想. 他提出的理论,后来被证明是现代代数和群论的基础. 他写的一些定理一个世纪都没有被证明. 他以冷静的绝望面对死亡,深入自己的内心,获得了我们不知道他是如何发现的真理.

虽然夏瓦利尔把伽罗瓦写下的数学思想重新整理了一遍,并分送给高斯、雅可比等人,但是伽罗瓦的伟大研究成果仍然没有得到理解和承认. 直到 14 年后,刘维尔重新整理并发表了伽罗瓦的著作,才使得伽罗瓦理论逐渐被世人所理解. 刘维尔在反思伽罗瓦的理论在很长一段时间不能被理解的原因时写道:"过分地追求简洁是导致这一缺憾的原因. 人们在处理像纯粹代数这样抽象和神秘的事物时,应该首先尽力避免这样做. 事实上,当你试图引导读者远离习以为常的思路、进入较为困惑的领域时,清晰性是绝对必要的,就像笛卡儿说过的那样:在讨论超前问题时务必空前清晰. 伽罗瓦太不把这句箴言放在心上……"

10.2.2　伽罗瓦理论

1. 群、环、域

我们有理由猜测,伽罗瓦是站在更高层次看待数和运算的:数和运算组合在一起就构成一种数学结构,一旦把这种结构脱离"数字和常规意义上的运算"抽象出来,就会形成新的数学概念:群、环、域.

在 9.2 节已经详细介绍了群,下面介绍环和域.

(1)环. 对一个集合定义两种封闭的运算:加法和乘法. 要求对于加法构成交换群,乘法有结合律和交换律,乘法对于加法有分配律.

(2) 域. 对一个集合定义两种封闭的运算：加法和乘法. 该集合至少含有两个元素 0 和 1（加法和乘法的单位元），要求对于加法构成交换群，非零元关于乘法也构成交换群，并且乘法对于加法有分配律.

伽罗瓦理论非常抽象，对于完全没有接触过群论、域论的人来说，很难理解群、环、域这三个概念. 但是要攀登伽罗瓦理论这座高峰，就要沿着这些概念拾级而上——无限风光在险峰.

如果看懂了这三个概念，特别是看懂了群和域的概念，就会理解这些结构其实就是从基础的数字运算关系中抽象出来的. 比如：有理数在加法和乘法运算下构成一个域，0 是加法单位元，1 是乘法单位元；非零有理数在乘法运算下构成群；实数、复数在加法和乘法下都构成域；无理数在加法运算下不能构成群，因为两个无理数之和可能是有理数，不满足封闭性.

下面利用域的概念，证明有理数域 $\mathbb{Q}$ 是最小的数域（由数字及加法和乘法构成的域）. 设 G 是一个数域.

- 数域 G 必有加法单位元 0 和乘法单位元 1，所以 $0, 1 \in G$；
- 由加法封闭性得到 n 个 1 相加还在数域 G 内，于是任意自然数 $n \in G$；
- 由加法存在逆元知 $-n \in G$，这样全部整数必然在数域 G 内；
- 由乘法存在逆元知，任意整数 n（0 除外）的倒数 $1/n$ 必在数域 G 内；
- 再由乘法的封闭性知，任意 m/n（m 是整数）也在数域 G 内.

这样，就证明了有理数必在数域 G 之内，所以有理数域 $\mathbb{Q}$ 是最小数域.

在 9.2 节介绍了群的同构. 类似的，也可以定义域的同构：两个域上的"加法"群同构，并且除去零元之后的两个域关于乘法的群也同构.

2. 巧妙概念

从 16 世纪的意大利数学家希皮奥内·德尔·费罗解出一元三次方程，塔尔塔利亚、卡尔达诺、费拉里解出一元四次方程，到 18 世纪的拉格朗日创立方程的预解式，高斯给出高斯定理，都是在大量的计算推导中模糊地察觉到方程的解与根的置换似乎有关系. 人们已经开始猜测一般的一元五次方程不可根式求解. 伽罗瓦理论的出现，清晰地告诉世人一元高次方程是否可以根式求解的奥秘就藏在这些根的置换当中.

无法想象从 1830 年到 1832 年这段时间，伽罗瓦在食不果腹、不断入狱并且还投入到政治斗争的情况下，是如何继续深入思考他的数学研究的. 也没有人能够准确地知道他到底是怎么想到这些概念并给出证明的，总体思维是什么？以下，按照伽罗瓦理论的现有成果，我们来做分析、推理和猜测.

上面已经说明有理数域 $\mathbb{Q}$ 是最小的数域，实数系 $\mathbb{R}$ 和复数系 $\mathbb{C}$ 也都构成数域. 那么，是否存在数域，其范围大于 $\mathbb{Q}$ 小于 $\mathbb{R}$，或者大于 $\mathbb{R}$ 小于 $\mathbb{C}$ 呢？甚至是否存在数域, 其范围大于 $\mathbb{Q}$ 而小于 $\mathbb{C}$, 同时又不完全包含或者包含于 $\mathbb{R}$ 呢? 这要从数域的扩张谈起.

（1）扩域: 在域 F 中添加若干不属于它的元素, 在不改变 F 的原有加法和乘法的条件下, 按照域的定义扩充而成的新域 E 称为 F 的扩域, 记为 E/F. 比如, 在有理数域 $\mathbb{Q}$ 中添加无理数 $\sqrt{2}$, 扩充成一个新的数域 $\mathbb{Q}(\sqrt{2})$, 它是 $\mathbb{Q}$ 的一个扩域, 记为 $\mathbb{Q}(\sqrt{2})/\mathbb{Q}$. 由域的定义知道, 这个新域不只是包含 $\sqrt{2}$, 还包含所有通过有理数与 $\sqrt{2}$ 进行加法和乘法运算得到的数.

其实, 除了加法和乘法, 域里面还有逆元, 加法的逆元运算对应着减法, 乘法的逆元运算对应着除法. 也就是说, 表面上域定义了加法和乘法, 实质上确定了加减乘除四则运算. 域是更高层次上抽象出来的结构, 但是对于我们日常的数字和运算, 域中的四则运算就是通常的四则运算. 可以证明,

$$\mathbb{Q}(\sqrt{2}) = \{a + b\sqrt{2} : a, b \in \mathbb{Q}\}.$$

显然, $\mathbb{Q}(\sqrt{2})$ 就是一个范围大于 $\mathbb{Q}$ 而小于 $\mathbb{R}$ 的数域. 有了扩域这个工具, 可以构造出无穷多个数域.

（2）纯扩域: 把一个数域 F 中的某个数开 m 次方, 并且得到的数不属于原来的数域 (防止类似 $\sqrt{4} = 2$ 的情况导致原域不变), 把加入这样的数后形成的扩域称为 m 型纯扩域. 继续这种过程, 把 $F := F_1$ 扩为 F_2, F_2 扩为 F_3 …… 只要是有限次, 最后的扩域 F_n 中的数都可以由域 F 中的数和某些数的开方再经过加减乘除运算而得到. 由此, 引出下面的新概念.

（3）根式塔: 不断扩域而形成的域列记为 $F = F_1 \subseteq F_2 \subseteq \cdots \subseteq F_n$. 如果每个扩域 F_{i+1}/F_i 都是纯扩域, 则称此域列为一个根式塔.

由此, 伽罗瓦给出了根式可解的清晰优美定义: 设一元高次多项式 $f(x)$ 的系数都在数域 F 中, E 是包含方程 $f(x) = 0$ 全部根的最小域 (此时称 E 为 F 上的多项式方程 $f(x) = 0$ 的根域). 如果存在根式塔 $F = F_1 \subseteq F_2 \subseteq \cdots \subseteq F_n$, 使得 $E \subseteq F_n$, 则称数域 F 上的多项式方程 $f(x) = 0$ 根式可解.

根式可解需要确定一个根式塔. 但是, 如何判断是否存在这种根式塔呢? 为了解决这个问题, 伽罗瓦找到一种对应关系——伽罗瓦对应. 这是人类思维领域的 "神来之笔", 无法想象伽罗瓦到底是如何思考并发现这种对应关系的. 为了介绍伽罗瓦对应, 需要引入域的自同构映射和伽罗瓦群.

（4）域的自同构映射: 前面介绍了域的同构, 知道了两个域同构意味着两个域之间存在着满足同构关系的映射. 显然, 一个域是与自己同构的. 称域 E 到自身的同构映射为自同构映射, E 上的全部自同构映射组成的集合记为 $Aut(E)$. 定义 $Aut(E)$ 上两个元素 σ_1 和 σ_2 之间的乘法为

$$\sigma_1 \otimes \sigma_2(a) = \sigma_1(\sigma_2(a)), \quad a \in E.$$

那么，$Aut(E)$ 在这个乘法下构成群.

（5）伽罗瓦群：设 E/F 是扩域，E 是系数在数域 F 内的某个多项式方程的根域（也称 E/F 为 F 的正规扩域）. 那么，$Aut(E)$ 里面使 F 中的元素不变的那些映射构成的子集成为 $Aut(E)$ 的一个子群，称为 E 在 F 上的伽罗瓦群，记为 $G(E/F)$.

（6）伽罗瓦对应：假设存在域列 $F = F_1 \subseteq F_2 \subseteq \cdots \subseteq F_{n+1} = E$，且 E/F 是正规扩域，则可以证明任意 E/F_i（$i = 1, 2, \cdots, n$）也是正规扩域. 于是存在一组伽罗瓦群 $G(E/F_i)$，它们都是 $G(E/F)$ 的子群. 伽罗瓦证明了每个 $G(E/F)$ 的子群一定对应着 E 的一个子域，而且这种对应是一一的. 这种神奇的对应称为伽罗瓦对应.

通过伽罗瓦对应，可以把复杂的域列问题转换成伽罗瓦群的子群列问题. 这样，便找到了打开多项式方程根式可解的金钥匙.

3. 美妙结论——可根式求解的等价条件

虽然 E 是每个 F_i 的正规扩域，但是相邻 F_i 之间却不一定是正规扩域. 因为纯扩域是正规扩域，欲使域列成为根式塔，或者说相邻域都是纯扩域，必须要求相邻 F_i 之间都是正规扩域. 伽罗瓦证明：相邻 F_i 之间是正规扩域等价于对应的相邻伽罗瓦群是正规子群.

正规子群意味着商集构成群，或者说相邻伽罗瓦群之间的商群存在. 如果这些商群都是交换群，那么这样的伽罗瓦群一定是可解群. 至此，伽罗瓦推出了如下美妙结论：记域 F 上的多项式方程 $f(x) = 0$ 的根域为 E，那么，方程 $f(x) = 0$ 可根式求解等价于伽罗瓦群 $G(E/F)$ 是可解群.

困扰人们数百年之久的多项式方程根式可解问题，就这样被伽罗瓦漂亮而彻底地解决了，以他的名字命名的伽罗瓦理论从此诞生. 在解决这个问题的过程中，群论、域论交相辉映、迂回曲折，难怪当时的那些评审大师们如坠云里雾中. 法国数学家皮卡在 1879 年评述 19 世纪的数学成就时说："就伽罗瓦的概念和思想的独创性与深刻性而言，任何人都不能与之相比. "

伽罗瓦理论不仅解决了多项式方程根式求解问题，还可以轻松地解决正 n 边形的尺规作图问题，证明"不能任意三等分角"和"倍立方不可能"（古代三大作图问题中的两个）. 它还是具有重大意义的数学思想，开创了代数学从关注"计算"到关注"结构"的先河，打开了现代代数学研究的大门. 伽罗瓦理论已经发展成一个专门的数学分支——近世代数（抽象代数），其应用拓展到了拓扑学、微分几何、混沌理论等数学前沿领域以及物理、化学等众多科学领域, 成为现代科学研究的重要基础工具.

最后, 为理解伽罗瓦理论的重要性, 我们看两个对比:

(1) 1824 年, 阿贝尔关于五次方程不可根式求解的论文, 用了 50 多页的篇幅和大量的计算. 如果使用伽罗瓦理论来论证, 其过程为: 一般形式的一元五次方程的伽罗瓦群同构于全置换群 S_5, 而 S_5 不是可解群, 因此一般形式的一元五次方程不可根式求解.

(2) 1801 年, 高斯通过复杂的计算推导, 证明方程 $x^p - 1 = 0$ (p 为素数) 可根式求解, 其过程使用了大量的计算技巧, 充分展示了高斯的计算天赋. 如果使用伽罗瓦理论来论证, 其过程为: 方程 $x^p - 1 = 0$ (p 为素数) 在有理数域 $\mathbb{Q}$ 上的伽罗瓦群同构于素数阶模 p 同余类乘群 Z_p, 而 Z_p 是循环群, 必为可解群. 所以, 方程 $x^p - 1 = 0$ 可根式求解. 还可以类似地论证: 当 n 不是素数时, 方程 $x^n - 1 = 0$ 在 $\mathbb{Q}$ 上的伽罗瓦群同构于模 n 同余类乘群 Z_n, 它是交换群, 必为可解群. 因此, 方程 $x^n - 1 = 0$ 可根式求解.

第11章　欧拉——超人的记忆、坚强的意志和惊人的毅力

欧拉、阿基米德、牛顿、高斯，被世人称为"数学四杰".一些数学史学者称欧拉和高斯是历史上最伟大的两位数学家.

莱昂哈德·欧拉，数学家、物理学家、近代数学先驱之一，被人们称为数学神童.1707年4月15日出生在瑞士的巴塞尔，1783年9月18日于俄国圣彼得堡去世.他13岁入读巴塞尔大学，15岁大学毕业，16岁获硕士学位.他深湛渊博的知识、无穷的创作精力和丰硕的著作，都令人瞠目结舌.至今，几乎每一个数学分支都可以看到欧拉的名字.他平均每年写出800多页的论文，还写了大量的力学、分析学、几何学等课本.

欧　拉

欧拉一生能取得伟大成就的原因在于：惊人的记忆力；聚精会神，从不受嘈杂和喧闹的干扰；镇静自若，孜孜不倦.他能背诵前100个素数的前十次幂；可以从头到尾流利地背诵维吉尔的史诗《埃涅阿斯纪》，并能说出他所背诵的那个版本每一页第一行和最后一行的内容；能够完整地背诵几十年前的笔记内容；可以心算完成高等数学中的计算.有这样一个例子：欧拉的两个学生把一个复杂的收敛级数的前17项加起来，算到第50位数字，两人的结果相差一个单位，欧拉用心算找出了其中的错误.法国物理学家和天文学家弗朗索瓦·阿拉戈曾经这样评价欧拉："欧拉进行计算看起来毫不费劲儿，就像人进行呼吸，鹰在风中盘旋一样."

11.1　经历

欧拉一生的大部分时间是在俄罗斯帝国和普鲁士度过的，先后任教于圣彼得堡和柏林，而后返回圣彼得堡.在生命的最后七年，他双目失明，以口述方式完成生平一半的著作.

欧拉的父亲曾在巴塞尔大学读书，与约翰第一·伯努利和雅各布第一·

伯努利的关系很好，所以欧拉结识了约翰第一·伯努利的两个擅长数学的儿子：尼古拉第二·伯努利和丹尼尔·伯努利. 他们经常给欧拉讲生动的数学故事和有趣的数学知识，这些都使欧拉受益匪浅.

　　1720 年，13 岁的欧拉进入巴塞尔大学，首先接受普通教育，然后继续深造. 约翰第一·伯努利很快就发现了欧拉在数学方面的巨大潜力. 欧拉在他未发表的自传体著作中有如下描述：“……我很快就找到了一个机会，被介绍给著名的约翰第一·伯努利教授. ……的确，他很忙，所以断然拒绝给我单独上课；但他给了我更有价值的建议，让我自己阅读更难的数学书籍，并尽可能勤奋地研究它们；如果遇到一些障碍或困难，我被允许每个星期天下午自由地去看望他，他和蔼地向我解释我不明白的一切……”.

　　1723 年，欧拉获得哲学硕士学位，论文是比较笛卡儿和牛顿的哲学思想. 1723 年秋，他遵照父亲的意愿开始学习神学. 尽管他是一个虔诚的基督徒，但是他对神学、希腊语和希伯来语的研究却比不上对数学的热情. 在约翰第一·伯努利的劝说下，欧拉得到父亲的同意，转而研究数学.

　　1726 年，欧拉在巴塞尔大学获得博士学位. 在约翰的影响下，欧拉选择了通过解决实际问题进行数学研究的途径. 1927 年，欧拉的一篇论文获得巴黎科学院设置的“船上桅杆最佳布置”的大奖（第二名）. 这标志着欧拉已经羽翼丰满，可以展翅高飞了.

　　博士毕业后，欧拉申请巴塞尔大学的物理学教授职位，可是这所大学以欧拉不是物理系毕业为由拒绝了他的申请. 这时俄国的圣彼得堡科学院刚建立不久，正在世界各地招募科学家，广泛搜罗人才. 又因为尼古拉第二·伯努利于 1726 年 7 月在圣彼得堡去世，留下了一个空缺，教授数学和力学在生理学中的应用. 1726 年 11 月，欧拉正式接受了这个职位，于 1727 年 5 月 17 日抵达圣彼得堡. 在丹尼尔·伯努利和雅各布·赫尔曼的请求下，欧拉在科学院数学物理部门任职，而不是原先的生理学职位. 1730 年，欧拉成为科学院的物理学教授. 1731 年，又被委任领导理论物理和实验物理教研室的工作. 1733 年，年仅 26 岁的欧拉接替离职回瑞士的丹尼尔·伯努利，成为圣彼得堡科学院数学部的领导人. 他在俄国大地上种下的数学种子，将在未来 200 多年里长成参天大树.

　　欧拉不仅是杰出的数学家，也是理论联系实际的巨匠、应用数学大师. 他喜欢研究特定的具体问题，而不热衷于研究一般理论. 正因为欧拉所研究的问题都来自当时的生产实际和社会需要，所以他的创造才能得到了充分发挥，取得了惊人的成就，为俄国政府解决了很多科学难题. 如菲诺运河的改造方案，宫廷排水设施的设计审定，测绘地图，编写教材，以及消防车、机械和船舶的建造. 在度量衡委员会工作时，参与研究和制定了各种衡器的准确度. 另外，他还为科学院机关刊物撰写评论并长期主持委员会工作，挤出时间在大学讲课、作公开演讲、编写科普论文，为气象部门提供天文数据，协助建筑单位进行设计结构的力学分析.

后来由于俄罗斯的政治动荡使外国人的地位变得特别困难，欧拉的工作受到影响. 应腓特烈大帝（1740－1786年在位）的邀请，欧拉前往柏林，计划在那里建立一个科学院来取代科学学会. 他于1741年6月19日离开圣彼得堡，于7月25日抵达柏林. 1746年任数学部主任，1759年成为科学院没有头衔的实际领导人.

1760年到1762年间，欧拉应亲王邀请为夏洛特公主函授哲学、物理学、宇宙学、神学、伦理学、音乐等，体现了欧拉渊博的知识，极高的文学、艺术和哲学修养. 后来，在此期间他写给公主的信件被整理成《致一位德国公主的信》，于1768年分三卷出版，世界各国译本风靡，一时传为佳话.

1762年，叶卡捷琳娜二世掌握政权. 她吸取以往的教训，开始致力于文治武功，一面与伏尔泰、德尼·狄德罗等法国启蒙学者通信，一面又四方招募有影响的科学家，欧拉自然成了她最想聘请的对象. 1766年，年逾花甲的欧拉应邀回到圣彼得堡，俄国政府为他提供了优越的工作条件. 回到俄罗斯后不久，欧拉因病几乎完全失明. 但欧拉是坚强的，他就通过口授、他人记录的方式仍然坚持写作.

正当欧拉在黑暗中搏斗时，厄运再一次向他袭来. 1771年，圣彼得堡一场大火殃及欧拉的住宅，一位善良勇敢的仆人冒着生命危险把他从大火中背了出来. 欧拉虽然幸免于难，可他的藏书及大量的研究成果都化为灰烬. 然而，种种磨难依然没有把欧拉压垮，大火之后，他立即投入到新的工作之中. 资料被焚，又双目失明，他就凭着坚强的意志和惊人的毅力回忆从事过的研究. 他把推理过程想得很细，然后口授，由助手记录. 用这种方式，他又发表400多篇论文和多部专著，几乎占他全部著作的半数以上.

11.2　贡献

1. 热心教育

欧拉虽不是教师，但他对数学教育作出了巨大贡献. 作为世界上的一流学者，他肩负着解决高深课题的重担，却无视"名流"的非议，同样热心于数学教育与普及工作：编写教材和科普论文，在大学讲课. 他编写的《无穷小分析引论》《微分学原理》和《积分学原理》都产生了深远的影响. 有学者认为，1784 年以后，初等微积分和高等微积分教科书基本上都直接或间接地抄袭欧拉的书. 1770 年，他口述写成《代数学完整引论》，是对 16 世纪中期开始发展的代数学的一个系统总结，有俄文、德文、法文版，在欧洲被当作教科书，传承了几代人.

在写作方面，欧拉的表述通俗易懂，堪称典范. 他从来不压缩字句，总是把丰富的思想和广泛的兴趣写得有声有色. 他用德、俄、英文发表过大量的通俗论文，还编写过大量中小学教科书. 由于他使用了许多新的思想和叙述方法，所以这些书既严密又易于理解.

在普及教育和科研中，欧拉意识到符号的简化和正规化既有助于学生的学习，又有助于数学的发展，所以他创立了许多新的符号. 如用 sin, cos 等表示三角函数，用 e 表示自然对数的底，用 $f(x)$ 表示函数，用 $\sum$ 表示求和，用 i 表示虚数单位 $\sqrt{-1}$，用 Δy 和 $\Delta^2 y$ 表示一阶和二阶有限差分等. 圆周率的记号 π 虽然不是欧拉首创，但却是经过欧拉的倡导才得以广泛流行. 他还把 e, π, i 统一在一个令人叫绝的欧拉公式中.

欧拉不但重视教育，而且重视人才、风格高尚. 当时法国的拉格朗日只有 19 岁，而欧拉已经 48 岁. 拉格朗日与欧拉通信讨论"等周问题"，这也是欧拉多年来苦心思考的问题. 1759 年 10 月 2 日，欧拉在回信中盛赞拉格朗日的工作，并压下自己的工作暂不示人，使年轻的拉格朗日的成果得以发表，拉格朗日由此赢得了巨大声誉.

2. 科学研究

欧拉从 19 岁开始写作直到逝世，留下了浩如烟海的论文、著作，甚至在他去世后，留下的手稿还丰富了后 47 年的圣彼得堡科学院学报. 他一生的著作有 800 多篇（部），足足 75 卷. 而牛顿全集只有 8 卷，高斯全集也只有 12 卷. 圣彼得堡科学院为了整理欧拉的著作，整整忙碌了 47 年. 在欧拉的论文和著作中，分析、代数、数论占 40%，几何占 18%，物理和力学占 28%，天文占 11%，弹道学、航海科学、建筑等其他问题占 3%.

欧拉是 18 世纪数学界的中心人物，是继牛顿之后最重要的数学家之一. 在欧拉的数学研究成果中，首推第一的是分析学. 他把由伯努利家族继承下来的莱布尼茨学派的分析学内容进行整理，为 19 世纪数学的发展打下了基础. 他还把微积分方法在形式上进一步发展到复数范围，并对偏微分方程、椭圆函数论、变分法的创立和发展留下先驱的业绩. 在《欧拉全集》中，有 17 卷属于分析学领域. 他被同时代的人誉为"分析的化身".

欧拉在数论方面的工作似乎是受到哥德巴赫的启发，最初可能是来自伯努利家族对这个话题的兴趣. 1729 年，哥德巴赫问欧拉是否知道费马猜想：如

果 n 是 2 的幂次, 那么 $2^n + 1$ 总是素数. 欧拉在 $n = 1, 2, 4, 8$ 和 16 的情况下验证了这一点, 并且最迟在 1732 年证明了 $2^{32} + 1 = 4\,294\,967\,297$ 可以被 641 整除, 因此不是素数. 欧拉还研究了费马的其他未证明的结果, 并由此引入了欧拉函数 $\phi(n)$, 用来表示不超过 n 且与 n 互素的正整数 k 的个数. 欧拉函数和欧拉定理, 为解析数论奠定了重要基础. 欧拉于 1749 年证明了费马的另一个论断, 即如果 a 和 b 都是素数, 那么 $a^2 + b^2$ 没有形如 $4n - 1$ 的因数.

欧拉在数论中更进一步的重要成果包括对 $n = 3$ 的费马大定理的证明. 也许比这个结果更重要的是他提出了一个关于整数 a 和 b 的形式为 $a + b\sqrt{-3}$ 的数的证明. 虽然他的方法存在一些问题, 库默尔却从中受到启发, 做出了关于费马大定理的主要工作, 并引入了理想数的概念.

1772 年, 欧拉在完美数与梅森素数方面做了开创性工作. 欧拉定理和他发现第 8 个完美数的方法, 使完美数的研究发生了深刻变化.

欧拉在无穷级数 (包括傅里叶级数) 方面做了许多奠基性工作. 他年轻时最出名的成果或许是他解决了后来被称为 "巴塞尔问题" 的问题, 这是为了找到无穷级数 $\zeta(2) = \sum\limits_{n} \frac{1}{n^2}$ 的和的封闭形式. 该问题曾挫败了许多顶尖数学家, 包括雅各布第一·伯努利, 约翰第一·伯努利和丹尼尔·伯努利. 莱布尼茨、詹姆斯·斯特林、棣莫弗等人也曾研究过这个问题, 但都没有成功.

他于 1735 年引入了著名欧拉常数

$$\gamma = \lim_{n \to +\infty} \left(\sum_{k=1}^{n} \frac{1}{k} - \ln n \right) = \int_{1}^{+\infty} \left(\frac{1}{[x]} - \frac{1}{x} \right) \mathrm{d}x$$

(欧拉曾经用 C 表示), 这是继 π, e 之后又一个重要的数.

他让微积分 "长大成人", 三本分析学著作《无穷小分析引论》(1748 年)、《微分学原理》(三卷本, 1755 年) 和《积分学原理》(三卷本, 分别于 1768 年, 1769 年和 1770 年在圣彼得堡出版), 是数学史上里程碑式的名著, 包含了他本人的大量原创成果. 在很长时间里, 被公认为分析学教科书的典范.《无穷小分析引论》是世界上第一部最系统的分析学著作, 也是第一部沟通微积分与初等数学的分析学著作. 在《微分学原理》中, 欧拉系统地总结和整理了微积分发明以来的所有微分学成就. 在《积分学原理》中, 给出了很多不同类型的被积函数的积分方法, 这些方法构成了今天教科书中的常用方法.

《积分原理》还展示了欧拉在常微分方程和偏方程理论方面的众多发现. 他和其他数学家在解决力学和物理问题的过程中创立了微分方程这门学科. 关于常微分方程, 欧拉在 1743 年发表的论文中, 用代换方法给出了任意阶常系数线性齐次方程的古典解法, 最早引入了 "通解" 和 "特解" 的概念. 1753 年,又发表了常系数线性非齐次方程的解法. 此外, 他还研究了常微分方程的级数解法. 欧拉在 18 世纪 30 年代就开始了对偏微分方程的研究, 他和拉格朗日是最早研究偏微分方程的代表人物.

欧拉最先把对数定义为乘方的逆运算, 最先发现对数是无穷多值, 证明了任一非零实数有无穷多个对数值. 1751 年, 发表了复数对数的完整理论. 欧拉在许多不同的背景下研究了复变量的解析函数, 包括正交轨迹和地图学. 1777 年, 把柯西-黎曼方程①和解析函数联系起来.

他使三角学成为一个系统的学科, 打破了用线段的长为三角函数定义的传统模式, 提出用比值为三角函数定义的新方法, 并对整个三角学作了全面系统的分析和整理. 这使得从希帕克起许多数学家为之奋斗而得出的三角关系式有了坚实的理论依据, 并且极大地丰富了其内涵. 严格地说, 这才是三角学真正确立的时代.

1736 年, 欧拉在交给圣彼得堡科学院的论文报告《哥尼斯堡七座桥》中, 圆满地解决 "哥尼斯堡七桥问题", 而且得到了更为广泛的有关一笔画的三个结论②, 人们通常称之为欧拉定理. 这一工作开创了新的数学分支——图论. 它连同多面体的欧拉定理 (见 3.7.1 节), 为后来的数学新分支——拓扑学的建立奠定了基础. 1760 年出版的《关于曲面上曲线的研究》, 建立了曲面理论, 这是对微分几何学的重要贡献, 是微分几何学发展史上的里程碑.

1774 年, 他把自己多年来研究变分问题的成果编写成《寻求具有某种极大或极小性质的曲线的技巧》, 创立了变分学. 变分学中的欧拉方程是求解变分问题的基本工具之一, 它给出了泛函存在极值的一阶必要条件. 设 $F(x, y, z)$ 是偏导数连续的三元函数, 考察泛函

$$I[\phi] = \int_a^b F(x, \phi(x), \phi'(x)) \mathrm{d}x, \quad a < b.$$

根据一阶变分公式, 极值函数 ϕ 满足方程

$$\frac{\mathrm{d}}{\mathrm{d}x} \frac{\partial F}{\partial z}(x, \phi(x), \phi'(x)) = \frac{\partial F}{\partial y}(x, \phi(x), \phi'(x)).$$

该方程又称为欧拉-拉格朗日方程.

在一般力学方面, 欧拉的著作《力学或解析地叙述运动的理论》(1736 年)

---

① 柯西-黎曼方程, 也称柯西-黎曼条件, 是描述可微函数在开集中为全纯函数的充要条件的两个偏微分方程. 因为达朗贝尔在 1752 年研究流体力学时就发现了这两个偏微分方程, 起初人们称它为 "达朗贝尔-欧拉方程". 1814 年, 柯西利用这两个方程构建他的函数理论. 1851 年, 黎曼把全纯函数定义为满足柯西-黎曼方程的黎曼曲面上的复单值函数. 后来, 人们就称这两个方程为柯西-黎曼方程.

② 由偶点组成的连通图, 可以一笔画成; 只有两个奇点的连通图, 可以一笔画成; 其他情况的图都不能一笔画出.

最早明确提出质点或粒子的概念,最早研究质点沿任意曲线运动的速度,并在有关速度与加速度问题上应用矢量的概念.他创立了分析力学、刚体力学,研究和发展了弹性理论、振动理论和材料力学.与前人相比,欧拉在力学研究中的显著特点是系统而成功地运用分析方法.1738年,法国科学院设立回答热本质问题的奖项,他的论文《论火》获奖.欧拉在本文中阐述了他对热本质的观点:热是由分子振动产生的.他还把振动理论应用到音乐理论,于1739年出版了一部音乐理论著作《音乐新理论的尝试》.1765年,出版《刚体运动理论》,得到了刚体运动学和刚体动力学中的基本结果.

他是流体力学的创始人,建立了理想流体运动的基本微分方程[①].1757年,发表论文《流体平衡的一般原理》《流体运动的一般原理》和《流体运动理论续篇》.1761年,出版《流体运动原理》.他不但把数学应用于自然科学,还把某一学科的成果应用于另一学科.比如,他利用欧拉方程组研究人体血液的流动,为生命科学和医学作出了贡献;又以流体力学、潮汐理论为基础,丰富和发展了船舶设计制造及航海理论,出版著作《航海科学》(1749年),对浮体的稳定和浮体在平衡位置附近的轻微摆动问题作了独创性的阐述.他的论文《论船舶的左右及前后摇晃》荣获巴黎科学院奖.

欧拉与达朗贝尔、拉格朗日一起成为天体力学的创立者.他发表的《行星和彗星的运动理论》(1744年)和《月球运动理论》(1753年),都是天文学和天体力学的开创性著作.欧拉的月球理论被托比亚斯·迈耶尔用来制作月球地图.

由于欧拉的出色工作,以及他的坚强意志和惊人毅力,人们都极度推崇他.拉普拉斯说:"读读欧拉,他是我们所有人的老师."高斯说:"研究欧拉的著作永远是了解数学的最好方法".瑞士教育与研究国务秘书查尔斯·克莱伯(Charles Kleiber)曾表示:"没有欧拉的众多科学发现,今天的我们将过着完全不一样的生活."

---

① 在纳维-斯托克斯方程组中取黏性系数和热传导系数为零,即是理想流体运动的基本方程,又称"欧拉方程组".

第12章　另外三十位数学家和数学天才

数学，通常又被称作宇宙语言，是我们理解自然的关键工具，在人类的生活中一直起着极其重要的作用．小到厨房的水龙头，大到发送电视节目的卫星，都与数学有着千丝万缕的联系．伟大的数学家们因此在各个领域脱颖而出，在历史长河中镌刻上自己的名字．他们都具有以下特征：对数学的发展做出巨大贡献，引领若干方向，解决本领域中的关键问题，创立学科分支．

历史上有许多伟大的数学家和数学天才，无法一一介绍，也很难严格排序．除了前面介绍过的阿贝尔、伽罗瓦和欧拉，我们依据其历史地位、学术成就和对数学发展的贡献，参考2010年英国媒体评选出的10位数学天才并兼顾性别，再简要介绍30位数学家和数学天才的生平与数学贡献（按照出生日期排序）．

12.1　万物皆数——毕达哥拉斯

毕达哥拉斯，古希腊数学家、哲学家、天文学家和音乐理论家．约公元前560年出生在爱琴海中的萨摩斯岛（今希腊东部小岛）的贵族家庭，公元前480年卒于梅塔蓬图姆（今意大利半岛南部塔兰托）．他自幼聪明好学，曾在名师门下学习几何学、自然科学和哲学．因为成立毕达哥拉斯学派而闻名于世，是最早的伟大数学家之一．亚里士

毕达哥拉斯

多德指出，该学派是最早积极研究和推动数学发展的团体之一．

公元前530年前后，毕达哥拉斯在意大利南部的克罗顿建立了一所学校，传授数学及宣传他的哲学思想，并和他的信徒们组成了一个所谓"毕达哥拉斯学派"的政治和宗教团体．他们相信依靠数学可使灵魂升华，通过数学能窥探神的思想．

毕达哥拉斯自己没有留下任何数学著作，我们对他的了解大部分来自菲洛劳斯和其他后来的毕达哥拉斯学者的著作．事实上，我们根本不清楚，许多（或任何）归结于毕达哥拉斯的定理实际上是由毕达哥拉斯本人还是由他的追

随者解决的. 关于毕达哥拉斯的数学贡献,可以参看 1.2.1 节的第二部分(毕达哥拉斯学派).

12.2 几何之父——欧几里得

欧几里得(公元前 330 年—前 275 年,生卒地不详),古希腊数学家,活跃于托勒密一世(公元前 364 年—前 283 年)时期的亚历山大里亚,被誉为"几何之父". 他的《几何原本》是一部集前人思想和他个人的创造性于一体的不朽之作,既是数学巨著,也是哲学巨著,并且第一次完成了人类对空间的认识. 本书基本囊括了从公元前 7 世纪到公元前 4 世纪的几何学和数论成果. 不仅保留了许多古希腊早期的几何学理论,而且通过欧几里得开创性的系统整理和完整阐述,使这些远古的数学思想发扬光大. 在一系列公理、定义、公设的基础上,创立了欧氏几何学体系,成为用公理化方法建立数学演绎体系的最早典范.

欧几里得 　　　　　　　　　　　《几何原本》

《几何原本》共分 13 卷. 卷 1 首先给出 23 个定义,定义了点、线、面、圆和平行线的原始概念,接着是 5 个公设和 5 个公理. 在此基础上,给出了 48 个命题,讨论三角形、垂直、平行、直线形的面积等. 卷 2 共有 14 个命题,研究多边形的等积问题,用几何语言叙述代数恒等式. 卷 3 共有 37 个命题,是关于圆、弦、切线以及与圆有关的图形之性质. 卷 4 共有 16 个命题,论述了圆和多边形的关系以及正多边形的作图方法. 卷 5 共有 25 个命题,详细讨论了比例论. 卷 6 为相似多边形理论,共有 33 个命题,将卷 5 中建立的理论用到平面图形. 卷 7—9 是初等数论,分别有 39、27、36 个命题,有整数的整除性质、辗转相除法、连比例、素数无穷多的证明、完全数的判断. 卷 10 共有 115 个命题,讨论了线段的加、减、乘以及开方运算,特殊线段之间的关系. 卷 11 共有 39 个命题，讨论了直线与平面、平面与平面的关系，平行六面体的体积．卷 12 是面积和体积，共有 18 个命题．卷 13 是正多面体，共有 18 个命题，主要讨论了球内接正多面体．

在《几何原本》中，欧几里得采用与前人完全不同的叙述方式，即先提出定义、公设和公理，再由简到繁地给出命题和证明，使得全书的逻辑清晰、论述清楚．在内容的安排上，也是由浅到深、从简至繁．书中有关穷竭法的讨论，成为近代微积分的思想来源．

按照欧氏几何学的体系，所有的定理都可以从一些确定的、不需证明的公理演绎出来．在这种演绎推理中，证明必须以公理或者先前已经被证明的定理为前提．这种思想对后世产生了深远影响，《几何原本》被公认为历史上最成功的教科书．

欧几里得还写了一些关于透视、圆锥曲线、球面几何学及数论的论文，在其他方面的工作还有完全数和"欧几里得算法"（辗转相除法）等．

12.3　百科式数学家——阿基米德

阿基米德于公元前 287 年出生在西西里岛的叙拉古，公元前 212 年卒于同地．他出身贵族，与叙拉古的赫农王（King Hieron）有亲戚关系，家庭十分富有．父亲是天文学家兼数学家，学识渊博、为人谦逊．受家庭影响，他从小就对数学、天文学，特别是古希腊的几何学有浓厚的兴趣．

阿基米德

阿基米德是伟大的古希腊哲学家、百科全书式科学家、数学家、物理学家、力学家，是静态力学和流体静力学的奠基人，享有"力学之父"的美称．阿基米德和高斯、牛顿并列为世界三大数学家①．据说，他确立了力学的杠杆定律之后，曾发下豪言壮语："给我一个支点，就能移动整个地球．"

公元前 267 年，阿基米德被父亲送到埃及的亚历山大里亚，跟随欧几里得的继任者学习，以后和亚历山大的学者保持联系，因此他算是亚历山大学派的成员．亚历山大里亚是当时的科学、文化和贸易中心，学者云集、人才荟萃，被世人誉为"智慧之都"．阿基米德在这里学习和生活了多年，与欧几里得的

---

① 也有人认为史上最伟大的三位数学家是：黎曼、高斯、庞加莱（深度黎曼、广度高斯、难度庞加莱）．

学生埃拉托色尼、科农及科农的学生多西修斯成为亲密朋友,一起工作.他兼收并蓄了东方和古希腊的优秀文化遗产,对其后的科学生涯有重大影响,奠定了他日后从事科学研究的基础.

阿基米德在数学领域有着极为光辉灿烂的成就,特别是在几何学方面.他的几何著作是希腊数学的顶峰,把欧几里得严格的推理方法与柏拉图丰富的想象力和谐地结合在一起,达到了至善至美的境界.他将欧几里得提出的趋近观念作了有效运用.利用“逼近法”算出球面积、球体积、椭圆面积;利用割圆法最早算出圆周率 π 的值介于 3.141 63 和 3.142 86 之间;算出球面面积是它的大圆面积的 4 倍,圆柱内切球的体积是圆柱体积的 2/3.他还研究了螺旋形曲线的性质,现今的“阿基米德螺线”就是为了纪念他而命名.

他的著作《方法论》(写在羊皮上的手稿)已经“十分接近现代微积分”,对数学上的“无穷”有超前研究.他虽然没有提出极限概念,但其思想实质却伸展到 17 世纪趋于成熟的无穷小分析领域.他在《数沙者》一书中创造了一套记大数的方法,简化了记数方式.他在浮力原理、杠杆原理、机械应用、天文学等方面也都有重要发现.

公元前 212 年,阿基米德被罗马士兵杀死,终年 75 岁.遗体被葬在西西里岛,墓碑上刻着一个圆柱内切球图形,以纪念他在几何学上的卓越贡献.

12.4　史载第一位杰出的女数学家——希帕蒂娅

希帕蒂娅,公元 370 年出生在亚历山大里亚城的一个知识分子家庭,公元 415 年 3 月的某天惨死于暴徒之手.希帕蒂娅是有史记载的第一位女数学家、哲学家和天文学家.她的父亲塞翁是当时有名的数学家,一些学者常到她家做客.在他们的影响下,希帕蒂娅对数学充满了兴趣和热情.10 岁时,她应用相似三角形对应边成比例的原理,首创用一根杆子及其在太阳下的影子来测量金字塔高度的方法.20 岁之前,读完了欧几里得的《几何原本》,阿波罗尼斯的《圆锥曲线

希帕蒂娅

论》和丢番图的《算术》.希帕蒂娅在亚历山大里亚度过了她的一生.有学者认为希帕蒂娅曾去雅典求学,但是没有证据说明她离开过这座城市——哪怕是很短的一段时间.

希帕蒂娅时代离《几何原本》成书已经有 600 多年,由于当时没有印刷术,这本书抄来抄去,出现了不少错误.她同父亲一起,搜集了能够找到的各种版

本，经过认真修订、润色、加工和大量评注，一本新的《几何原本》问世. 此书更加适合阅读，受到广泛欢迎，成为当今各种文字的《几何原本》的始祖.

希帕蒂娅曾独立写了一本《丢番图〈算术〉评注》. 书中有她自己的不少新见解，并补充了一些新问题. 有的评注很长，足可视为一篇论文. 她还评注了阿波罗尼奥斯的《圆锥曲线论》，并在此基础上写出适于教学的普及读本. 她研究过托勒密的著作，与父亲合写了《天文学大成评注》，独立撰写了《天文学准则》等. 此外，她还写过多篇研究圆锥曲线的论文.

12.5　古典概率论创始人——吉罗拉莫·卡尔达诺

吉罗拉莫·卡尔达诺，1501 年 9 月 24 日出生在帕维亚，1576 年 9 月 21 日卒于罗马. 意大利文艺复兴时期百科全书式的学者，古典概率论创始人，最丰富多彩的人物之一. 他的工作跨越了许多领域，涵盖医药、数学、物理、哲学、机械、宗教和音乐，同时还沉迷于研究占星术和赌博. 其姓氏英文拼法是 Jerome Cardan，故又译为卡当.

卡尔达诺

卡尔达诺在帕维亚和帕多瓦大学接受教育，于 1526 年获得医学学位. 作为 16 世纪的内科医生，卡尔达诺还是一位多产的作家，他创作了 130 多部印刷作品，并在去世时留下了 100 多部未完成的手稿. 最突出的是他对数学的贡献，体现在他的三本著作中：《数学和个体测量实践》（1539 年），在计算方法与代数变换中显示出高超的技巧；《大术》（1545 年），首次公布了三次代数方程的一般解法，首次描述和使用虚数，确认了高于一次的代数方程多于一个根. 已知方程的一个根可将方程降阶，指出方程的根与系数间的某些关系，其中关于一般二次代数方程的求根公式被后世称为"卡当公式"或"卡尔达诺公式"；《论机会游戏》（1525 年成书，1663 年出版）被认为是第一部概率论著作，揭示了赌博中的不确定性原理，首次提出了概率的系统计算，比帕斯卡和费马早了一个世纪，对概率论有开创之功.

他的另外两部著作《事物之精妙》（1550 年）与《世间万物》（1553 年），包含了大量力学、机械学、天文学、化学、生物学等自然科学与技术的知识，还有密码术、炼金术和占星术等内容. 被誉为当时最好的百科全书，曾多次印刷，广泛流传于欧洲大陆. 他还提出过物体支撑力的"斜面原理"，设计过"卡尔达诺悬置""卡尔达诺接合"等机械装置. 此外，他还是最早认识自然界水循环理论的学者之一，提出了解释自然现象的"三元""两基"学说．作为医生，他既精于诊断开方，也专于外科手术，还在理论上第一个阐述了诊断斑疹伤寒病的方法，对生理学和心理学的问题提出自己的见解．

12.6　解析几何之父——勒内·笛卡儿

　　勒内·笛卡儿，1596年3月31日出生在法国图赖讷，1650年2月11日逝世于瑞典斯德哥尔摩．他是一位极具创造力的数学家、重要的科学思想家和有独创性的形而上学家，因将几何坐标体系公式化而被公认为"解析几何之父"．是17世纪哲学和科学界最有影响的巨匠之一，被誉为"近代科学始祖"．

　　在笛卡儿时代，代数还是一个比较新的学科，几何学的思维还在数学家的头脑中占统治地位．笛卡儿致力于代数和几何之间的融合，并成功地将当时完全分开的代数学和几何学联系在一起．

　　《几何学》（1637年）是笛卡儿公开发表的唯一数学著作，标志着解析几何学的诞生，是数学史上划时代的光辉巨著，对数学作出了史无前例的贡献．坐标、变量和函数之间的关系，正是在这本书中被首次提出的．笛卡儿创建了坐标系，指出"变量，既指方向固定、长度变化的线段，也指坐标轴上的点（数字）."笛卡儿以运动的眼光看待点，认为曲线是点的

笛卡儿

运动形成的．通过曲线和方程，把图形和数字这两个看似没有关系的对象联系在一起，最终确立了函数的概念，成功地创建了解析几何学．这一成就，在代数和几何之间架起了一座桥梁，开启了常量数学到变量数学的新道路，为微积分的创立奠定了基础，而微积分又是现代数学的重要基石．所以，解析几何的创立是数学史上一次划时代的转折．

　　笛卡儿不仅提出了解析几何学的主要思想和方法，还指明了发展方向．他将逻辑、几何与代数方法相结合，通过讨论作图问题勾勒出解析几何的新方法．从此，数和形就走到了一起，数轴是数和形的第一次接触．向世人证明，几何问题可以归结为代数问题，可以通过代数转换来发现、证明几何性质．创造性地将几何图形"转译"成代数方程，用代数方法解决几何问题．

　　现在使用的许多数学符号也是笛卡儿最先使用的．例如，已知数 a,b,c 以及未知数 x,y,z 等，还有指数的表示方法．虚数一词，也是笛卡儿首次提出的．笛卡儿还发现了凸多面体的边、顶点和面之间的关系，建立了欧拉-笛卡儿公式，给出了微积分中常见的笛卡儿叶形线和心形线．

　　笛卡儿的《方法论》（1637 年）和《第一哲学沉思录》（1641 年）中的哲学思想在现代哲学、科学和数学领域有深远影响. 他靠着天才的直觉和严密的数学推理，在物理学方面也作出了重要贡献. 他运用自己的坐标几何学从事光学研究，在《屈光学》（1637 年）中第一次对折射定律给出了理论上的推证；在《哲学原理》（1663 年）中第一次比较完整地表述了惯性定律，明确地提出了动量守恒定律. 这些都为后来牛顿等人的研究奠定了一定的基础. 在天文学方面，他把自己的机械论观点应用于天体，发展了宇宙演化论，形成了他关于宇宙发生与构造的学说.

12.7　科学天才——艾萨克·牛顿

牛顿

　　艾萨克·牛顿，英格兰物理学家、数学家、天文学家、自然哲学家和炼金术士，百科全书式的全才. 曾任英国皇家学会会长，被誉为“力学之父”“现代科学之父”“现代物理学之父”和“应用数学始祖”. 1643 年 1 月 4 日出生在英格兰林肯郡乡下的伍尔索普庄园. 1727 年 3 月，牛顿出席了皇家学会的例会后突然病倒，于当月 31 日逝世. 同其他杰出的英国人一样，被葬于威斯敏斯特教堂.

　　1661 年 6 月 3 日，牛顿进入剑桥大学的三一学院读书. 当时该学院的教学是基于亚里士多德的学说，但是他更喜欢笛卡儿等现代哲学家以及伽利略、哥白尼和开普勒等天文学家的先进思想. 1665 年，他发现了广义二项式定理，并开始建立一套新的数学理论，也就是后来大家熟知的微积分学. 同年，他大学毕业时，为预防伦敦的大瘟疫，学校被关闭. 此后的两年里，他在家中继续研究微积分学、光学和万有引力定律. 牛顿最卓越的数学成就，是他与莱布尼茨各自独立地创立了微积分，见 7.2.1 节.

　　牛顿的广义二项式定理是被广泛认可的工作，也是他创立微积分的基础. 他发现了牛顿恒等式和牛顿法，分类了立方面曲线（两个变量的三次多项式），为有限差分理论作出了重大贡献；首次使用分式指数和坐标几何学得到丢番图方程的解；用对数逼近调和级数的部分和，首次使用幂级数和反转幂级数.

　　牛顿在 1736 年出版的《解析几何》中引入曲率中心，提出密切线圆的概念，并给出曲率公式和计算曲线曲率的方法. 后来又将自己的许多研究成果总结成专论《三次曲线枚举》，于 1704 年发表. 此外，他的数学工作还涉及数值分析、概率论和初等数论等众多领域.

1687年，牛顿出版了他的力学名著《自然哲学的数学原理》，简称《原理》，被爱因斯坦盛赞为"无比辉煌的演绎成就"。全书从三条基本力学定律出发，运用微积分工具，严格地推导和证明了物体运动的三个基本定理（牛顿运动定律）和万有引力定律在内的一系列结论。他还将微积分应用于流体运动、声、光、潮汐、彗星乃至宇宙体系，充分显示了数学的威力，奠定了数学成为描述宇宙活动的语言基础。

12.8　历史上少见的通才——戈特弗里德·莱布尼茨

戈特弗里德·莱布尼茨，德国数学家、物理学家、哲学家。1646年7月1日出生在德国的莱比锡，1716年11月14日于汉诺威孤独地过世。1661年，莱布尼茨进入莱比锡大学学习法律，1663年获学士学位，同年转入耶拿大学。他在耶拿大学一边学哲学，一边在埃尔哈德·魏格尔指导下系统学习了欧氏几何。魏格尔使他开始确信毕达哥拉斯-柏拉图的宇宙观：宇宙是一个由数学和逻辑原则所统御的和谐体。

莱布尼茨

1664年，他获得哲学硕士学位，三年后又获得法学博士学位。多才多艺的莱布尼茨在数学、哲学、物理学、语言学等领域卓有成就，并倡导成立了欧洲多家科学院。他是历史上少有的通才，被誉为"17世纪的亚里士多德"。莱布尼茨在数学上的最大贡献无疑是无穷小的计算，即微积分学的创立，见7.2.2节。

莱布尼茨的第一个重要数学发现是二进位制，他用数0表示空位，数1表示实位。这样，所有自然数都可以用这两个数来表示。例如，$(3)_{10} = (11)_2, (5)_{10} = (101)_2$。两个世纪后，英国逻辑学家布尔创立了逻辑代数（布尔代数），与莱布尼茨发明的二进位制发生了联系[①]。同时，莱布尼茨也研制成了机械计算机，改进了帕斯卡的加法器，以便用来计算乘法、除法和开方。

莱布尼茨创立了优美的行列式理论，并把有对称之美的二项式理论推广到任意个变数；发现了圆周率的无穷级数表达式：

$$1 - \frac{1}{3} + \frac{1}{5} - \frac{1}{7} + \cdots = \frac{\pi}{4},$$

该公式极大地方便了圆周率的计算[②]。

[①] 后来确认，中国人在三千年前的《易经》64卦里就有二进制的思想。如果用0代表阴爻，用1代表阳爻，那么64卦中的任何一卦都可以用0和1排列组合。

[②] 在圆周率的计算方面，祖冲之曾领先西方11个世纪。

1666 年发表的论文《论组合的艺术》，提出符号逻辑思想，引导了后来布尔等人的数理逻辑.

1672 年，莱布尼茨作为外交官被派往巴黎，在那里结识了法国哲学家尼古拉·马勒伯朗士和数学家惠更斯等人. 在巴黎逗留期间，莱布尼茨除了潜心数学王国，还不忘学习和研究新哲学. 他意识到命题的内涵和外延之间的不同，并认同内涵的独立性，建立了纯形式的逻辑演绎系统. 在《真实加法的计算法研究》中，给出了 24 个命题，包括今天我们熟知的一些逻辑学结果. 例如，$A \subset B$，$B \subset C$，则 $A \subset C$；$A = B$ 且 $B \neq C$，则 $A \neq C$；$A \oplus B \neq A + B$，等等. 此外，他还指出代数的某些内容有非算术的解释.

12.9　伯努利家族第一代数学家——雅各布第一·伯努利

雅各布第一·伯努利，简称雅各布·伯努利，1654 年 12 月 27 日出生在瑞士巴塞尔的商人和科学世家，1705 年 8 月 16 日卒于同地. 他是伯努利家族的第一代数学家，在概率论、微分方程、无穷级数求和、变分方法、解析几何等方面均有建树，被公认为概率论的先驱之一.

1671 年，雅各布·伯努利毕业于巴塞尔大学获哲学硕士学位，1676 年取得神学从业资格证，1676 年至 1678 年在日内瓦大学担任讲师，1679 年至 1680 年在法国师从笛卡儿进修数学，1681 年至 1683 年游学于荷兰、英国等地，结识了一批优秀的科学家. 1683 年，他重返巴塞尔，开始教授力学. 1687 年，任巴塞尔大学的数学教授，直至逝世. 除了进行数学研究工

雅各布·伯努利

作，他还广交学友，所写书信卷帙浩繁，是当时欧洲科学界颇有影响的人物.

雅各布·伯努利在研究复利问题时发现了自然对数的底 e. 在复利计算中，如果每年以 100% 的利率投资 1 美元，并在一年结束时计算利息，你会得到 2 美元. 如果每六个月计算一次利息，那么每次利率为 50%，一年后你会得到 $1 \times (1 + \frac{1}{2})^2 = 2.25$ 美元. 随着计算利息的频率越来越高，最终的值会趋近于 e 美元.

雅各布·伯努利对数学的最大贡献是概率论方面的工作. 他较早阐明了随着试验次数的增加，频率会稳定在概率附近. 给出了概率论中的伯努利试验与大数定律. 从 1685 年起，他多次发表赌博游戏中输赢次数问题的论文，后来写成巨著《猜度术》（在他去世 8 年后，即 1713 年才得以出版）. 这部著作

包含排列和组合理论，通过所谓的伯努利数推导出了指数级数、伯努利大数定律（大数定律的最早形式，现代抽样理论的基础）等. 为了肯定大数定律的重要性，1913 年 12 月，圣彼得堡科学院曾举行庆祝大会，纪念大数定律诞生 200 周年. 1994 年，第二十二届国际数学家大会在瑞士的苏黎世召开，瑞士邮政发行的纪念邮票图案是雅各布·伯努利的头像和以他名字命名的大数定律及大数定律的几何示意图.

雅各布·伯努利是最早使用"积分"术语的人（1690 年），也是较早使用极坐标系的数学家之一，他将微积分应用于计算曲线的长度和曲面的面积. 据说，求极限的洛必达法则就是他写信告诉洛必达的. 之所以叫洛必达法则，是因为它最早被收录在洛必达的著名教科书《阐明曲线的无穷小分析》（1696 年）中. 他还研究悬链线，确定了等时曲线方程. 他与弟弟约翰第一·伯努利关于最速降线问题展开辩论，从而诞生了变分法. 他醉心于研究对数螺线，发现对数螺线经过各种变换后仍然是对数螺线.

12.10　神童——玛丽亚·阿涅西

玛丽亚·阿涅西，数学家和哲学家，历史上第二位大学女教授. 1718 年 5 月 16 日出生在意大利波洛尼亚，1799 年 1 月 9 日在养老院去世，终生未婚. 父亲皮耶特罗·阿涅西是位富有的数学教授，当地的社会名流. 阿涅西被公认为神童：5 岁时会说法语和意大利语；9 岁时在一次学术聚会上用拉丁语做了长达一小时的演讲，主题是妇女接受教育的权利；13 岁时学会了希腊语、希伯来语、西班牙语和德语，被称为"刚会走路就通晓多种语言的人".

阿涅西

阿涅西从小就展现出过人的天赋，在父亲举办的聚会中以多国语言讨论抽象数学、自然科学和哲学议题，并主张女性有接受高等教育的权利. 1738 年，将系列的讨论成果编写成关于自然科学和哲学的文集《哲学命题》. 1748 年，在米兰出版数学著作 *Analytical Institutions for the Use of Italian Youth*，书中包含关于阿涅西曲线（或箕舌线）的讨论，不仅把牛顿、莱布尼茨以及法国、俄国、意大利等国数学家提出的各种微积分的表达方式进行了统一，还坚持几何证明的优先性，被认为是第一部完整的微积分教科书. 教皇贝内迪克特十四世颁给她一枚金牌，以表彰她在数学上的卓越贡献. 法国科学院甚至评价这本书是"关于高等数学最完整、最好的著述"，并在 1749 年 12 月专门开会研究此书,后来又经高层授意在全国大学印发.

1750年,阿涅西被任命为波洛尼亚大学数学与自然哲学系主任. 1751年,正值她数学事业的巅峰时期,却突然停止了所有研究工作. 她一直照顾父亲直到他去世,接着又担负起照顾和教育20位弟妹的责任.

12.11　分析数学的推动者——约瑟夫·拉格朗日

约瑟夫·拉格朗日,法国数学家和物理学家. 1736年1月25日出生于意大利都灵的一个富裕家庭,1813年4月3日,拿破仑授予他帝国大十字勋章,但此时的拉格朗日已经卧床不起,于4月11日早晨逝世于法国巴黎. 他对数学、力学和天文学都有历史性的贡献,尤以数学最为突出,被认为是对分析数学的发展有全面影响力的数学家之一.

与其他著名数学家不同,拉格朗日并没有从小就沉迷于数学. 他16岁去都灵大学学习法律,想成为一名律师. 17岁时,拉格朗日研读了埃德蒙·哈雷的一篇论文,从中受到极大启发,于是转而投身于数学,一年后就发表了第一篇数学论文,开始了他多产、开创性的数学生涯,19岁就成为数学教授. 他获得了法国科学院颁发的一系列奖项,1766年,接替离职的欧拉任普鲁士科学院(前身是柏林科学院)数学

拉格朗日

部主任,长达20年. 1786年腓特烈大帝去世后,他接受法国国王路易十六的邀请,离开柏林,定居巴黎,直至去世.

拉格朗日是数学分析的推动者,在变分法、微分方程、方程论、数论、函数论和无穷级数、数值分析方面都有开创性和奠基性工作. 他还是分析力学的创立者和天体力学的奠基者,同时在使天文学力学化、力学分析化方面也起了历史性作用,推动了力学和天文学的发展.

拉格朗日在《师范学校数学基础教程》(1796年)中,提出著名的拉格朗日内插公式. 其巨著《解析函数论》(1797年)为微积分奠定了理论基础. 他企图把微分运算归结为代数运算,从而抛弃自牛顿以来一直令人困惑的无穷小量,并想由此出发建立全部分析学. 他用幂级数表示函数的处理方法,对分析学的发展有重要影响,成为实变函数论的起点. 他给出的拉格朗日中值定理是微分中值定理中最主要的结论. 拉格朗日用它推导出泰勒级数,给出了余项R_n的具体表达式.

在变分法方面,拉格朗日以欧拉的思想和结果为依据,从纯分析(对积分

进行极值化）出发，得到了更完善的结果.

拉格朗日对变系数常微分方程的解法、常微分方程的奇解和特解都有历史性贡献. 他还是一阶偏微分方程理论的创立者，提出一阶非线性偏微分方程的解可分类为完全解、奇解、通积分等，并给出了它们之间的关系.

拉格朗日把前人对三次、四次代数方程的各种解法总结为一套标准方法，即把方程化为低一次的方程（称辅助方程或预解式）以求解.

在数论方面，他研究过欧拉多年从事的费马方程 $x^2 - ay^2 = b$ 和二元二次整系数方程 $ax^2 + 2bxy + cy^2 + 2dx + 2ey + f = 0$. 证明了四平方和定理，也称拉格朗日定理：每个正整数均可表示为四个整数的平方和（允许某些整数为零），及著名定理：n 是素数的充要条件是 $(n-1)! + 1$ 能被 n 整除.

为了缅怀和纪念拉格朗日，国际工业与应用数学联盟设立了拉格朗日奖，1999 年开始颁发.

12.12 "布朗先生"——玛丽-索菲·热尔曼

玛丽-索菲·热尔曼，法国数学家和物理学家. 1776 年 4 月 1 日出生在巴黎一个殷实的商人家庭，1831 年 6 月 27 日因乳腺癌在巴黎病逝.

热尔曼酷爱读书，因为父亲有一个很大的图书馆，她自学了希腊语和拉丁语. 阅读让-艾蒂安·蒙蒂克拉的《数学史》后，她被阿基米德的生平深深吸引，尽管父母极力劝阻，13 岁时还是决定学习数学. 鉴于当时社会对女性科学家的歧视，热尔曼足智而

热尔曼

坚定，使用男性化名字勒·布朗先生，以便获得巴黎综合理工学院学术课程的讲义. 当她按照学校的要求把读书报告提交给拉格朗日后，拉格朗日非常欣赏这位才华横溢的学生. 在拉格朗日的指导下，她热情而专注地从事数学和哲学方面的工作，成为法国历史上最著名的女数学家.

热尔曼早期的研究兴趣是数论. 1804 年，她以勒·布朗先生的名义与高斯通信，并把她关于数论方面的一些结果寄给了高斯. 高斯在 1807 年的一封信中称她为"杰出的天才". 1916 年，热尔曼写信给勒让德，介绍了她在数论方面的重要结果：如果 x, y, z 都是整数，并且 $x^5 + y^5 = z^5$，那么 x, y 或 z 一定能被 5 整除. 这是 $n = 5$ 的情况下证明费马最后定理的重要一步.

在 1809 年前后，法国科学院宣布了一项竞赛，以解释德国物理学家恩斯特·克拉德尼关于弹性表面振动研究的"潜在数学定律". 1816 年，她第三次

参加这项比赛，并以关于弹性板振动的论文获胜，成为历史上第一位获得法国学术协会奖项的女科学家．获奖后，热尔曼继续弹性理论的工作，基于平均曲率研究"弹性表面的性质、界限和范围"．1821 年，她自费出版了《自然研究备注》，以四阶偏微分方程的形式给出了弹性表面的一般振动原理的表达式，发展了已有结果．

1830 年，在高斯的推荐下哥廷根大学为热尔曼颁发了荣誉学位．可惜一年后她便因乳腺癌去世．1831 年，她的另一篇关于弹性理论和曲率的重要论文发表．为了纪念她对数学的发展所作出的重大贡献，1876 年，法国一所女子学校和一条街道都以这位著名数学家的名字命名．2003 年，法国科学院设立了索菲·热尔曼大奖（Grand Prix Sophie Germain）．

12.13　数学王子——卡尔·高斯

卡尔·高斯，德国数学家、物理学家、天文学家、大地测量学家，近代数学奠基者之一，享有"数学王子"之称．1777 年 4 月 30 日出生在德国布伦兹维克的一个贫苦家庭，1855 年 2 月 23 日在哥廷根去世．他一生成就颇丰，以其名字命名的成果达 110 多个，堪称数学家之最．

高斯 10 岁时，几秒就能算出从 1 加到 100 的结果．12 岁时，已经开始怀疑欧氏几何学中的基础证明．16 岁时，预测在欧氏几何之外必然有完全不同的几何学，即非欧几何学．1792 年进入不伦瑞克的卡罗琳学院学习，1795 年进入哥廷根大学，第一年就发现并证明了二次互反律．这是他的得意杰作，曾用八种

高　斯

方法证明，称之为"黄金律"．第二年又得出正十七边形的尺规作图法，并给出可用尺规做出的正多边形的条件，解决了两千年来悬而未决的难题．1798 年转入黑尔姆施泰特大学学习并开始撰写《算术研究》（1801 年出版），翌年，因证明代数基本定理而获博士学位．1807 年至 1855 年，担任哥廷根大学教授兼哥廷根天文台台长．

作为古典数学集大成者、现代数学的重要启发者和奠基人，高斯的成就覆盖了数学各个分支．他是公认的数论史上第一人、几何学史上前五、初等数论集大成者、代数数论萌芽始祖、现代微分几何学鼻祖，对概率论有重大贡献，并且在非欧几何、椭圆函数论、椭圆积分方面做了早期的系列工作，在电磁学、大地测量学、天文学等领域取得不凡成就．无论是研究风格和方法，还

是所取得的具体成就，他都是 18 世纪与 19 世纪之交的中坚人物. 如果把 18 世纪的数学家想象为一系列的高山峻岭，那么最后一个令人肃然起敬的巅峰就是高斯；如果把 19 世纪的数学家喻为一条条江河，那么其源头就是高斯.

爱因斯坦曾评论说："高斯对于近代物理学的发展，尤其是对于相对论的数学基础所做的贡献（指曲面论），其重要性是超越一切、无与伦比的."埃里克·贝尔在他撰写的《数学工作者》中这样评价高斯："高斯去世后，人们才知道他早就预见一些 19 世纪的数学，而且在 1800 年之前已经期待它们的出现.如果他能把他所知道的一些东西泄漏，很可能比当今数学还要先进半个世纪或更多的时间."为了缅怀和纪念高斯，1998 年在柏林召开的第二十三届国际数学家大会上，国际数学联盟决定设立高斯奖.高斯的肖像曾被印刷在 1989 年至 2001 年流通的 10 元德国马克纸币上，下萨克森州和哥廷根大学图书馆已经将高斯的全部著作数字化，并放置于互联网上.

12.14　承前启后的数学巨人——奥古斯丁·柯西

奥古斯丁·柯西，法国数学家、物理学家和天文学家. 1789 年 8 月 21 日出生在巴黎，1857 年 5 月 23 日在巴黎病逝.柯西的父亲与拉格朗日和克劳德·贝托莱很熟悉（他们还是邻居）.接受完家庭教育后，他进入万神殿中央学校，并以优异成绩完成了古典文学的学习. 16 岁被巴黎综合理工学院录取，两年后进入桥梁和道路学校，毕业后成为一名工程师.

1811 年，拉格朗日给柯西出了一道题：一个凸多面体的角度是否由它的面来决定？柯西的解决方法被认为是"经典而美丽的作品"，从而开启了他的数学生涯. 1815 年至 1830 年，柯西被任命为巴黎综合理工学院教授、法国科学院和法兰西学院主席.作为许多领域的开拓者，柯西是将近代数学带入现代数学的第一人，许多现代数学的思想和方法都源于柯西的工作.

柯 西

柯西对数学的最大贡献是在微积分中引进极限概念，并以极限为基础建立了完整的分析体系. 1821 年，柯西给出极限的严格定义，把极限过程用不等式来刻画，后经魏尔斯特拉斯的改进，成为现在所说的柯西极限定义或叫 ε-δ 语言.这是微积分发展史上的精华，也是对人类科学发展做出的巨大贡献.

柯西对定积分做了最系统的开创性工作，把定积分定义为和的"极限".强调在计算定积分之前，必须确立积分的存在性.他利用中值定理首先严格证明了微积分基本定理. 通过柯西以及后来魏尔斯特拉斯的卓越工作, 使数学分析的基本概念严密化, 从而结束了微积分 200 年来思想上的混乱局面, 使微积分发展成现代数学中最基础、最庞大的数学分支.

柯西是单复变函数论的奠基人. 1814 年, 他在巴黎科学院宣读《关于定积分理论的报告》, 这是关于复变函数论的第一篇重要论文 (1827 年正式发表), 创立了复变函数论. 1825 年出版的《关于积分限为虚数的定积分的报告》, 可以看成复分析发展史上的第一座里程碑, 建立了我们现在所称的柯西积分定理. 在 1826 年的一篇论文中, 给出了留数的概念. 他建立的积分理论是研究复分析的开山利斧, 通过它可以导出与复函数的解析性相关的一系列本质结果. 他在 1846 年发表的两篇文章中, 把与路径无关的基本定理和留数定理分别推广到任意闭曲线的情形.

柯西的另一个重要工作是首次证明了常微分方程解的存在唯一性, 并提出三种主要方法: 柯西-利普希茨法、逐渐逼近法和强级数法. 柯西发现通过计算强级数, 可以证明逼近步骤收敛, 其极限就是方程的真解. 他还研究了偏微分方程解的存在唯一性, 其著名结果就是柯西-柯瓦列夫斯卡娅定理.

12.15　黎曼几何创始人——波恩哈德·黎曼

波恩哈德·黎曼, 德国数学家和物理学家. 1826 年 9 月 17 日出生在汉诺威王国附近的布雷塞伦茨牧师家庭, 1866 年 7 月 20 日在去意大利休养的途中因肺结核在塞拉斯卡去世. 曾在哥廷根大学 (1846–1847, 1849–1851) 和柏林大学 (1847–1849) 学习. 1851 年, 在哥廷根大学获博士学位 (导师是高斯), 之后便在那里工作. 1854 年任讲师, 1857 年任副教授, 1859 年任正教授.

黎曼是世界上最具独创精神和全面统治力的数学家之一, 虽然著作不多, 却异常深刻, 极富创造力与想象力. 他的工作直接影响了 19 世纪后半期的数学发展, 在他的思想影响下, 许多数学分支取得了辉煌成就. 他创造了将几何、数论、分析等分支归纳在统一框架下来研究的数学工具, 重

黎 曼

写了数学的语言、观念和定义, 对当代物理学也影响深远.

黎曼在他的博士论文《单复变函数的一般理论基础》中首先给出了黎曼面的概念, 接着推出了复变函数可微的充要条件, 即柯西-黎曼方程. 把全纯函数定义为满足柯西-黎曼方程的黎曼曲面上的复单值函数. 借助狄利克雷原

理阐述了著名的"黎曼映射定理",这是复分析中最深刻的定理之一,也是复变函数几何理论中最基本、最重要的定理,是几何函数论的基础.

他于1853年完成论文《函数的三角级数表示》(1868年发表),研究了三角级数的收敛准则,并定义了黎曼积分. 1854年,黎曼在就职论文《关于几何学的假设》(1868年发表)中拓展高斯关于曲面的微分几何研究,提出用流形的概念理解空间的实质,利用微分弧长的平方所确定的正定二次型理解度量,建立黎曼空间,开创了黎曼几何,把欧氏几何和非欧几何囊括在他的体系之中,为爱因斯坦的广义相对论提供了数学基础.

1857年,黎曼在《阿贝尔函数理论》一文中系统阐述了阿贝尔积分和黎曼面理论,并对黎曼面从拓扑、分析、代数、几何各角度进行了深入探讨,提出了一系列对代数拓扑学的发展有深远影响的概念.

欧拉方程是描述气体运动的基本方程,最大特点是解会出现间断. 1858年,黎曼根据间断现象的特点,提出并解决了欧拉方程一种最简单的间断初值问题,后人称它为黎曼问题. 开创了"微分方程广义解"概念和"相平面分析"法之先河,具有极大的超前性. 他对微分方程解的存在性的狄利克雷原理,也有重要贡献.

黎曼提出用复变函数论,特别是用 ζ 函数研究数论的新思想和新方法,开创了解析数论的新时代,并对单复变函数论的发展有深刻影响. 1859年提出著名的"黎曼猜想". 详见5.5节.

12.16　集合论创始人——格奥尔格·康托尔

格奥尔格·康托尔,德国数学家,集合论创始人. 1845年3月3日出生在俄国圣彼得堡,1918年1月6日在德国哈雷-维滕贝格大学附属精神病院去世. 他的父亲是丹麦商人,母亲出身艺术世家. 1856年,全家迁居德国. 1860年,康托尔以优异成绩毕业于达姆施塔特的皇家中学,1862年进入苏黎世联邦理工学院,1863年转学到柏林大学,参加了克罗内克、魏尔斯特拉斯和库默尔的讲座. 1867年,以数论方

康托尔

面的论文《二阶不定方程》在柏林大学获博士学位. 此后,一直执教于哈雷大学. 康托尔的前十篇论文都是数论方面的. 在海涅的建议下,康托尔转向了分析. 海涅建议康托尔解决一个公开问题:函数用三角级数表示的唯一性. 1869年,康托尔解决了这个难题,继而又用有理数列的极限定义无理数.

　　康托尔对数学的主要贡献是集合论和超穷数理论. 许多后来的数学家都表示, 是康托尔开创了现代数学的新纪元. 他在寻找函数的三角级数表示的唯一性工作中, 认识到无穷集合的重要性, 并开始从事无穷集合的一般理论研究, 创立了古典集合论. 他首先定义了点集的极限点, 然后引进了点集的导集和导集的导集等重要概念. 他称集合为一些确定的不同对象的总体, 人们能意识到并且能判断一个给定的对象是否属于这个总体. 给出开集、闭集、完全集、幂集等重要概念, 并定义集合的并与交两种运算. 他用一一对应的概念定义了有限集和无限集, 又将后者细分为可数集和不可数集. 1878 年, 提出了著名的连续统假设.

　　为了把有穷集合的元素个数的概念推广到无穷集合, 他以一一对应为原则提出集合等价的概念. 如果两个集合的元素之间可以建立一一对应关系, 就称它们是等价的, 第一次对各种无穷集合按它们元素的 "多少" 进行了分类. 他指出, 如果一个集合能够和它的一部分构成一一对应, 它就是无穷的. 他还引进 "可列" 概念, 把与正整数集等价的集合称为可列 (可数) 集. 1874 年, 他发表在克雷尔杂志上的论文《论所有实代数数的一个性质》证明了有理数集合是可列集. 后来还证明所有代数数构成的集合也是可列集. 不久又证明实数集合是不可列的. 由于实数集合是不可列的, 而代数数集合是可列的, 于是他得到 "一定有超越数存在的结论", 而且超越数 "大大多于" 代数数. 接着, 他又构造实变函数论中著名的 "康托尔集", 给出测度为零的不可数集的一个例子, 还巧妙地建立了一条直线与 n 维空间之间的等价关系.

　　1883 年, 康托尔出版的《一般集合论基础》中引进了作为自然数系的独立和系统扩充的超穷数, 从内容到叙述方式都同现代的朴素集合论基本一致, 这标志着点集论体系的建立. 他的最后一部数学著作《对超穷数论基础的献文》于 1895 年出版, 系统地总结了超穷数理论的严格数学基础. 他在集合论方面的贡献, 还可以参看 9.3.2 节.

　　康托尔的 "集合论" 可谓是数学界的一枚 "核弹", 引发了第三次数学危机, 使得数学家纷纷考虑数学的基础问题, 甚至产生了著名的三大学派: 形式主义、逻辑主义、直觉主义. 与此同时, 集合论被广泛地应用于数学的每一个分支领域. 在 1900 年第二届国际数学家大会上, 希尔伯特把康托尔的 "连续统假设" 列入 20 世纪初有待解决的 23 个重要数学问题之首.

　　希尔伯特评价康托尔的超穷数理论是 "数学思想上最惊人的产物, 在纯粹理性的范畴中人类活动的最美表现之一." "数学精神最令人惊羡的花朵, 人类理智活动最漂亮的成果." 罗素将康托尔的工作描述为 "可能是整个时代所能夸耀的最伟大的工作." 柯尔莫哥洛夫说: "康托尔的丰功伟绩, 在于他能勇敢地面对未知的危险和困境. 他与不确定的言论、世人的成见、哲学的条条框框进行了勇敢的抗争, 也因此使他创造了一门新的学科. 这门学科（集合论）到了今天已经变成了数学研究的基础.”

12.17　历史上首位女博士——索菲娅·柯瓦列夫斯卡娅

柯瓦列夫斯卡娅

索菲娅·柯瓦列夫斯卡娅, 1850 年 1 月 15 日出生在莫斯科的一个贵族家庭（父亲是炮兵中将）, 1891 年 2 月 10 日卒于斯德哥尔摩. 她是历史上首位女博士, 在偏微分方程、刚体旋转理论和理论力学等方面都有重大贡献.

柯瓦列夫斯卡娅从小就迷上了数学. 11 岁时, 房间的墙上贴满了微积分讲义. 父母为了培养她的数学兴趣, 聘请了一位家庭教师教她微积分. 14 岁阅读《物理学基础》时, 遇到了三角函数问题, 她思索再三, 巧妙地用一根近似的线段来代替正弦, 独立地推导出书上所有的三角公式.

尽管她在数学方面有明显的天赋, 但她无法在俄罗斯完成学业, 因为那里不允许女性上大学. 如果出国留学, 需要得到父亲的书面许可, 但是父亲不允许她离开家. 而另一种选择是结婚. 1867 年, 征得一名年轻的古生物和地质专业的大学生弗拉基米尔·柯瓦列夫斯基的同意, 用假结婚的办法从父母监护下解脱出来然后出国（直到她 24 岁完成学业并在科学研究中取得成果后才与柯瓦列夫斯基结为夫妻）, 1868 年他们迁居德国. 柯瓦列夫斯卡娅在海德堡大学跟随赫尔曼·冯·亥姆霍兹、基尔霍夫和罗伯特·本生学习了两年数学后, 又于 1870 年搬到了柏林. 由于当时柏林大学不允许女生听课, 魏尔斯特拉斯只好单独为她授课达 4 年之久. 1874 年, 她完成了关于偏微分方程、阿贝尔积分和土星光环方面的 3 篇论文, 获得哥廷根大学博士学位, 成为历史上第一位女数学博士和屈指可数的女数学家.

柯瓦列夫斯卡娅在数学方面的主要贡献, 是继柯西之后研究了偏微分方程解的存在唯一性, 给出了更一般的结果, 现称为柯西-柯瓦列夫斯卡娅定理. 后来, 该定理还被推广到偏微分方程组的情形.

1882 年, 她开始研究光的折射, 并就此主题写了三篇文章. 1883 年, 在米塔-列夫勒的帮助下被聘为瑞典斯德哥尔摩大学讲师, 1889 年成为该校终身教授, 1888 年成为圣彼得堡科学院第一位女通讯院士. 她因解决刚体绕定点转动问题, 先后于 1888 年和 1889 年获得法兰西科学院的鲍廷奖和瑞典皇家科学院奖. 为了纪念这位杰出的女数学家, 月球上的一个环形山以她的名字命名. 德国洪堡基金会设立了柯瓦列夫斯卡娅奖, 从 2002 年开始颁发.

12.18 全能数学家——亨利·庞加莱

亨利·庞加莱, 法国数学家、天体力学家、数学物理学家和哲学家. 1854 年 4 月 29 日出生于法国南锡, 1879 年获得巴黎大学博士学位, 1912 年 7 月 17 日卒于巴黎. 庞加莱被公认是 19 世纪的后四分之一和 20 世纪初的领袖数学家、"最后的全能数学家"、代数拓扑学创立者和相对论先驱, 提出了著名的"庞加莱猜想". 他出版专著 30 余种, 发表论文 500 多篇.

庞加莱在拓扑学、数论、自守函数、单值化、微分方程、分岔理论、渐近展开、范型、动力系统、可积性、数学物理和代数几何方面, 都有重大建树.

庞加莱早期的主要工作是创立自守函数理论 (1878 年), 引进了富克斯群和克莱因群, 构造了更一般的基本域. 利用后来以他的名字命名的级数构造自守函数, 并发现了这种函数作为代数函数的单值化函数的功能. 1883 年, 他提出一般的单值化定理, 进而研究一般解析函数, 发现了整函数的亏格

庞加莱

与其泰勒展开的系数和其绝对值的增长率之间的关系. 该成果与皮卡定理构成了整函数及亚纯函数理论的基础. 他也成为多复变函数论的先驱之一.

庞加莱是动力系统理论的奠基人之一和天体力学的先驱. 他在博士论文的基础上写成的专著《论微分方程所定义的积分曲线》, 对运动稳定性中许多几何或拓扑问题进行了广泛探讨, 创立了微分方程的定性理论. 他研究微分方程的解在四种类型的奇点 (焦点、鞍点、结点、中心) 附近的性态, 提出根据解与极限环的关系可以判定极限环的稳定性.

他的另一著作《天体力学新方法》(共 3 卷, 分别于 1892 年、1893 年和 1899 年出版), 建立了非线性微分方程局部和整体分析的基础, 创造了许多全新的数学工具. 例如, 提出了不变积分的概念, 并且用它证明了著名的回归定理. 为了研究周期解的行为, 引进了第一回归映像的概念, 即现代动力系统理论中的庞加莱映射. 还有特征指数, 解对参数的连续依赖性等. 这些都成为现代微分方程和动力系统理论中的基本概念和重要工具.

庞加莱通过研究所谓的渐近解、同宿轨道和异宿轨道, 发现即使是简单的三体问题, 在同宿轨道或者异宿轨道附近, 解的形态也会非常复杂, 以至于

对给定的初始条件,几乎没有办法预测当时间趋于无穷时这个轨道的最终命运. 这种关于轨道长时间行为的不确定性, 称为 "混沌现象".

1895 年至 1904 年, 他在六篇论文中创立了组合拓扑学, 引进了贝蒂数、挠系数和基本群等重要概念, 创造了流形的三角剖分、单纯复合形、重心重分、对偶复合形、复合形的关联系数矩阵等工具. 借助它们推广了欧拉的多面体定理成为欧拉-庞加莱公式, 并证明了流形的同调对偶定理.

庞加莱对数学物理和偏微分方程也有重要贡献. 他用括去法证明了狄利克雷问题解的存在性, 这一方法促使了后来的位势论发展. 还研究了拉普拉斯算子的特征值问题, 给出了特征值和特征函数存在性的严格证明. 在积分方程中引进复参数方法, 促进了弗雷德霍姆理论的发展.

庞加莱对经典物理学有深入而广泛的研究, 对狭义相对论的创立有重要贡献. 早于爱因斯坦, 于 1897 年发表的论文《空间的相对性》中已有狭义相对论的影子. 1898 年, 发表《时间的测量》, 提出了光速不变性假设. 1902 年, 阐明了相对性原理. 1904 年, 将洛伦兹给出的两个惯性参照系之间的坐标变换关系命名为 "洛伦兹变换", 首先认识到洛伦兹变换构成群. 1905 年 6 月, 先于爱因斯坦发表了与相对论相关的论文《论电子动力学》.

12.19　数学界无冕之王——大卫·希尔伯特

大卫·希尔伯特, 德国数学家. 1862 年 1 月 23 日出生在德国哥尼斯堡, 1885 年在哥尼斯堡大学获博士学位, 1943 年 2 月 14 日卒于哥廷根. 他是对 20 世纪的数学有深刻影响的数学家之一, 领导了著名的哥廷根学派, 使哥廷根大学成为当时世界数学的中心, 培养了一批杰出数学家, 被誉为 "数学界无冕之王". 他去世时, 德国期刊《自然》评论说: 现在世界上难得有一位数学家的工作不是以某种途径导源于希尔伯特的工

希尔伯特

作, 他像数学世界的亚历山大, 在整个数学版图上留下了他那显赫的名字.

1900 年 8 月 8 日, 在第二届国际数学家大会上, 希尔伯特提出了新世纪数学家应当努力解决的 23 个数学问题 (见第 6 章), 被认为是 20 世纪数学的制高点, 有力地推动了 20 世纪数学的发展, 并产生了深远影响.

希尔伯特的数学工作可以划分为几个不同的时期, 在每个时期几乎都集中精力研究一类问题. 按时间顺序, 他的主要研究领域涉及不变量理论、代数数域理论、几何基础、积分方程、物理学、一般数学基础, 其间穿插的研究内

容有：狄利克雷原理和变分法、华林问题、特征值问题、希尔伯特空间等. 在这些领域中，他都作出了重大和开创性贡献. 希尔伯特认为，科学在每个时代都有它自己的问题，而这些问题的解决对于科学发展具有深远意义. 他指出：只要一门科学分支能提出大量问题，它就充满生命力. 而问题缺乏则预示着独立发展的衰亡和终止.

希尔伯特最重要的功绩是创立了希尔伯特空间. 1909 年前后，他的积分方程研究成果，为希尔伯特空间的建立奠定了基础，而希尔伯特空间理论又催生了泛函分析，在分析学和量子力学中都有重要的作用，也推动了数学物理的发展.

希尔伯特从博士阶段开始，以一种极具独创性的方式，广泛地发展了不变量理论. 在其职业生涯的早期阶段，他重组了数论，撰写了经典著作《数论报告》（1897 年），为数论的发展指明了方向. 他还于 1909 年证明了数论中的华林猜想（爱德华·华林）. 然后，他进入几何领域. 其著作《几何基础》（1899 年）是希尔伯特公理化思想的体现，将欧几里得几何学做了汇总整合，形成的纯粹演绎系统是以简单公理为基础，并且就公理之间的联系和整个演绎系统的逻辑结构进行了深入研究，为几何学和公理化系统作出了重大贡献. 由此推动并形成了"数学公理化学派".

希尔伯特的著作有《希尔伯特全集》（共三卷，其中包括他著名的《数论报告》）、《几何基础》和《线性积分方程一般理论基础》等. 与他人合著的有《数学物理方法》《理论逻辑基础》《直观几何学》和《数学基础》.

12.20　现代积分理论奠基人——亨利·勒贝格

亨利·勒贝格，法国数学家. 1875 年 6 月 28 日出生在法国博韦，1941 年 7 月 26 日卒于巴黎. 父亲是一名排字工人，过早去世. 1894 年至 1897 年在巴黎高等师范学校学习，1902 年在巴黎大学获博士学位，在其博士论文中提出了勒贝格积分概念. 1898 年发表的第一篇论文《函数的近似》，讨论了用多项式逼近连续函数的魏尔斯特拉斯定理.

勒贝格

勒贝格对数学的主要贡献是积分理论，这是实变函数理论的中心课题. 19 世纪以来，微积分进入严密化阶段. 1853 年，黎曼创立了黎曼积分，主要适用于连续函数. 随着魏尔斯特拉斯和康托尔工作的问世，出现了许多"奇怪"的函数与现象，致使黎曼积分理论暴露出较大的局限性. 几乎在黎曼积分理论发展的同时, 人们也对积分理论开始了改造. 积分的几何意义是曲线围成的面积, 黎曼积分的定义是建立在对区间长度的分割基础上. 因此, 人们自然考虑如何把长度、面积等概念扩充到更广泛的集合类, 从而把积分概念置于集合测度理论的框架之中. 这一思想的重要性, 在于使人们认识到集合的测度与可测性的扩展将意味着函数的积分与可积性的扩展. 1901 年, 勒贝格提出了测度理论; 1902 年, 他重新定义定积分, 推广了黎曼积分, 彻底改变了积分学, 极大地扩大了傅里叶分析的范围. 勒贝格积分被认为是现代实分析的主要成就之一, 至今仍是数学研究的核心.

为勒贝格积分理论的创立做出重要贡献的首推若尔当, 在这一方向上迈出第二步的杰出人物是博雷尔. 勒贝格突破了若尔当在集合测度的定义中所做的有限覆盖限制, 以更加一般的形式发展和完善了博雷尔的测度思想, 给予了集合测度的分析定义, 开创了现代积分理论. 该理论的建立过程, 呈现在他于 1902 年发表在 *Annali di Matematica* 上的论文《整体、长度、面积》(被认为数学家有史以来最优秀的论文之一), 以及他在法兰西学院的讲座汇编《积分与基本函数研究》(1904 年) 和《三角级数》(1906 年) 中.

除了积分理论, 勒贝格的研究还涉及集合与函数的构造、变分学、曲面面积以及维数理论等. 由于在实变函数理论方面的杰出成就, 勒贝格相继获得胡勒维格奖 (1912 年)、彭赛列奖 (1914 年) 和赛恩吐奖 (1917 年).

12.21　抽象代数之母——埃米·诺特

诺　特

埃米·诺特 (诺特 E.), 德国数学家. 1882 年 3 月 23 日出生在德国大学城埃尔朗根的一个犹太家庭, 1935 年 4 月 14 日卒于美国布林莫尔. 研究领域是抽象代数学和理论物理学, 被誉为"抽象代数之母". 父亲马克思·诺特 (诺特 M.) 是一位颇有名气的数学家, 从 1875 年至 1921 年逝世前, 一直在埃尔朗根大学当教授. 她小时候并不专注于数学, 在校期间的专业是法语和英语.

1900 年, 诺特去埃尔朗根大学学习数学. 当时德国的大学里不允许女生注册, 借助父亲的关系, 学校才允许她旁听课程. 后来, 她勤奋好学的精神感动了学校, 破例允许她与男生一同参加考试. 1903 年 7 月, 诺特顺利通过了毕业考试, 成为没有文凭的大学毕业生. 当年冬天, 她来到著名的哥廷根大学, 旁听了希尔伯特、克莱因、闵可夫斯基等人的课程. 随着女权运动的兴起, 德国开始允许女性接受大学教育. 1904 年, 诺特正式就读埃尔朗根大学的数学专业, 三年后博士毕业, 成为该校第一位女数学博士. 获得博士学位后, 她准备找一份教书的工作. 但是埃尔朗根大学没有聘用她, 因为大学不允许女教师授课. 诺特决定在埃尔朗根的数学研究所帮助自己的父亲, 在那里做研究, 并在父亲生病时替他上课. 不久, 她开始发表数学论文.

诺特凭借其数学才能赢得了广泛赞誉. 1916 年, 她第二次应邀来到哥廷根大学, 以希尔伯特的名义讲授不变式论课程. 不到两年, 她就发表了两篇重要论文. 在第一篇论文中, 诺特发明了一条数学原理, 叫作"诺特定理", 为爱因斯坦的广义相对论给出了一种纯数学的严格方法; 在第二篇论文中导出了一个重要的数学定理: 动力学体系中的每一种连续对称性都对应一个物理守恒量. 该数学定理揭示了物理定律对称性与物理量守恒定律的对应关系, 成为现代物理学中的基本问题. 诺特定理的普遍性在经典物理学中威力无穷, 甚至有人认为可以与爱因斯坦的相对论相媲美.

诺特出色的科学成就让那些歧视妇女的人刮目相看. 1919 年, 她被准许升任讲师. 1921 年, 她从不同领域中的相似现象出发, 把不同的对象加以抽象和公理化, 用统一方法处理, 完成了经典论文《环中的理想论》, 被视为抽象代数学现代化的开端. 1922 年, 在希尔伯特、韦达等人的力荐下, 她在清一色的男人世界——哥廷根大学取得了教授职位.

1933 年, 纳粹在德国掌权, 要求把所有犹太人赶出大学, 于是诺特就去了美国布林莫尔学院. 1935 年 4 月 14 日不幸逝世于一次外科手术. 在《纽约时报》上她的讣告中, 爱因斯坦写道: 在代数领域……几个世纪以来最有天赋的数学家一直在研究, 她发现了一些方法……具有极其重要的意义…….

12.22　混沌理论创始人——玛丽·卡特赖特

玛丽·卡特赖特, 英国女数学家. 1900 年出生在英国的北安普敦郡, 1998 年逝世于英国剑桥, 是为数不多的长寿数学家之一. 她多才多艺, 在混沌动力学和拓扑学方面都有重要贡献, 被誉为"混沌理论"创始人. 发表 100 多篇关于混沌动力学、拓扑学、经典分析和微分方程方面的论文.

卡特赖特

卡特赖特 11 岁时进入中学. 起初, 她的最好科目是历史, 但是历史课的缺点是需要花很多精力来学习没完没了的事实. 卡特赖特在中学的最后一年主要学习数学, 因为她意识到数学是一个不需要长时间学习事实就能成功的专业. 1919 年 10 月,她进入牛津大学圣休斯学院学习数学,于 1923 年毕业并获得第一级学士学位.

大学毕业后,卡特赖特先在女子学校任教,1928 年回到牛津大学攻读博士学位,导师是数论专家哈代. 1928－1929 学年,哈代去普林斯顿大学访问,蒂奇马什接任了导师的职责. 卡特赖特于 1930 年获得博士学位,其博士论文《特殊类型的积分函数的零点》,由李特尔伍德作为外评专家进行审查. 那时她不会想到自己后来会成为李特尔伍德多年的主要合作者.

1930 年,卡特赖特获得雅罗研究奖学金前往剑桥的吉尔顿学院. 她参加了李特尔伍德的讨论班,解决了李特尔伍德公开的多复变函数的最大模精确上界估计问题,即著名的"卡特赖特定理".

卡特赖特最广为人知的应用数学成果是与李特尔伍德合作的关于范德波尔微分方程(巴尔塔萨·范德波尔)

$$\frac{\mathrm{d}^2 x}{\mathrm{d}t^2} - k(1-x^2)\frac{\mathrm{d}x}{\mathrm{d}t} + x = bk\lambda\cos(\lambda t + \alpha)$$

的研究,其中 k, b, λ 和 α 是参数. 他们发现这个貌似简单的非线性微分方程有着非常复杂的动力学特性,有些还非常奇异. 后来,他们把拓扑学的思想和技巧引进了对一般二阶非自治非线性微分方程的研究,并发现非周期解有非常脆弱的拓扑结构. 他们的成果反过来又帮助解决了拓扑学中几个悬而未决的问题. 特别地,他们还注意到方程的初始条件和参数的不适当选取会导致解的不稳定性和不可预测行为,这其实就是"蝴蝶效应",开启了对具体混沌物理模型的数学分析研究先河. 此外,他们还合作研究了较为一般的二阶非线性微分方程解的存在唯一性、最终有界性及可能的周期解. 建立了"卡特赖特-李特尔伍德不动点定理",发展了一套完整严格的微分系统张弛振荡的数学理论.

卡特赖特于 1947 年当选为英国皇家学会会员(第一位当选的女数学家),1950 年任英国皇家数学会会长(首位女会长),1964 年获西尔维斯特奖(第一位获此奖项的女数学家),1968 年获伦敦数学会的德摩根奖,1969 年被女王伊丽莎白二世册封为英国皇家女爵士. 为了纪念卡特赖特,伦敦数学会设立了年度"玛丽·卡特赖特讲座"系列,演讲人均由"女数学家委员会"提名邀请.

12.23　现代概率论开拓者——安德烈·柯尔莫哥洛夫

安德烈·柯尔莫哥洛夫,俄国数学家. 1903 年 4 月 25 日出生在俄罗斯顿巴夫市,1987 年 10 月 20 日卒于莫斯科. 1925 年毕业于莫斯科大学,1929 年研究生毕业后，成为莫斯科大学数学研究所研究员. 1931 年任莫斯科大学教授，1933 年任该校数学力学研究所所长，1935 年获物理数学博士学位. 他的基础研究对许多领域的发展都起到了重要作用. 在 300 多篇（本）研究论文、教科书和专著中，柯尔莫哥洛夫几乎涉足了除数论之外的所有数学领域. 在这些领域中，即使他的短暂工作也不仅仅是研究一个孤立问题，而是揭示了基本规律和深刻关系，并开创了全新的研究方向. 他在俄国古建筑、诗歌、雕塑、绘画等方面也都有渊博的知识.

柯尔莫哥洛夫是现代概率论的开拓者之一，在专著《概率论基础》（1933年）中，首次以测度和积分理论为基础建立了概率论公理体系. 这是一部名垂千史之作，在科学史上写下最光辉的一页. 20 世纪 20 年代，他还做了关于强大数律、重对数律的基本工作.

柯尔莫哥洛夫是随机过程理论的奠基人之一. 20 世纪 30 年代，建立了马尔可夫过程的两个基本方程. 1931年发表的论文《概率论的解析方法》，为现代马尔可夫随机过程理论奠定了基础. 他提出了可逆对称马尔可夫过程概念及其特征所服从的充要条件，定义并得到了经验分布与理论分布最大偏差的统计量及其分布函数，和辛钦一起发展了马尔可夫过程和平稳随机过程论. 还创立了具有可数状态的马尔可夫链理论，找到了连续分布

柯尔莫哥洛夫

函数与经验分布函数之差的上确界的极限分布. 这是非参数统计中分布函数拟合检验的理论依据，成为统计学的核心之一. 他与维纳同时独立地发展了平稳时间序列的平滑和预测理论. 1965 年，他通过复杂性度量引入了随机性的算法理论，现称为柯尔莫哥洛夫复杂度，与香农的信息源熵率有密切联系.

在纯粹数学和确定性现象数学方面，他证明了排中律在超限归纳中成立，构造了直观演算系统. 应用拓扑和群的观点研究几何学，构造了上同调群及其运算. 他引入一种逼近度量，开创了逼近论的新方向. 20 世纪 50 年代中期，与阿诺尔德和莫泽一起建立了 KAM 理论，解决了动力系统中的基本问题. 他将信息论用于研究系统的遍历性质，成为动力系统理论发展的新起点. 在考虑遍历理论的"共轭不变量"这一基本问题时创造了"测度熵"概念. 他与阿诺尔德合作彻底解决了连续实函数情形的希尔伯特第 13 问题.

在应用数学方面，他首次研究了非线性扩散方程（KPP 方程）的行波解，提出了分支过程及其灭绝概率，验证了基因遗传的孟德尔定律. 在弹道学以及数学在地质学和金属结晶问题中的应用方面，也取得重大成就.

柯尔莫哥洛夫直接指导过的学生有 67 人之多，其中有 14 人被选为苏联科

学院的院士或通讯院士（包括阿诺尔德、盖尔范德）.

鉴于卓越的成就，柯尔莫哥洛夫于1976年获美国气象学会奖章、民主德国亥姆霍兹奖章，1980年获沃尔夫奖. 苏联政府和人们高度肯定了他的功绩，多次授予他各种奖励、勋章及荣誉称号.

12.24   中国现代数学之父——华罗庚

华罗庚

华罗庚，数学家，中国解析数论、矩阵几何学、典型群、自守函数论等多领域的创始人和开拓者，被誉为"中国现代数学之父""中国数学之神""人民数学家". 1910年11月12日出生在江苏常州金坛区，1985年6月12日下午4时，在东京大学作演讲时突发急性心肌梗死，于当晚10时9分逝世.

1924年，华罗庚从金坛县立初级中学毕业，然后就读上海中华职业学校，因交不起学费而中途退学，回家帮父亲料理杂货铺，故一生只有初中毕业文凭. 此后，他用五年时间自学完高中和大学低年级的数学课程. 1929年冬，他不幸染上伤寒，导致左腿终身残疾. 1930年，在《科学》（1915年1月在上海创刊的中国期刊）上发表论文《苏家驹之代数的五次方程式解法不能成立的理由》，得到熊庆来的赏识，于1931年被聘请到清华大学工作. 1936年赴英国剑桥大学访问，1938年被聘为清华大学教授，1946年任普林斯顿数学研究所研究员、普林斯顿大学和伊利诺大学教授，1948年当选为"中研院"院士. 1950年春，他从美国经香港抵达北京，归国途中写下了《致中国全体留美学生的公开信》. 之后回到清华园，担任清华大学数学系主任. 他曾任中国数学会理事长、数学研究所所长、一届至六届全国人民代表大会常务委员会委员.

华罗庚主要从事解析数论、矩阵几何学、典型群、自守函数、多复变函数、偏微分方程、高维数值积分等领域的研究工作，并取得突出成就.

华罗庚在解析数论方面的成就尤其广为人知，国际上颇具盛名的"中国解析数论学派"即是华罗庚开创的学派. 该学派在素数分布问题与哥德巴赫猜想方面的工作，在世界上有重大影响，尤其是陈景润于1966年得到的哥德巴赫猜想的结果，直到现在都无人能够超越. 20世纪40年代，华罗庚解决了"高斯完整三角和估计"这一历史难题，得到了最佳误差阶估计；对哈代与李特尔伍德关于华林问题及爱德华·赖特爵士关于布劳赫-塔内问题的结果作了重大改进. 三角和研究成果被国际数学界称为"华氏定理". 华罗庚证明了历史上遗留的一维射影几何的基本定理；给出了"体的正规子体一定包含在它的中心之中"的一个简单而直接的证明，被称为嘉当-布饶尔-华定理. 1957 年出版《堆垒素数论》，系统地总结、发展和改进了哈代与李特尔伍德的圆法、维诺格拉多夫的三角和估计方法及他本人的方法，先后被译为俄、匈、日、德、英文出版，成为 20 世纪经典数论著作之一.

1958 年，华罗庚出版《多复变数函数论中的典型域的调和分析》，以精密的分析和矩阵技巧，结合群表示论，具体给出了典型域的完整正交系，从而给出了柯西与泊松核的表达式. 这项工作在调和分析、复分析、微分方程等领域有着广泛而深刻的影响.

华罗庚倡导应用数学与计算机的研制，出版《统筹方法平话》《优选学》等多部著作并在中国推广应用. 与王元合作，在近代数论方法的应用方面获重要成果，被称为"华-王方法".

为了缅怀华罗庚先生的巨大功绩，1991 年，湖南教育出版社捐资与中国数学会共同设立华罗庚数学奖.

12.25　　微分几何之父——陈省身

陈省身，1911 年 10 月 28 日出生在浙江嘉兴秀水县，2004 年 12 月 3 日逝世于天津. 他是 20 世纪最伟大的数学家之一，20 世纪著名的微分几何学家，被誉为"微分几何之父". 1930 年毕业于天津南开大学，1934 年获清华大学理学硕士学位，1936 年获德国汉堡大学理学博士学位，1938 年任西南联合大学教授，1943 年任普林斯顿高级研究院研究员，1946 年任南京"中研院"数学研究所代所长，1949 年任芝

陈省身

加哥大学教授，1960 年至 1979 年任加州大学伯克利分校教授，1981 年至 1984 年任美国国家数学科学研究所首任所长，1984 年至 1992 年任南开数学研究所所长，1992 年起为名誉所长.

20 世纪 40 年代，陈省身结合微分几何与拓扑学，完成了两项划时代的重要工作：黎曼流形的高斯-博内一般形式和埃尔米特流形的示性类. 他首次应用纤维丛概念于微分几何的研究，引进后来通称的陈氏示性类（简称陈类），为大范围微分几何提供了不可或缺的工具. 他引进的一些概念、方法和工具已经远远超过微分几何与拓扑学的范围，成为现代数学的重要组成部分.

陈省身重要的数学工作还有：紧浸入与紧逼浸入，复变函数值分布的复

几何化，积分几何的运动公式，复流形上实超曲面的陈-莫泽理论，极小曲面与调和映射，陈-西蒙斯微分式等.

陈省身三次应邀在国际数学家大会上作一小时演讲. 获得美国国家科学奖（1975 年）、德国洪堡奖（1982 年）、美国数学会"终身成就"斯蒂尔奖（1983 年）、沃尔夫奖（1984 年）、晨兴数学终身成就奖（2001 年）、罗巴切夫斯基奖章（2002 年）、首届邵逸夫数学科学奖（2004 年）等多项奖励. 为了表彰陈省身对科学的贡献，2009 年国际数学联盟宣布设立陈省身奖；1986 年，亿利达工业集团创始人刘永龄出资与中国数学会共同设立陈省身数学奖；2004 年 11 月 2 日，中国国家天文台施密特 CCD 小行星项目组所发现的永久编号为 1998CS2 号的小行星被命名为"陈省身星".

12.26　三无数学家——保罗·埃尔德什

保罗·埃尔德什，数学家. 1913 年 3 月 26 日出生在匈牙利布达佩斯的一个犹太家庭，1996 年 9 月 20 日在波兰华沙的一次会议上死于心脏病发作. 他的去世，被许多重要的新闻出版物报道和纪念，包括《芝加哥论坛报》《纽约时报》《独立报》和《华盛顿邮报》.

埃尔德什

他极具数学天赋，3 岁就会算三位数的乘法，独自发现了负数. 1934 年在布达佩斯大学获得数学博士学位，而后获博士后奖学金来到曼彻斯特. 大学一年级时他发表的一篇论文，用初等方法证明了贝特朗猜想. 此结论最初由切比雪夫证明. 比较切比雪夫与埃尔德什的两种方法，有人评价说："同样是移栽一枝蔷薇，切比雪夫用的是铲车，而埃尔德什用的是汤勺. "

从童年开始，数学是他唯一的兴趣. 他撰写或与人合著了 1500 余篇论文（有超过 700 多篇论文是 60 岁之后完成的），为现时发表论文数量最多的数学家（其次是欧拉），直到 70 多岁，他每天还工作 19 个小时，每周发表一篇论文. 由于他是犹太人，遭到纳粹迫害而亡命国外. 作为一个"三无"人员（一无财产，二无妻小，三无住所），他带着两件旧行囊奔波于世界各地，与同行探讨数学. 他在 25 个以上的国家研究过数学，其座右铭是"另一个屋檐，另一个证明". 他的思维能力无与伦比，却对日常生活束手无策；他童心未泯、极富同情心，抛弃一切物质享受，一心追求数学. 他的研究跨越了许多领域：数论、图论、组合数学、概率论、集合论、近似理论，并被认为是数论方面的天才. 很少有人知道以他名字命名的定理和猜想具体有多少. 他被称为 20 世纪的欧拉，于 1984 年获得沃尔夫奖.

　　埃尔德什除了追求数学真理为自己的奋斗目标，还以在全世界发掘和培养数学天才为使命. 正如英国数学家理查德·盖伊所言：“埃尔德什在数学研究上作出了巨大贡献，但我认为他更大的贡献在于造就了大量的数学天才.”据不完全统计，由埃尔德什发掘和培养的数学天才超过百位. 其中包括华裔数学家陶哲轩、匈牙利数学家拉乔斯·波萨和印裔数学家克里希纳斯瓦米·阿拉底.

12.27　几何分析奠基人——丘成桐

丘成桐

　　丘成桐，数学家，首位菲尔兹奖华人得主. 1949年 4 月 4 日出生在广东汕头，同年随父母移居香港. 1966 年考入香港中文大学数学系，1969 年被陈省身看中，破格录取为加州大学伯克利分校的研究生，1971 年获博士学位. 他的博士论文巧妙地解决了微分几何中著名的“沃尔夫猜想”. 同年开始，先后在普林斯顿高等研究院、纽约州立大学及斯坦福大学任讲座教授，2013 年起任哈佛大学物理学终身教授，成为哈佛大学有史以来唯一一个兼任数学和物理学教授的人.

　　20 世纪 70 年代，丘成桐解决了一系列数学和物理学中公认的难题. 开创了数学中极为重要的分支——几何分析，其影响遍及几何学、偏微分方程、拓扑学、表示理论、广义相对论等众多领域. 沿着他开创的方向，包括他自己在内，获得杰出成就的数学家至少有 5 位，他们都获得了数学界的最高奖——菲尔兹奖.

　　1976 年，丘成桐证明了卡拉比猜想（尤金尼奥·卡拉比），即一紧致凯勒流形的第一陈类小于等于零时，任一陈类的代表必有一凯勒度量使得其里奇式等于此陈类代表. 同年，他解决了关于凯勒-爱因斯坦度量存在性的卡拉比猜想，其结果被应用在超弦理论中，对统一场论有重要影响. 他对第一陈类为正的凯勒-爱因斯坦度量的存在性也作出了重要贡献，曾提出一个稳定性原则，现被称为丘成桐猜想，激发了唐纳森关于数量曲率与稳定性等一系列的重要工作. 他在各种里奇曲率条件下，估计了紧黎曼流形上拉普拉斯算子的第一与第二特征值，还开创了将极小曲面方法应用于几何与拓扑研究的先河. 丘成桐研究的镜流形，与理论物理中的弦理论有密切关系，引起了数学界的广泛关注. 他在控制论、图论、数据分析、人工智能和三维图像处理等方面也取得了重大成就.

　　他与合作者还解决了以下重要问题：塞梵利猜想，宫冈-丘不等式；单连通凯勒流形若有非正截面曲率时，一定双全纯等价于复欧氏空间；Frankel 猜想的一个解析证明；Monge-Ampère 方程解的存在性，高维闵科夫斯基问题和拟凸域的凯勒-爱因斯坦度量的存在性；爱因斯坦广义相对论中的正质量猜想，三维流形极小曲面的一个著名问题，以及紧致凯勒流形上稳定的全纯向量丛与杨-米尔斯-埃尔米特度量是一一对应的猜想，并得出陈氏的一个不等式；任意紧致凯勒流形上稳定丛的埃尔米特-爱因斯坦度量的存在性，弦论学家提出的镜对称猜想，以及曲线模空间上各种几何度量的等价性.

　　丘成桐囊括了维布伦几何奖（1981 年）、菲尔兹奖（1982 年）、麦克阿瑟奖（1985 年）、克拉福德奖（1994 年）、美国国家科学奖（1997 年）、沃尔夫数学奖（2010 年）、马塞尔·格罗斯曼奖（2018 年）和邵逸夫数学科学奖（2023 年）等奖项，是第一位获得菲尔兹奖的华人，也是继陈省身之后第二位获得沃尔夫数学奖的华人.

12.28　费马猜想终结者——安德鲁·怀尔斯

　　安德鲁·怀尔斯，英国数学家. 1953 年 4 月 11 日出生在英国剑桥，父亲是工程学教授. 1974 年毕业于牛津大学默顿学院，获数学学士学位，1977 年在剑桥大学克莱尔学院获博士学位. 其后任克莱尔学院初级研究员及哈佛大学助理教授，1981 年任普林斯顿高等研究院研究员，1982 年任普林斯顿大学教授. 1994 年证明了历史悠久的"费马猜想".

怀尔斯

　　怀尔斯和约翰·科茨合作于 1977 年证明了贝赫-斯维讷通-戴尔猜想的特殊情形（具有复数乘法的椭圆曲线），和马祖尔合作于 1984 年证明了岩泽（岩泽健吉）理论中的主猜想. 在这些工作的基础上，他于 1994 年通过证明关于半稳定椭圆曲线的谷山-志村-韦伊猜想（谷山丰，志村五郎），最终解决了费马猜想.

　　由于成功地证明了费马猜想，怀尔斯获得了很多荣誉：肖克数学奖（1995年），沃尔夫奖、英国皇家学会奖章、奥斯特洛夫斯基奖和费马奖（1996 年），美国数学会科尔奖（1997 年），沃尔夫斯凯尔奖（1997 年），菲尔兹特别奖（1998 年，此时他已经超过 40 岁，为了表彰他的巨大贡献，破例给他一个特别奖，这是迄今为止唯一的一个破例），首届克莱数学研究奖（1999 年），英国皇家爵士（2000 年），邵逸夫数学科学奖（2005 年），阿贝尔奖（2016 年）.

12.29　庞加莱猜想终结者——格里戈里·佩雷尔曼

佩雷尔曼

　　格里戈里·佩雷尔曼，1966 年 6 月 13 日出生在苏联列宁格勒（现称圣彼得堡市）的一个犹太人家庭. 父亲是电子工程师，母亲是数学教师. 平凡的父母不能给他提供优越的物质生活条件，却给了他聪明而好学的头脑. 他是一位里奇流专家，解决了著名的庞加莱猜想. 潜心研究、淡泊名利、待人以诚、来去无踪，是佩雷尔曼给同行最深刻的印象.

　　佩雷尔曼是一位传奇的数学家，一个无法理解的灵魂，不为名利，只为自己喜欢的事情；他是一个传奇，也是一个神话. 破解了数学界的七大数学猜想之一的"庞加莱猜想"，却不在正规学术刊物上发表论文，而是公开在网上；在菲尔兹奖面前玩起了消失，结果西班牙国王只好对着照片发奖；无数媒体、记者对他实施"狩猎行动"，却只有一次成功；他守着母亲，靠微薄的收入度日，却拒绝接受上百万美元的奖金.

　　佩雷尔曼 4 岁时就是一个学霸，而且一直都是. 1982 年，他作为苏联学生团成员参加世界奥林匹克数学竞赛，以 42 分的满分成绩获得金牌，这是他第一次也是最后一次领奖. 美国一所大学向他发出邀请，为他提供丰厚的奖学金. 美国人当时就明白：这个天才有着不可估量的未来. 然而，他却谢绝了赴美深造的邀请.

　　中学毕业后，佩雷尔曼免试进入圣彼得堡大学数学系学习. 1987 年，他考取了苏联科学院斯捷克洛夫数学研究所的研究生，师从著名拓扑和几何学家帕维尔·亚历山德罗夫，1989 年通过副博士论文答辩后留在了研究所.

　　佩雷尔曼于 1993 年去美国做访问学者. 在美期间，他解决了多个数学难题，其中包括著名的"灵魂猜想". 其成就引起美国数学界的关注：加州大学伯克利分校、斯坦福大学、麻省理工学院、普林斯顿大学等一批著名学府高薪聘请他任教，他都谢绝了. 一年后，他回到斯捷克洛夫数学研究所工作. 由于他在数学上的成就，欧洲数学会于 1996 年颁发给他"杰出数学家奖"，该奖项只颁发给 32 岁以下的数学家，是欧洲的顶级数学奖. 但是，佩雷尔曼拒绝领奖、放弃了一大笔奖金，这在该奖历史上绝无仅有. 可能是这位天才数学家觉得这些世俗的事情太过于影响精力吧！此时的他，已经将目标锁定在数学界七大猜想之一的庞加莱猜想.

2002年和2003年,佩雷尔曼在网站上张贴三篇论文,成功破解了庞加莱猜想,震惊整个数学界.后来,他应邀到麻省理工学院、纽约大学、哥伦比亚大学等学府作巡回演讲,受到学界的广泛好评和媒体的跟踪报道.2004年,斯捷克洛夫数学研究所推荐他当选俄罗斯科学院院士,他拒绝了.像《自然》《科学》这样声名显赫期刊的采访,他也不屑一顾.他坚持认为自己不值得如此关注,并表示对飞来的横财没有丝毫兴趣.2006年8月,在西班牙马德里召开的第二十五届国际数学家大会上,国际数学联盟决定将菲尔兹奖授予佩雷尔曼.然而,面对这巨大的荣誉他又拒绝了.

2010年,为了表彰佩雷尔曼攻破百年数学难题,克雷数学研究所将在巴黎举行的千禧奖仪式上授予他100万美元的奖金.主办方考虑到佩雷尔曼曾经以"没有路费"为由拒绝领取菲尔兹奖,特别承诺支付其往返路费.即便做了如此让步和承诺,但在颁奖仪式上人们还是议论纷纷,主办方也忧心忡忡,毕竟他可是个"怪人".后来也正如人们所担心的,他又没来领奖,理由是"对钱没兴趣".

12.30　数学天才和全才——陶哲轩

陶哲轩,1975年7月17日出生在澳大利亚的阿德雷德.他8岁时智商高达230,当年参加美国高考数学部分的测试,得了760分的高分(满分是800分),13岁获得国际数学奥林匹克竞赛金牌,16岁获得弗林德斯大学学士学位,17岁获得弗林德斯大学硕士学位,21岁获得普林斯顿大学博士学位,24岁起在加利福尼亚大学洛杉矶分校担任教授(该校有史以来最年轻的正教授).

陶哲轩

埃尔德什与陶哲轩

陶哲轩3岁时,父母将他送进了一所私立学校.但6个星期后就让他退了学,因为他还不习惯在教室里度过那么长时间,而那位老师也没有教育这种学生的经验.他5岁时上了一所公立学校,父母、校长和老师为他制定了辅导计划,每门学科都按他自己的节奏学习.他在数学和科学方面迅速跳了好几个年级,而其他课程则与同龄人接近.比如英文课上要写作文时,他就手忙脚乱. 在浓厚的兴趣驱使下, 7 岁的陶哲轩开始自学微积分. 校长征得他父母的同意, 并说服了附近一所中学的校长, 让陶哲轩每天去该校听中学数学课. 不久, 他就出版了自己的第一本书, 内容是用 Basic 程序计算完全数.

陶哲轩被誉为"数学界的莫扎特". 他是调和分析、偏微分方程、组合数学、解析数论、代数数论等许多领域里的大师级数学家, 在应用数学方面也很有成就. 例如, 与他人共同提出一种新的信息获取指导理论 (数字压缩成像技术), 在信息论、信号和图像处理、医疗成像、模式识别、地质勘探、光学和雷达成像、无线通信等领域受到广泛关注, 被美国《技术评论》评为 2007 年度"十大突破性技术".

陶哲轩是第二位获得菲尔兹奖的华人. 他于 2000 年获塞勒姆奖, 2002 年获博歇纪念奖, 2003 年获克雷研究奖, 2005 年获澳大利亚数学协会奖章、莱维·柯南特奖和 ISAAC 奖, 2006 年获菲尔兹奖和拉马努金奖, 2007 年获麦克阿瑟奖和奥斯特洛夫斯基奖, 2008 年获艾伦·沃特曼奖和昂萨格勋章, 2010 年获费萨尔国王国际奖 (数学奖)、内默斯数学奖和波利亚奖, 2012 年获克拉福德数学奖, 2013 年获约瑟夫·利伯曼奖, 2014 年被英国皇家学会授予"皇家勋章", 2015 年获数学突破奖、专业和学术优秀奖 (PROSE 奖, 数学), 2020 年获黎曼奖 (每三年颁发一次, 陶哲轩是首位获奖者).

第13章 数学家轶事和趣闻

1. 数学家们的爱情故事——美丽的心形线

数学家也有自己的浪漫方式. 传闻, 笛卡儿曾流落到瑞典, 邂逅美丽的瑞典公主克里斯蒂娜 (Christina). 他发现克里斯蒂娜公主聪明伶俐, 便做了公主的数学老师, 两人完全沉浸在数学的世界里. 国王知道这件事后, 认为笛卡儿配不上自己的女儿, 不但强行拆散他们, 还没收了之后笛卡儿写给公主的所有信件. 后来, 笛卡儿染上黑死病, 在去世前给公主寄去了最后一封信, 信中只有一行字: $R = A(1 - \sin\theta)$. 自然, 国王和大臣们都看不懂这封信, 只好交还给公主. 公主在纸上建立了极坐标系, 用笔在上面描下方程的点, 终于解开了这行字的秘密——这就是美丽的心形线.

事实上, 笛卡儿和克里斯蒂娜的确有过交情. 不过, 笛卡儿是1649年10月4日应克里斯蒂娜邀请才来到瑞典, 当时克里斯蒂娜已经成为瑞典女王, 而且笛卡儿与克里斯蒂娜谈论的主要是哲学问题. 有资料记载, 由于克里斯蒂娜女王时间安排很紧, 笛卡儿只能在早晨五点与她探讨哲学. 天气寒冷加上过度操劳使笛卡儿不幸患上肺炎, 这才是笛卡儿真正的死因.

2. 数学家们的爱情故事——幸福结局问题

1933年, 匈牙利数学家乔治·塞凯赖什还只有22岁. 那时, 他常常和朋友们在匈牙利的首都布达佩斯讨论数学. 这群人里面还有同样生于匈牙利的数学怪才——埃尔德什, 那时埃尔德什只有20岁.

平面上五个点的位置有三种情况

在一次数学聚会上, 一位叫爱丝特·克莱恩的美女同学提出了这么一个结论: 在平面上随便画五个点 (其中任意三点不共线), 那么一定有四个点, 它们构成一个凸四边形. 塞凯赖什和埃尔德什等人想了好一会儿, 不知道如何证明. 于是, 美女同学得意地宣布了她的证明: 这五个点的凸包 (覆盖整个点集的最小凸多边形) 只可能是五边形、四边形和三角形. 对前两种情况, 结论是显然的. 而对于第三种情况, 把三角形内的两个点连成一条直线, 那么三角形的三个顶点中一定有两个顶点在这条直线的同一侧, 这四个点便构成了一个凸四边形. 众人大呼精彩.

之后, 埃尔德什和塞凯赖什仍然对这个问题念念不忘, 于是尝试对其进行推广. 最终, 他们于 1935 年成功地证明了一个更强的结论: 对于任意一个正整数 $N \geqslant 3$, 总存在一个正整数 M, 当平面上有 M 个点, 并且任意三点不共线时, 就一定能从中找到一个凸 N 边形.

该问题还成就了一段姻缘. 塞凯赖什和克莱恩之间迸出了火花, 两人越走越近, 于 1937 年 6 月 13 日结婚. 埃尔德什把它命名为 “幸福结局问题”.

对于给定的 N, 把最少需要的点数记作 $f(N)$. 一个自然的问题是, 如何确定 $f(N)$ 的值? 由于平面上任意不共线三点都能确定一个三角形, 因此 $f(3) = 3$. 克莱恩的结论则可以简单地表示为 $f(4) = 5$. 利用一些稍显复杂的方法, 我们可以证明 $f(5) = 9$. 2006 年, 借助于计算机, 人们证明了 $f(6) = 17$. 对于更大的 N, $f(N)$ 的值是多少? $f(N)$ 有没有一个准确的表达式呢? 这是数学中悬而未解的难题之一. 几十年过去了, 幸福结局问题依旧活跃在数学界中.

不管怎样, 最后的结局真的很幸福. 结婚后的近 70 年里, 塞凯赖什和克莱恩先后到过上海和阿德莱德, 最终在悉尼定居, 其间从未分开过. 2005 年 8 月 28 日, 两人相继离开人世, 相差不到一个小时.

3. 数论轶事

俄国物理学家列夫·朗道曾经惊叹道: “为什么素数要相加呢? 素数是用来相乘而不是相加的. ” 据说这是朗道看了哥德巴赫猜想之后的感觉. 真是术业有专攻呀!

由于费马猜想的名声, 在纽约地铁站的墙上乱涂着这样的话: “$x^n + y^n = z^n$ 没有解, 对此我已经发现了一种真正美妙的证明. 可惜我现在没时间写出来, 因为我要乘坐的火车正在开来. ”

希尔伯特曾经让一个学生证明黎曼猜想, 尽管证明中有一个无法避免的错误, 希尔伯特还是被深深地吸引了, 因为他看到了一个年轻人的才华. 遗憾的是, 第二年这个学生因病去世了. 希尔伯特万分惋惜, 准备在葬礼上作一个演说来悼念他的爱徒. 那天风雨瑟瑟, 家属们悲痛欲绝. 希尔伯特开始致辞: “这样的天才这么早离开我们实在是令人痛惜. ” 众人同感, 哭得越来越凶. 他接着说: “尽管这个学生的证明有错, 但是如果按照这条路继续走下去, 应该有可能证明黎曼猜想. 事实上, 让我们考虑一个单变量的复函数……” 众人皆倒.

哈代是著名的数论专家, 他有很多怪癖. 例如, 他非常讨厌镜子, 每次只要一到旅馆,就要用毛巾把镜子都遮起来.他还非常害怕乘船,因为他总是觉得船会沉,但是他从费马那里找到了克服恐惧的灵感.每次不得不乘船出行时,他都会给同事发一封电报或者寄一张明信片,宣称他已经证明了黎曼猜想,等到回来之后会给大家补充细节.他的逻辑是,上帝不会允许他被淹死,否则这又将是第二个"费马猜想事件".

沃尔夫斯凯尔奖的来历:保罗·沃尔夫斯凯尔,德国物理学家和数学家,曾经痴狂地迷恋一个漂亮的女孩子.可是无数次的被拒绝令他沮丧、心灰意冷,于是他决定在某天午夜钟声响起的时候告别这个世界,再也不理会世间尘事.他在剩下的日子里依然努力工作,当然不是数学而是一些商业的东西.最后一天他写了遗嘱,并且给所有的亲戚朋友写了信.他的效率很高,离午夜钟声尚有几小时就搞定了所有事情.接着他去了图书馆,随便翻起了数学书,他被库默尔解释柯西等前人解决费马猜想为什么不成功的一篇论文所吸引.那是一篇伟大的论文,适合要自杀的数学家在最后时刻阅读.沃尔夫斯凯尔竟然发现了库默尔论文中的一个缺陷,到黎明的时候他补充了这个缺陷,欣喜若狂,于是一切皆成烟云.这样,他重新立了遗嘱,把他财产的一大部分设为一个奖,奖给第一个证明费马定理的人 10 万马克.

4. 闵可夫斯基尴尬的一堂课

19 世纪末,闵可夫斯基曾是爱因斯坦的老师.爱因斯坦因为经常不去听课便被他骂作"懒虫",谁都没有想到,就是这个"懒虫"后来创立了著名的相对论.

在闵可夫斯基的一生中,把爱因斯坦骂作懒虫恐怕还算不上最尴尬的事.一天,闵可夫斯基刚走进教室,一名学生就递给他一张纸条,上面写着:"如果把地图上有共同边界的国家涂成不同颜色,那么只需要四种颜色就足够了.您能解释其中的道理吗?"

闵可夫斯基微微一笑,对学生们说:"这个问题叫四色定理,是一个著名的数学难题.其实它之所以一直没有得到解决,是因为没有第一流的数学家来研究,但是我可以马上证明它."说完,他就自信满满地在黑板上写证明,直到下课也没能证明出来.闵可夫斯基不甘心,下一节课又开始证明,一个星期也没有证出来.之后当他再次来上课时,刚走进教室忽然雷声大作,他借此自嘲道:"哎,上帝在责备我狂妄自大呢,我也解决不了这个问题."

5. 数学史上第一"天团"——伯努利家族

伯努利家族(17-18 世纪),原籍比利时安特卫普,于 1583 年遭天主教迫害迁往德国法兰克福,最后定居瑞士巴塞尔.巴塞尔自从 13 世纪中叶就是瑞士的文化与学术中心，那里有欧洲最古老而又著名的巴塞尔大学和良好的文化教育传统.

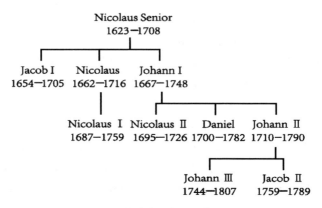

伯努利家族主要人员谱系

　　在伯努利家族的众多子孙中，至少有一半相继成为杰出人物，有不少于120位被人们系统地追溯过. 他们在数学、科学、技术、工程乃至法律、管理、文学、艺术等方面享有名望，有的甚至声名显赫. 最不可思议的是，这个家族祖孙三代就诞生了八位著名数学家. 其中的大多数并非有意选择数学为职业，却忘情地沉溺于数学之中. 有人调侃他们就像酒鬼见到了烈酒. 其中，雅各布第一·伯努利、约翰第一·伯努利和丹尼尔·伯努利的成就最大.

　　我们在12.9节已经介绍了雅各布第一·伯努利.

　　约翰第一·伯努利是一位多产的数学家，他的大量论文涉及曲线的求长、曲面的求积、等周问题和微分方程. 例如，悬链线问题（1691年），最速降线问题（1696年），测地线问题（1697年），求积分的变量替换法（1699年），弦振动问题（1727年），出版《积分学数学讲义》（1742年）等. 指数运算也是他发明的.

　　1696年，约翰第一·伯努利以公开信方式向欧洲数学家提出著名的"最速降线问题"，引发了欧洲数学界的一场论战，促进了科学的发展. 其结果导致了新的数学分支"变分法"的产生. 因此，他被公认是变分法奠基人之一.

　　约翰第一·伯努利的另一功绩是培养了很多出色的数学家，其中包括欧拉、瑞士数学家加布里尔·克莱姆、法国数学家纪尧姆·洛必达，以及儿子丹尼尔·伯努利和侄子尼古拉第一·伯努利.

　　丹尼尔·伯努利作为伯努利家族博学广识的代表，其成就涉及多个科学领域. 出版的经典著作《流体动力学》（1738年），给出了"伯努利定律"等流体动力学的基础理论；研究了弹性弦的横向振动问题（1741—1743年），提出了声音在空气中的传播规律（1762年）；还涉及生理学（1721年，1728年）、地球引力（1728年）、天文学（1734年）、潮汐（1740年）、磁学（1743年，1746年）、振动理论（1747年）和船体航行稳定（1753年，1757年）等. 1743年，成为生理学教授. 1747年，成为柏林科学院成员. 1748年，成为巴黎科学院成员. 1750年，成为物理学教授，而且在1750年至1777年间还任哲学教授.

伯努利一家在欧洲享有盛誉. 传说有一次丹尼尔·伯努利在穿越欧洲的旅行途中与一个陌生人聊天，他很谦虚地自我介绍："我是丹尼尔·伯努利. "那人当时就怒了："我还是艾萨克·牛顿呢!"此后，丹尼尔在很多场合深情地回忆这一经历，把它当作曾经听过的最衷心的赞扬.

伯努利家族星光闪耀、人才济济，数百年来一直受到人们的赞颂，同时也给人们一个深刻启示：家庭的"优势积累"，是优秀人才成长的摇篮.

6. 柯尔莫哥洛夫的快意人生

柯尔莫哥洛夫是公认的20世纪最伟大的数学家之一，同时也是兴趣最广泛的数学家之一，他的研究领域几乎横跨整个数学，但是在数学之外还有别样的人生.

柯尔莫哥洛夫从小兴趣广泛，除了数学，还喜欢旅行、游泳、艺术、诗歌、历史、古建筑、雕塑和绘画，被誉为百科全书式的人物. 他少年时代曾写过一篇关于地主财产的论文，历史老师告诉他：你在论文中只提供了一种证明，对数学来说也许够了，但对历史来说还不够，历史学家至少需要五种证明. 听罢此言，柯尔莫哥洛夫当即回应说："那我还是学只要一种证明的数学吧!"

尽管他在数学上已经取得了非凡的成就，但还是按捺不住躁动的内心. 26岁时，他与亚历山德罗夫一起乘船沿伏尔加河穿越高加索山脉，来到塞万湖中的一个小岛，每天游泳、爬山、晒太阳. 这期间，亚历山德罗夫完成了一本传世名著《拓扑学》（与海因茨·霍普夫合著，1935年出版），而柯尔莫哥洛夫则开创了扩散理论的研究.

在完成具有划时代意义的概率论公理化工作之后，柯尔莫哥洛夫又怀念起了那种惬意的生活. 于是他又同亚历山德罗夫一起，在科马洛夫卡买了一座房子. 他们每周花一整天时间去爬山、滑雪或干脆只穿短衣短裤在冰天雪地里徒步30公里. 这期间，他们又完成了大量重要工作，并且陆续接待了许多著名数学家和学生的慕名来访. 二人与他们进行了亲切而有意义的讨论，内容不仅涉及数学，还涉及柯尔莫哥洛夫热爱的艺术、文学，等等. 这些学生中，就有后来的数学大师盖尔范德和阿纳托利·马尔采夫.

就算年纪大了他也不消停，在莫斯科很冷的时候突发奇想要去游泳，于是脱光衣服就跳进了冰冷的河水中，后来差点被冻死，被送进医院抢救才捡回一条命. 不甘心的柯尔莫哥洛夫又搞了一次同样的危险行为, 还美其名曰"相信自己的身体". 70 岁的时候, 他举办了滑雪比赛, 比赛刚开始, 他就兴奋地飞奔出去, 把其他人甩在了身后.

柯尔莫哥洛夫的生活实在太丰富, 只能借用费马的一句名言: 这里的空白太小, 写不下. 不仅他的成就, 就连他这种潇洒快意的人生我们也只能仰望.

7. 生活中的马大哈

数学家虽然智力超群, 但也有生活中的马大哈. 美国著名数学家维纳在麻省理工学院任职长达 25 年, 是校园中大名鼎鼎的人物, 他最有趣的故事是搬家. 妻子在搬家的前一天晚上再三提醒, 而且还在一张便条上写下新居的地址, 并用新居的房门钥匙换下旧房的钥匙. 第二天, 维纳带着便条和钥匙去上班. 路上有人问他一个数学问题, 维纳把答案写在那张便条的背面给了人家. 晚上, 维纳习惯性地回到旧居, 发现家里没人. 从窗子望进去, 家具也不见了; 掏出钥匙开门, 根本对不上齿. 于是懊恼地拍了几下门, 在院子里踱步. 不久从附近跑来一个小女孩, 维纳就对她讲:"小姑娘, 我真不走运, 找不到家了, 钥匙也插不进去." 小女孩说道:"爸爸, 没错, 妈妈料到你会在这里, 让我来找你."

还有一次, 一个学生看见维纳正在邮局寄东西, 很想自我介绍一番. 在麻省理工学院, 能与维纳说上几句话、握握手, 都是十分难得的. 但这名学生不知道怎样接近他为好. 这时的维纳正来来回回踱着步, 陷于沉思之中. 学生更担心了, 生怕打断维纳的思维, 而损失某个深刻的数学思想. 但他最终还是鼓足勇气靠近维纳说:"早上好, 维纳教授!" 维纳猛地一抬头, 拍了一下前额说道:"对, 维纳!" 原来维纳要往邮签上写寄件人姓名, 却想不起自己的名字.

有马大哈的, 也有耍小聪明的. 据说, 1928 年, 法国数学家阿达马坐火车去意大利参加国际数学家大会, 车厢里坐满了去开会的人. 大家都在聊天, 闹哄哄的, 阿达马十分疲惫, 却无法安静地休息, 又不便发作. 他灵机一动, 就出了一道有难度的智力题, 规定每个人必须独立思考, 不得相互交流讨论. 众人各自思考这道题, 车厢里马上安静了下来, 阿达马美美地睡了一觉.

8. 三句话不离数学

有些数学家似乎就离不开数学, 不管当时情境是否合适. 伟大的波兰数学家伯格曼就是这样的人. 1950 年, 国际数学家大会期间, 意大利数学家西切拉 (Sichera) 偶然提起伯格曼的一篇论文可能要加上"可微性假设", 伯格曼非常有把握地说:"不, 没必要, 你没看懂我的论文." 说完就拉着对方在黑板上演示起来,同事们耐心地等着.过了一会儿,西切拉觉得还是需要"可微性假设",伯格曼反而更加坚定,一定要认真解释一下.同事们插话:"好了,别去想它,我们要吃午餐了."伯格曼大声嚷了起来:"不可微,不吃饭."西切拉只得留下来,听他一步一步论证完毕.

有一次,深夜两点钟伯格曼拨通了一个学生家里的电话:"你在图书馆吗?我想请你帮我查点东西!"还有一次,伯格曼去西海岸参加一个学术会议,他的一个研究生和妻子要到那里旅行结婚,他们乘坐同一辆长途汽车.这名学生知道伯格曼的习惯,就事先说好在车上不谈数学问题,伯格曼满口答应.伯格曼坐在最后一排,这对要去度蜜月的年轻夫妇恰巧坐在他前一排靠窗的座位.10分钟过后,伯格曼脑子里突然有了灵感,不自觉地凑上前去,斜靠着学生的座位,开始讨论起数学.再过一会儿,那位新娘不得不挪到后排座位,伯格曼则紧挨着他的学生坐下来.一路上,他们兴高采烈地谈论着数学.幸好这对夫妇婚姻美满,有一个儿子,还成了著名数学家.

其实,古时候也有这样的数学家,阿基米德就是一个很好的例子.据说,当他沉浸在数学中的时候,像牛顿和威廉·哈密顿一样连吃饭也忘记了.无论是铺满沙子的地板,还是布满尘土的地面,对他来说都是一块极好的"黑板".坐在炉火前,他会把炉灰拨平,在上面画图.出浴后,他会按照当时的习惯往身上涂抹橄榄油,但有时会忘了穿衣服,就用指甲在涂了油的皮肤上画图.

魏尔斯特拉斯也是如此.据他的姐姐说,当她的弟弟还是一个年轻的中学教师时,如果他的视线内有一平方英尺干净的贴墙纸,就不能放心地把一支铅笔交给他.

9. 丢番图的碑文

古希腊亚历山大里亚的著名数学家丢番图,人们只知道他是公元3世纪的人,其年龄和生平在史籍上都没有明确记载.但是,从他的墓碑上可得知一二,而且墓碑告诉人们,丢番图终年是84岁.

丢番图的墓碑上是这样写的:丢番图长眠于此,倘若你懂得碑文的奥秘,它会告诉你丢番图的寿命.诸神赐予他生命的六分之一是童年,再过了生命的十二分之一他长出了胡须,其后丢番图结了婚,不过还不曾有孩子,这样又度过了一生的七分之一.再过五年他有了第一个孩子,然而他的爱子竟然早逝,只活了丢番图寿命的一半.丧子以后,他在数学研究中寻求慰藉,又度过了四年,终于结束了自己的一生.

10. 数学家的遗嘱

阿拉伯数学家花拉子米的遗嘱(当时他的妻子正怀着他们的第一胎小孩):

如果我亲爱的妻子帮我生个儿子,我儿子将继承三分之二的遗产,妻子将得三分之一;如果生个女儿,我妻子将继承三分之二的遗产,女儿将得三分之一.

不幸的是,孩子出生前这位数学家就去世了.之后发生的事更困扰大家,妻子帮他生了一对龙凤胎,而问题就出在他的遗嘱中.

如何遵照数学家的遗嘱,将遗产分给他的妻子、儿子、女儿呢?

11. 答题

一次,麻省理工学院的一名学生在走廊里堵住匈牙利血统的美国数学家冯·诺依曼,"呃,对不起,诺依曼教授,能不能请您帮我看一道积分题?""好吧,小伙子,只要是能很快做出的题,我可忙得很啊.""我做这道积分题有些麻烦.""让我看看."(看题)"答案有了,小伙子,是 $\frac{2}{5}\pi$.""我知道答案,先生,答案在题的后面.不过我不知道是怎么推导出来的.""好吧,我再看看."(看题)"答案是 $\frac{2}{5}\pi$."学生有点不知所措,"呃,先生,我……知道……答案,就是不知道……怎么推导出来.""小伙子,你到底要什么?我已经用两种不同的方法解出这道题了."

12. 心中只有数学的数学家

波修是日本著名数学家.他的一位朋友得知他病危的消息后,特地赶到医院去看他.

"病人快咽气了!"医生说.波修的家人多么想听他再说一句话啊.

"别着急,"他的朋友说,"我有一个办法."

他走到奄奄一息的波修床前,大声问:

"12 的平方是多少?"

"144!"数学家低声回答.说完,就停止了呼吸.

有一次埃尔德什坐在飞机上,等待起飞去辛辛那提作数学演讲.这时,有人过来告诉这位一只眼睛失明已久的数学家,合适的眼角膜捐赠者已经找到,需要他马上去医院做角膜移植手术.但埃尔德什拒绝放弃演讲.在老人看来,数学似乎比他的眼睛更重要.朋友们不依不饶、再三说服,埃尔德什最终走下了飞机.谁知刚进手术室,他又跟医生吵了起来.医生为了做手术,把灯光调暗,这让埃尔德什无法看书.情急之下,医生只好给孟菲斯大学数学系打电话:"你们能否派个数学家来,以便手术过程中埃尔德什能谈论数学?"数学系满足了医生的要求,手术才最终得以顺利进行.

1996 年 3 月,在逝世的半年前,正在作报告的埃尔德什中途晕倒,与会者均大惊失色纷纷离场,而主讲人醒来后的第一句话竟然是:"告诉他们不要走,我还有两个问题要讲."

13. 高斯解题

高斯在哥廷根大学读书时，有一次有事迟到，赶到教室时都已经下课了. 高斯发现黑板上写着几道题，以为这些题目是今天的作业题，便把题目记下来. 当晚，他花了一整夜时间去研究这些数学题，没想到的是这些题目非常困难，直到天亮他才解决了一道题.

第二天，他很沮丧地把这些都告诉了老师. 老师异常震惊："这些可都是数学史上著名的难题啊，你竟然只花一个晚上就解决了一道？"

高斯解决的这道难题，正是困扰了数学家两千年之久的正十七边形尺规作图问题. 那一年，他只有 19 岁.

14. 索耶改行

斯坦利·索耶本来是搞分析学的，后来逐渐厌倦了. 某天他在学校里晃悠，无意间走进了生物学家丹尼尔的办公室. 他问丹尼尔："你这个领域里最大的两个未解决的问题是什么？"两个星期之后，索耶把它们解决了. 由此两人开始了长期而成果丰硕的合作.

15. 巴黎纸贵

柯西写的文章不仅数量多，还特别长，导致数学杂志没有办法刊登他的文章. 柯西一怒之下就自己办了个定期刊物《数学演习》，专门刊登自己的文章. 后来，柯西去了法国科学院，就在学院的院刊上发表自己的论文. 由于柯西写论文速度惊人，学院的院刊就从月刊变成了周刊. 随着法国科学院要印刷的杂志越来越多，印刷厂为了印制柯西的论文而抢购了巴黎市所有纸店的存货，使得市面上纸张短缺，纸价大增，进而印刷厂成本上升. 科学院表示已经"不堪重负"，于是决定以后发表的论文每篇不得超过四页. 柯西的长篇论文没法在本国发表，只能改投别国刊物.

16. 数学家的幽默

阿布拉姆·贝西科维奇是具有非凡创造力的几何学家，生于俄罗斯，"一战"时期赴剑桥大学. 他虽然很快学会了英语，但发音不准而且沿袭俄语习惯，名词前不加冠词. 某天他在上课，学生们在下面低声议论老师笨拙的英语. 贝西科维奇看看学生说："先生们，世上有五千万人说你们所说的英语，却有两亿俄罗斯人说我所说的英语."课堂顿时一片肃静.

17. 笑话：数学家的思维方式

（1）最大面积. 一位农民请了工程师、物理学家和数学家，想用最少的篱笆围出最大的面积. 工程师用篱笆围出一个圆，宣称这是最优设计. 物理学家将篱笆拉成一条长长的直线，假定时间许可，他可以把木纤维拉得和赤道一样长，围起半个地球，面积该足够大了吧. 数学家耻笑了他们一番，用很少的篱笆把自己围了起来，然后说："我现在是在外面."

（2）我们在哪？物理学家和工程师乘着热气球，在大峡谷中迷失了方向. 他们高声呼救："喂……！我们在哪儿？"大约过了 15 分钟，他们听到回荡在山谷中的回应："喂……！你们在热气球里！"物理学家道："那家伙一定是个数学家."工程师不解："为什么？"物理学家道："因为他用了很长的时间，给出一个完全正确而无用的答案."

（3）黑色的羊. 物理学家、天文学家和数学家走在苏格兰高原上，碰巧看到一只黑色的羊. 天文学家说道："啊，原来苏格兰的羊是黑色的.""得了吧，仅凭一次调查你可不能这么说."物理学家道，"你只能说那只黑色的羊是在苏格兰发现的.""也不对，"数学家道，"由这次调查你只能说：在这个时候，这只羊，从我们调查的角度看，有一侧表面上是黑色的."

（4）简化问题. 一天，数学家觉得自己已经受够了数学，就跑到消防队说他想当消防员. 消防队长说："您看上去不错，可是我得先给您做一个测试."于是带着数学家到消防队后院小巷，巷子里有一间货栈、一个消防栓和一卷软管. 队长问："假如货栈起火，您怎么办？"数学家回答："我把消防栓接到软管上，打开水龙头，把火浇灭."消防队长说："完全正确！最终一个问题：假如您走进小巷，而货栈没有起火，您怎么办？"数学家迷惑地思考了半天，终于答道："我就把货栈点着."队长大叫起来："什么？太可怕了！您为什么要把货栈点着？"数学家回答："这样我就把问题简化成一个我已经回答过的问题了."

18. 笑谈

下面是借助于数学家和数学名词的谐音创作的一段笑谈，以期寓教于乐.

拉格朗日普照大地，欧氏几何碧波荡漾，河上的哥尼斯堡七桥气势磅礴. 远处小岛上的梅森和唐纳森浓郁而神秘，隐约还可以看见亭亭玉立的泊松和乌雷松，其间交错矗立着列维-奇维塔、莫塔和根式塔. 近处的格林（乔治·格林）和麦克劳林（科林·麦克劳林）生机盎然，一排排的斐波那契数如待检阅的士兵列阵般整齐，还有那些有理数、无理数、复数、级数、梅森数、函数栉比鳞次，一根根粗壮的摩根盘亘在地面上……

岸边有一块苏格拉底和一块莉拉沃蒂，分别种着花拉子米和特里科米. 罗巴切夫斯基和闵可夫斯基在田间觅食. 突然一声狄利克雷，惊跑了正在戏水的薛定谔.

林间空地上有一座金碧辉煌的海森堡. 球冠形的堡顶上盖着伽罗瓦，外墙分别镶嵌着戴德金、庞特里亚金和拉马努金，地面上铺着昂贵的洛伦兹、莱布尼茨和施瓦茨．院子被环和域围了起来，边上种着几棵自然数，树上的傅里叶在阳光的照射下闪着金色的光，几朵拉梅含笑待放．香甜的卡瓦列里和费拉里即将成熟，几个鲍耶像是被刚才的惊雷所吓，掉落在地上，非常柯西．

城堡一侧的墙壁上挂着柏拉图和丢番图，另一侧则挂着几条用产自古希腊的泰勒斯、毕达哥拉斯、西帕索斯和产自欧洲的高斯、魏尔斯特拉斯、拉普拉斯以及笛卡儿线、螺旋线、阿涅西曲线织就的莫比乌斯带，尽显奢华．

在海森堡旁边，希尔伯特开了一家旅馆．旅馆被勒贝格、辛格、弗雷格、塞尔伯格、尼伦伯格等分成无数小房间，地面上铺着爱因斯坦和伯恩斯坦，圆桌上摆放着用埃拉托色尼和米尔扎哈尼烧制的克莱因瓶，瓶里插着科赫雪花．厨房里有一盆用里奇流和的黎曼面，面里添加了亏格、流形和纤维丛，面盆上盖着达布和布赫夕塔布．

旅馆的卡门上挂着图灵，门口的常数上用马尔可夫链拴着费马和阿达马，范德瓦尔登上坐着几位看马老人：切比雪夫、马尔可夫、柯尔莫哥洛夫……，他们在讨论哪匹马先跑掉的概率．忽然一阵喧闹声传来，原来是哥德巴赫敲着巴罗，黎曼奏响施图迪（爱德华·施图迪），庞加莱吹着托里拆利小号，招呼大家来康托尔集合．喜欢凑热闹的费马竖起黑格尔听到了召唤，立即挣脱马尔可夫链朝那边跑去．虽然中途遇到塔尔扬兰道，但仍然连续闯过帕斯卡、皮卡和洛特卡，及时赶了过来．夕阳下，大家围着四色地图憧憬着美好的未来：费马猜想、哥德巴赫猜想、黎曼猜想、庞加莱猜想……希望为后人挖掘出一座座金矿，开垦出一片片沃土．

参 考 文 献

[1] ARTHUR R T W. Leibniz, Classic Thinkers[M]. Cambridge, UK: Polity Press, 2014.

[2] 贝尔. 数学：科学的女王和仆人[M]. 李永学，译. 上海：华东师范大学出版社，2020.

[3] 博尔加列夫斯基. 数学简史[M]. 潘德松，沈金钊，译. 北京：知识出版社，1984.

[4] BOURGNE R，AZRA J P. Ecrits et memoiresd' Évariste Galois[M]. Paris：Gauthier-
      Villars & Cie，1962.

[5] 陈关荣. 混沌数学理论从她笔下悄悄流出[OL]. (2021-08-16)[2021-10-15]. https//zhu
      anlan.zhihu.com/p/401302327.

[6] COURANT R, ROBBINS H, STEWART I. What Is Mathematics? An Elementary
      Approach to Ideas and Methods[M]. 2nd ed. New York: Oxford University Press，1996.

[7] DAUBEN J W. Georg Cantor: His Mathematics and Philosophy of the Infinite[M].
      Princeton: Princeton University Press, 1990.

[8] DEVLIN K. The Millennium Problems: The Seven Greatest Unsolved Mathematical
      Puzzles of Our Time[M]. New York: Basic Books, 2003（中译本：基思·德夫林. 千
      年难题——七个悬赏一百万美元的数学问题[M]. 沈崇圣，译. 上海：上海科技教育
      出版社，2012）.

[9] DZIELSKA M，LYRA F. Hypatia of Alexandria[M]. Cambridge, Mass.: Harvard Uni-
      versity Press, Revealing Antiquity 8, 1996.

[10] FELLMANN E A. Leonhard Euler[M]. Basel: Birkhäuser, 2010.

[11] gc1201. 黎曼几何[OL]. (2017-12-26)[2019-10-20]. https//baike.so.com/doc/6291643-
      6505149.html.

[12] GOLDSTINE H H. Fermat, Newton, Leibniz, and the Bernoullis[M]. New York：
      Springer，1980.

[13] 顾险峰. 纯粹数学的雪崩效应：庞加莱猜想何以造福了精准医疗？[OL]. (2016-04-
      12)[2017-03-20]. https//www.360doc.com/content/16/0423/19/6963454_553178159.sh
      tml.

[14] 韩雪涛. 数学悖论与三次数学危机[M]. 长沙：湖南科学技术出版社，2006.

[15] HEATH T L. The works of Archimedes[M]. New York: Dover Publications，2002.

[16] 霍华德·伊夫斯. 数学史概论[M]. 欧阳绛，译. 哈尔滨：哈尔滨工业大学出版
      社，2013.

[17] International Mathematical Union，ICM Proceedings 1893-2018[OL]. https//www.
      mathunion.org/icm/proceedings.

[18] International Mathematical Union，ICM Proceedings 2022[OL]. https//www.math
      union.org/icm-2022.

[19] 老胡说科学. 数学莫扎特——阿贝尔，职业生涯只有7年，但已站上数学之巅[OL]. (2021-01-19)[2021-05-04]. https//www.163.com/dy/article/G08OIA3S05328ZJ2.html.

[20] LAUGWITZ D. Bernhard Riemann 1826-1866: Turning Points in the Conception of Mathematics[M]. Boston: Birkhäuser, 1999.

[21] LAUDAL O A, OIENE R. The Legay of Niels Henrik Abel: The Abel Bicentennial[M]. Oslo: Springer, 2022.

[22] 李大潜. 学习数学，品味数学，热爱数学，献身数学——在数学科学学院2015年度本科生与研究生迎新大会上的讲话[OL]. (2015-11-110)[2016-10-15]. https://fdpx.fudan. edu.cn/06/ac/c13578a132780/page.htm.

[23] 究尽数学. 古希腊7大数学学派[OL]. (2020-07-04)[2021-05-04]. https://baijiahao.bai du.com/s?id=1671275923023352954.

[24] 梁洪亮. 科技史与方法论[M]. 北京：清华大学出版社, 2016.

[25] LITTLEWOOD J E. A Mathematician's Miscellany[M]. London: Methuen & Co. Ltd., 1953.

[26] 卢介景. 数学史海揽胜[M]. 北京：煤炭工业出版社, 1989.

[27] 茂林之家. 英年早逝的数学天才系列2——阿贝尔[OL]. (2016-12-01)[2017-10-10]. http://www.360doc.com/content/16/1201/18/16534268_611091470.shtml.

[28] 迈克尔·布拉德利. 现代数学：1900－1950年[M]. 王潇，译. 上海：上海科学技术文献出版社, 2008.

[29] MARTIN D. Engines of logic: mathematicians and the origin of the computer[M]. W. W. Norton & Co. Inc., 2001.

[30] 莫里斯·克莱因. 古今数学思想（第1－3册）[M]. 张理京，张锦炎，江泽涵，等译. 上海：上海科学技术出版社, 2013.

[31] 莫里斯·克莱因. 古今数学思想（第4册）[M]. 邓东皋，张恭庆，等译. 上海：上海科学技术出版社, 2002.

[32] O'CONNOR J J, ROBERTSON E F. David Hilbert[OL]. (2014-09-10)[2017-11-22]. https://mathshistory.st-and rews.ac.uk/Biographies/Hilbert.

[33] 盘古论今2021. 举世公认的十大天才数学家[OL]. (2021-12-09)[2022-03-09]. https:// baijia hao.baidu.com/s?id=17186710653134966620&wfr=spider&for=pc.

[34] 丘成桐，史蒂夫·纳迪斯. 我的几何人生：丘成桐自传[M]. 夏木清，译. 南京：译林出版社, 2021.

[35] sgjywz. 三大数学流派[OL]. (2018-08-26)[2019-11-26]. https://baike.so.com/doc/1296 134-1370383.html.

[36] 上帝掘墓神. 数学家[OL]. (2024-02-14)[2024-03-15]. https://baike.baidu.com/item/数学家/1210991?fr=aladdin.

[37] k7766352. 数学猜想[OL]. (2022-12-12)[2023-01-10]. https://baike.so.com/doc/3877426-4070329. html.

[38] 《数学百科全书》编译委员会. 数学百科全书（第1—5卷）[M]. 北京：科学出版社，1994，1995，1997，1999，2000.

[39] 数学与人工智能. 最全数学各个分支简介[OL]. (2019-07-30)[2019-11-30]. https://mp.weixin.qq.com/s/9Btx0-RRbS5au1STxnZ4UQ.

[40] SMALE S. Mathematical Problems for the Next Century[J]. Math. Intelligencer. 1998, 20(2): 7-15.

[41] 360U1173669434. 集合论[OL]. (2019-10-13)[2020-10-13]. https://baike.so.com/doc/356768-5592271.html.

[42] 铁血老枪. 普林斯顿数学王朝的崛起之路[OL]. (2018-09-08)[2018-11-08].https://www.360doc.com/content/18/0908/13/8250148_784890798.shtml.

[43] VITANYI P M B. Andrey Nikolaevich Kolmogorov[J]. Scholarpedia，2007, 2(2): 2798.

[44] 王术. 数学文化与不等式——探究式学习引导[M]. 北京：科学出版社，2014.

[45] 王元. 华罗庚[M]. 修订版. 南昌：江西教育出版社，2001.

[46] 王元，文兰，陈木法. 数学大辞典[M]. 2版. 北京：科学出版社，2017.

[47] 王元明. 数学是什么——与大学一年级学生谈数学[M]. 南京：东南大学出版社，2003.

[48] 52数学网. 十大天才数学家盘点[OL]. (2017-11-01)[2018-09-01]. https://www.sohu.com/a/201545436_223014.

[49] 西窗听雨. 天才数学家阿贝尔和伽罗瓦[OL]. (2011-10-07)[2016-10-10]. https://www.360doc.com/content/11/1007/21/38416_154155571.shtml.

[50] 学大教育. 三八女神节：细数12位数学女神[OL]. (2016-03-08)[2017-05-08]. https://beijing. xueda.com/News/192499.shtml.

[51] YANDELL B H. The Honors Class: Hilbert's Problems and Their Solvers[M]. Natick, MA：A K Peters，2002.

[52] 遥远地方剑星. 伽罗瓦理论之美[OL]. (2020-04-20)[2020-08-10]. https://zhuanlan.zhihu.com/p/28023009.

[53] 星风作浪小米. 阿基米德[OL]. (2020-04-24)[2021-10-24]. https://www.baidu.com/baidu?ie=utf-8&wd=阿基米德.

[54] 叶其孝. 数学：科学的王后和仆人[OL]. (2015-03-16)[2017-11-15]. https://www.docin.com/p-1546184941. html.

[55] 张奠宙，王善平. 陈省身传[M]. 修订版. 天津：南开大学出版社，2011.

[56] 张恭庆. 数学与国家实力（院士讲坛）[OL]. (2022-08-02)[2022-10-12]. https://baike.so.com/doc/24238718-25.

[57] 360U3312194599. 数学基础[OL]. (2021-07-04)[2021-10-14]. https://baike.so.com/doc/6141625-6354792.html.

人名索引

克莱姆　Gabriel Cramer（1704—1752），222

克莱因 M.　Morris Kline（1908—1992），39

克莱因 F.　Felix Klein（1849—1925），21

克莱因伯格　Jon Kleinberg（1971—），51

克雷　Landon T. Clay（1926—2017），57

克雷尔　August L. Crelle（1780—1855），46

克里克　Francis H. Crick（1916—2004），113

克里斯　Robert P. Crease（1953—），78

克里斯托多罗　Demetrios Christodoulou（1951—），51

克里斯托弗尔　Elwin B. Christoffel（1829—1900），158

克罗内克　Leopold Kronecker（1823—1891），21

克什纳　Richard B. Kershner（1913—1982），130

肯普　Alfred B. Kempe（1849—1922），120

孔采维奇　Maxim Kontsevich（1964—），50

孔涅　Alan Connes（1947—），49

库默尔　Ernst E. Kummer（1810—1893），63

库普曼　Bernard O. Koopman（1900—1981），98

库普曼斯　Tjalling C. Koopmans（1910—1985），107

奎伦　Daniel G. Quillen（1940—2011），50

L

拉奥　Calyampudi R. Rao（1920—2023），37

拉德马赫　Hans Rademacher（1892—1969），118

拉东　Johann Radon（1887—1956），114

拉佛格　Laurent Lafforgue（1966—），50

拉格朗日　Joseph L. Lagrange（1736—1813），196

拉古纳坦　Madabusi S. Raghunathan（1941—），51

拉马努金　Srinivasa I. Ramanujan（1887—1920），72

拉梅　Gabriel Lamé（1795—1870），116

拉莫尔　Joseph Larmor（1857—1942），48

拉普拉斯　Pierre-Simon M. de Laplace（1749—1827），24

拉斯穆森　Søren Rasmussen（1768—1850），168

拉特利夫　Floyd Ratliff（1919—1999），113

拉兹博罗夫　Alexander A. Razborov（1963—），50

莱布尼茨　Gottfried W. Leibniz（1646—1716），193

莱夫谢茨　Solomon Lefschetz（1884—1972），29

莱赫托　Olli E. Lehto（1925—2020），49

莱文森　Norman Levinson（1912—1975），122

莱因哈特　Karl Reinhart（1886—1958），130

赖斯　Marjorie Rice（1923—2017），130

赖特　Edward M. Wright（1906—2005），211

兰道　Edmund G. H. Landau（1877—1938），48

兰迪斯　Evgenii M. Landis（1921—1997），130

朗道　Lev D. Landau（1908—1968），220

朗兰兹　Robert P. Langlands（1936—），49

勒贝格　Henri L. Lebesgue（1875—1941），206

勒雷　Jean Leray（1906—1998），49

诺特 E. Emmy Noether（1882—1935），207

诺特 M. Max Noether（1844—1921），207

诺维科夫 Sergei P. Novikov（1938—），49

诺依曼 Carl G. Neumann（1832—1925），110

诺伊格鲍尔 Otto Neugebauer（1899—1990），46

诺泽尔脱 Helmut Neunzert（1936—），57

O

奥尔 Oystein Ore（1899—1968），64

奥斯特洛夫斯基 Alexander M. Ostrowski（1893—1986），215

欧多克索斯 Eudoxus of Cnidus（约公元前408—前347），16

欧几里得 Euclid of Alexandria（公元前330—前275），187

欧拉 Leonhard P. Euler（1707—1783），179

欧文 Michael Irwin（1956—），51

P

泊松 Simeon-Denis Poisson（1781—1840），25

帕恩扎 Adrián Paenza（1949—），51

帕帕奇拉克普罗斯 Christos Papakyriakopoulos（1914—1976），124

帕普斯 Pappus（约公元300—350），17

帕斯卡 Blaise Pascal（1623—1662），89

帕特南 Hilary Putnam（1926—2016），128

潘承洞 Pan Chengdong（1934—1997），73

潘勒韦 Paul Painlevé（1863—1933），48

庞加莱 Henri Poincaré（1854—1912），204

庞尼特 Reginald C. Punnett（1875—1967），113

庞特里亚金 Lev S. Pontryagin（1908—1988），28

培根 Francis Bacon（1561—1626），36

佩尔 John Pell（1611—1685），73

佩雷尔曼 Grigory Y. Perelman（1966—），216

佩特森 Julius Petersen（1839—1910），120

彭实戈 Peng Shige（1947—），51

皮尔逊 Egon Pearson（1895—1980），90

皮卡 Émile Picard（1856—1941），48

皮科克 George Peacock（1791—1858），63

皮亚诺 Giuseppe Peano（1858—1932），48

平凯莱 Salvatore Pincherle（1853—1936），48

婆罗摩笈多 Brahmagupta（598—665），8

婆什迦罗第二 Bhāskara II（1114—1185），8

朴炯柱 Hyung Ju Park（1964—），51

普莱梅利 Josip Plemelj（1873—1967），131

普朗克 Max K. E. L. Planck（1858—1947），104

普列瓦洛夫 Ivan I. Privalov（1891—1941），28

普罗泰戈拉 Protagoras（约公元前490或480—前420或410），14

Q

齐平 Leo Zippin（1905—1995），128

切比雪夫 Pafnuty L. Chebyshev（1821—1894），27

秦九韶 Ch'in Chiu-shao（1202—1261），